新工科建设项目系列特色教材

液压计算机仿真技术

主　编　孔屹刚
参　编　魏聪梅　王　勇
苏俊飞　刘少龙

机 械 工 业 出 版 社

本教材应用 MATLAB（采用编程、Simulink、SimHydraulics 三种建模方法）和 AMESim 两个仿真软件建立液压元件、典型回路和系统的仿真模型，分析和比较仿真结果以验证液压基本理论，并结合实践以加深对不同仿真建模方法之间细微差异的了解，帮助读者根据具体情况选择仿真工具。另外，本教材最后还给出了 MATLAB、AMESim 与 Python、dSPACE 等软件联合仿真的一些实例，进行了一些知识扩展。

本教材是新形态教材，对于正文中出现的复杂液压元件，编者分别制作了其模型的拆装动画，以二维码的形式插在书中相应位置。读者可以使用手机微信扫描二维码查看动画，以便观察其内部结构并理解其工作原理。

本教材主要作为普通高等院校机械类专业本科生用于学习液压技术、知识的辅助书籍，也可作为独立使用的教材，或者作为有实践经验的相关领域工程技术人员的参考书。

图书在版编目（CIP）数据

液压计算机仿真技术 / 孔屹刚主编 .—北京：机械工业出版社，2022.12
新工科建设项目系列特色教材
ISBN 978-7-111-72200-7

Ⅰ.①液… Ⅱ.①孔… Ⅲ.①液压技术 - 计算机仿真 - 高等学校 - 教材 Ⅳ.① TH137-39

中国版本图书馆 CIP 数据核字（2022）第 231918 号

机械工业出版社（北京市百万庄大街 22 号 邮政编码 100037）
策划编辑：王勇哲　　　　责任编辑：王勇哲
责任校对：郑　婕　张　薇　封面设计：张　静
责任印制：单爱军
中煤（北京）印务有限公司印刷
2023 年 3 月第 1 版第 1 次印刷
184mm × 260mm · 13.5 印张 · 332 千字
标准书号：ISBN 978-7-111-72200-7
定价：49.00 元

电话服务　　　　　　　　网络服务
客服电话：010-88361066　机　工　官　网：www.cmpbook.com
　　　　　010-88379833　机　工　官　博：weibo.com/cmp1952
　　　　　010-68326294　金　　书　　网：www.golden-book.com
封底无防伪标均为盗版　　机工教育服务网：www.cmpedu.com

前　言

将来的教材采用形式也许多种多样，其内容和形式一定有别于现在，只有这样才能够适应当今新技术、新方法和新工具日新月异的发展速度。同时，现在教师和学生时时刻刻都处于充满电子信息交互设备的环境现状。因此编写本教材，以改变那种一本教材、老师讲学生听的传统授课方式，力图提高学生的学习兴趣和学习效果。

也许很多教师要问："每个人的时间和精力是有限的，是教授学生这些最新技术为主？还是教授他们基本理论知识为主？"如果应用恰当，把计算机辅助学习融合到课程之中，则计算机仿真求解与基本理论学习是能够互补的。计算机仿真结果可以阐明理论，并帮助学生以各种富有意义的方式思考、分析和推理，同时也能够帮助学生理解新的信息和现有知识之间的关系，以及培养他们解决问题和积极主动思考的能力。

另外，5G时代已经到来，人工智能、虚拟现实、数字孪生、智能制造、物联网、大数据和云计算等新技术越来越广泛地运用到生产制造业当中，而数字信息化是这些新技术的显著特点之一。实际物理对象是新技术的应用对象（被控对象），而新技术的应用效果很大程度上取决于应用者对实际物理对象的理解深度及数字信息化程度。行业专业软件可以说就是将实际物理对象进行数字化的工具，掌握和使用行业专业软件也成为新一轮科技和产业变革时代自主创新和实现超越的基本要求。

本教材主要针对机械类专业本科生学习液压技术、知识而编写的一本辅助书籍，也可作为一本独立使用的教材，或者作为有实践经验的相关领域工程技术人员的参考书。本教材采用MATLAB和AMESim仿真软件，通过建立液压元件、回路和系统的仿真模型，分析和比较仿真结果以验证液压基本理论。同时，结合实践加深对MATLAB、AMESim软件建模仿真细微差异的了解，有助于读者在日后学习和工作中根据具体情况选择仿真工具。本教材的特色为结合应用案例由浅入深，配以较多的图例，并辅以叙述讨论。

MATLAB和AMESim这两个软件每年都会推出新版本，教材中有些仿真截图可能与软件最新版本略有不同，好在核心算法是基本一致的。

本教材由太原科技大学孔屹刚教授担任主编。其中，第1、2、7、8、9章由孔屹刚教授编写，第6章由太原科技大学魏聪梅副教授编写，第3章由中国铁路太原局集团有限公司侯马北机务段苏俊飞工程师编写，第4章由新乡航空工业（集团）有限公司王勇工程师编写，第5章由江苏徐州工程机械研究院有限公司刘少龙工程师编写，8.2节取材于孔屹刚项目团队成员李鹏完成的硕士学位论文。第3、4、5、6章中液压元件三维建模、动画演示实现由魏聪梅副教授完成。在教材撰写过程中，团队成员翟宏建、王超对本教材所附计算机仿真模型进行了一一验证，任明远、李兆鹏、腾悦完成了半物理仿真实验验证，本科生李拓、田润发在液压元件三维建模、拆装视频制作方面提供很多技术帮助，在此向他们表示感谢！

上海交通大学王志新教授主审本教材，提出了许多宝贵意见和建议，在此表示衷心的感谢！

教材撰写和出版得到山西省“1331工程”、山西省精品共享课程（山西省高校虚拟仿真实验教学项目No.校2019114-2）的全方位大力支持，全体编者借此机会向山西省省委、省政府等相关主管部门表示衷心的感谢！

限于编者水平，教材中不妥之处在所难免，恳请读者批评指正！

最后以爱尔兰诗人叶芝的名言“教育不是注满一桶水，而是点燃一把火”表达编者们撰写此教材的初衷和愿景！

编　者

目　录

第1章 绪论

1.1 何为液压计算机仿真技术

1.1.1 基本概念

在讨论什么是液压仿真技术之前，需明确以下基本概念。

1. 系统

由相互联系、相互作用的若干部分（客观事物）构成，有一定目的或一定运动规律的一个整体即为系统。系统的各个部分可以是元件，也可以是下一级系统，后者称为子系统。

2. 物理模型

物理模型通常简称为模型，是客观事物较小或更大的复制品。在本教材中，物理模型概念也包括客观事物本身。

3. 数学模型

数学模型是为了某种目的，用字母、数字及其他数学符号建立的等式或不等式以及图表、图像、框图等描述客观事物的特征及其内在联系的数学结构表达式。

4. 计算机仿真

计算机仿真是指在研究中利用数学模型获取系统的一些重要特性参数，通过计算机对数学模型进行求解的过程。

1）由系统的数学模型转换而成的适合计算机处理的形式称为仿真模型。

2）将实际系统模化成仿真模型，在计算机上运行的过程称为仿真。

3）用于对系统进行仿真的一整套软硬件称为仿真系统。

4）研究可在计算机上运行的仿真模型的实验方法称为仿真技术。

计算机仿真技术在科学研究和工程设计中的原理框图如图 1-1 所示。

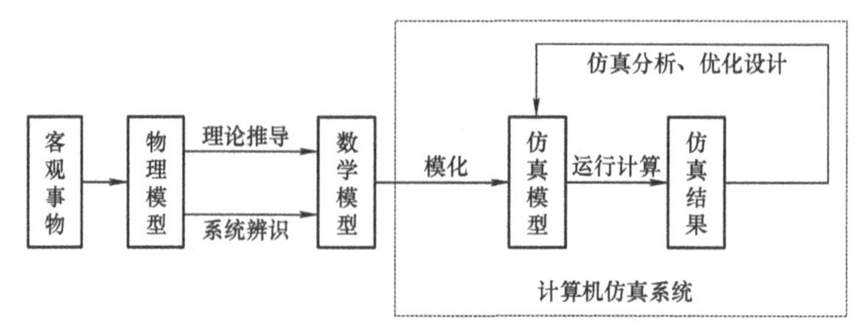

图 1-1 计算机仿真技术原理框图

1.1.2 基本过程

对于已经建立的实际系统进行仿真时，一般可由下述过程完成。

1）根据实际物理模型，通过理论推导或系统辨识建立该系统的数学模型。

2）在系统数学模型的基础上，通过“模化”成系统模拟图或系统仿真源程序，形成仿真模型。

3）在计算机上对仿真模型进行运行计算，然后根据仿真结果分析系统的动态性能和系统特征参数对系统性能的影响，确定最佳控制方案，选择最优参数，为实际系统的调试提供更可靠的依据。

对于新研制的系统进行仿真，可按如下过程完成。

1）根据技术要求初步拟定设计方案，通过静态设计计算确定系统各部分拟定参数。

2）在设计方案论证的基础上，通过理论推导建立设计系统的数学模型。

3）通过“模化”成系统模拟图或系统仿真源程序，形成仿真模型。

4）在计算机上对仿真模型进行运行计算，进行系统动态性能和参数分析，实现最佳参数匹配，获得最优设计方案。

5）完成系统设计。

系统中有实物存在的仿真，称为半实物仿真。半实物仿真又称为半物理仿真，将被仿真对象系统的一部分以实物（或物理模型）方式引入仿真回路，其余部分以数学模型描述，并转化为仿真模型，进行实时数学仿真与物理仿真相结合的联合仿真。

广义地讲，由液压元件或子系统构成的系统即为液压系统，液压系统可以是一个液压基本回路，也可以是由若干液压元件、液压基本回路构成的更复杂的系统。采用计算机仿真，对液压系统进行求解和分析的技术即为液压仿真技术。

1.2 为何要对液压系统进行仿真

早期研究和设计一个动态系统时，设计者往往凭借知识和经验，用元部件构成一个真实系统，在此系统上进行大量的实验研究，分析系统结构参数对系统动态性能的影响，通过反复实验，不断修改，最终应用于实际的生产系统。通常称此法为实物实验研究法，在科学技术比较落后的时期，它起到一定的作用。但是建立一个真实系统一次性成功的可能性极小，变更参数、改变设计方案成为常态，需花费大量的人力、物力和时间。

几千年来人类对客观事物的探索脚步从未停止，中国和世界其他国家无数科学研究和实践者投身于此。正如牛顿所说：“如果说我看得比别人更远些，那是因为我站在巨人的肩膀上。”一代一代科学家在先贤研究的基础上再发现、再研究、再总结，从规律得到科学理论，从而推动科学技术的进步。人们开始利用这些理论，在建立真实系统之前先建立描述系统动态过程的数学模型，在此模型的基础上分析系统设计方案的可行性、结构参数的合理性，并将分析结果作为系统设计的依据，通常称此方法为理论分析方法。理论分析方法可以大大地降低成本、节省时间。但由于理论的局限性，理论分析结果与实际情况或多或少存在差异，有时需要根据相似理论建立试验模型进行中间试验，以便提供更可靠的依据。

人类科学研究是对客观事物再发现问题、再分析问题、再解决问题的过程，也是对客观事物本质再逼近的过程。实验研究和理论分析是相互交替且相辅相成的，二者缺一不可。离客观事物本质越近，系统复杂性越发显现。用代数方程建立的系统数学模型在完整精确地描述系统性能方面具有很大局限性，尤其对系统动态特性的体现将无能为力。借助高等数学中微积分方程、复变函数中传递函数、线性代数中状态空间法等理论建立的系统数学模型虽然更加完整精确，对系统动态特性有很好的描述，但是也不得不面对一个新的问题，即单纯依靠人力求解和分析这些数学模型将是一个烦琐、复杂甚至不可能完成的事情。

世界上第一台通用计算机“ENIAC”于 1948 年 2 月 15 日在美国宾夕法尼亚大学诞生，至今已有 70 多年历史。得益于微电子技术的发展，计算机微处理器和存储器上的元件越做越小、数量越来越多，计算机的运算速度和存储容量迅猛增加。同时，伴随着计算机硬件的快速发展和普及，各种编程语言及通过编程语言写的程序即软件也应运而生。如今，行业软件越分越细，功能越来越强大，解决上述理论分析遇到的求解困难的问题将是一件轻而易举的事情。

相比其他传动系统，液压系统因具有驱动力大、响应快、刚度大等优点，在国民经济的各方面都得到了广泛应用。同时，液压系统本质上是一个非线性系统，存在抗污染能力差、油温变化敏感、油液易泄露等明显缺点，这就要求液压技术也必须与时俱进，不断创新，不断地提高和改善元件和系统的性能，以满足日益变化的市场需求。“工欲善其事，必先利其器”，科学技术发展到今天，科学研究必须与最先进的工具——计算机结合起来。通过计算机软硬件的使用，在掌握和验证液压技术基本原理的基础上，进一步提高液压元件和系统的性能，开发更先进的液压元件和系统，将是学习和研究液压技术的主流，同时也是最可行的方法。仿真技术在液压系统上的作用大致可以归纳为以下几个方面。

1）使试验数据可视化，更形象与直观地展示液压技术理论知识，有助于所学知识得到进一步地巩固、加深和扩展。

2）将仿真结果与试验结果进行比较，验证理论的准确程度，并通过修改数学模型和改变仿真参数，使仿真更接近于实物，得到的数学模型则可作为今后改进和设计类似元件或系统的理论依据。

3）对于新设计的元件，可通过仿真研究元件各部分参数对其动态特性的影响，从而确定满足性能要求的结构参数，为设计元件提供所需数据。

4）对于已经设计好的系统，可通过仿真调整参数，将仿真结果作为系统试验的理论依据，从而缩短调试周期和避免损坏设备。

5）对于新设计的系统，可通过仿真验证系统设计方案的可行性、研究系统结构参数对动态性能的影响，由此获得最佳的设计方案和最优的系统结构参数。

1.3 如何对液压系统进行仿真

1.3.1 仿真建模

实物实验研究法的研究对象是物理模型，理论分析研究法的研究对象是数学模型，仿真技术研究法的研究对象是仿真模型。对一个系统进行仿真，首先要建立系统的仿真模型，仿真建模可分为主动建模和半主动建模两类。

系统数学模型有代数方程、微积分方程、传递函数、状态空间矩阵等形式，通过计算机高级语言编制系统数学模型源程序的建模方法称为主动建模。有些数值分析软件提供一种图形化编辑数学公式的方法，操作者无需再编写程序，这种建模方法本质上也可归为主动建模范畴。

通过拖动行业软件提供的液压应用库中的模块，搭建类似液压系统原理图的仿真模型的建模方法称为半主动建模。由于应用库中的模块已经标准化，后台已经存在行业专家采用数学算法构建的液压元件数学模型，因此操作者只需在参数设置界面设定元件参数。

系统的数学模型愈复杂，主动建模过程愈困难，不但要求操作者对表征系统的数学模型有清晰准确的认知，而且对高级语言编程能力的要求也极高。半主动建模方法中，元件级的主动建模由行业专家完成，操作者只需使用模块化的元件级模型来构建更复杂的系统仿真模型，这样就把操作者从烦琐的编程工作中解放出来。

主动建模通常依据传统教材讨论的数学模型来实现，这些数学模型都是忽略众多次要的、非线性因素给出的线性表达式，表征的是系统的主要特性而非全面特性；而半主动建模是行业专家把那些次要的、非线性因素尽可能综合考虑，来建立仿真模型。因此，半主动建模相比主动建模，所建仿真模型可以全面真实地反映客观系统的本质。半主动建模充分体现了科学研究要“站在巨人的肩膀上”的优良传统。但是无论主动建模还是半主动建模，都要求操作者对专业知识有准确且深刻的理解。

1.3.2 仿真工具

液压仿真常用到的软件主要是 MATLAB 和 AMESim。

1. MATLAB

MATLAB 是 Matrix Laboratory（矩阵实验室）的简称，由美国 MathWorks 公司于 1984 开发成功，并用于算法开发、数据可视化、数据分析及数值计算。随着 MATLAB 的商业化及软件本身的不断升级，其用户界面也越来越精致，更加接近 Windows 的标准界面，人机交互性更强，操作更简单，已发展成为适合众多学科、多种工作平台的大型软件。

其中，Simulink 是用来对动态系统进行建模、仿真和分析的 MATLAB 软件包。它具有丰富的仿真模块，支持连续、离散以及两者混合的线性和非线性系统，可以建立多学科领域具有不同采样频率的仿真系统。Simulink 为用户提供图形化的用户界面（GUI），通过图形界面，利用鼠标单击和拖拽方式，建立系统模型就像用铅笔在纸上绘制系统框图一样简单。它与用微分方程和差分方程建模的传统仿真软件包相比，具有更直观、更方便、更灵活的优点。不但可以实现可视化的动态仿真，也可以实现与 MATLAB、C 或 FORTRAN 语言程序，甚至与硬件之间的数据传递，功能得以大大扩展。

例如，液压系统模块库（SimHydraulics）是液压传动和控制系统的建模和仿真工具，扩展了 Simulink 的功能。这个模块库可以用于建立含有液压和机械元件的物理网络模型，可用于跨专业领域的系统建模。SimHydraulics 提供液压系统的元器件模块库，其中包括用于构造其他元件的基本模块。SimHydraulics 适用于汽车、航空、国防和工业装备等领域。若与 SimMechanics、SimElectronics、SimDriveline、SimPowerSystems 一同使用，可以完成复杂机液系统和电液系统的建模，并分析相互作用的影响。

2. AMESim

AMESim 的全称为 Advanced Modeling Environment for performing Simulation of engineering systems，是多学科领域复杂系统建模与仿真平台。法国 Imagine 公司于 1995 年推出该软件，2007 年被比利时软件公司 LMS 收购，2012 年德国西门子公司又以 6.8 亿欧元收购比利时软件公司 LMS。用户可以在该平台上建立多学科领域的系统模型，并在此基础上进行仿真计算和深入分析，也可以利用该平台研究元件或系统的稳态和动态性能，例如在燃油喷射、制动、动力传动和冷却等系统中的应用。另外，AMESim 还具有与其他软件包交互的接口，如 MATLAB、Simulink、Adams、Simpack、Flux2D、RTLab、dSPACE、iSIGHT 等，可以实现多软件多领域的联合仿真。面向工程应用的定位使得 AMESim 成为液压、汽车和航天航空工业研发部门的理想选择。

3. MATLAB 与 AMESim 比较

MATLAB 和 AMESim 都具有人机交互、数据可视化等优点，简单易用。二者都拥有一套标准的应用库（工具箱），不同的应用库都是由特定领域的专家开发的，使得工程师从复杂的数值解算和耗时的编程中解放出来。液压应用库提供最基本的液压元件单元，这些元件的组合能够描述任何液压元件或系统功能。液压应用库还可与机械、电气、控制等应用库联合使用，以构建更复杂的机电液控制系统。MATLAB 和 AMESim 软件还提供交互式接口，可实现与其他软件的交互式程序开发。

在 MATLAB 中，可以通过编程、Simulink、SimHydraulics 三种方法对液压元件和系统进行建模仿真分析，AMESim 软件建模仿真方法与 SimHydraulics 建模仿真方法类似。MATLAB 的编程、Simulink 建模方法为主动建模，MATLAB 的 SimHydraulics、AMESim 建模方法为半主动建模。编程方法对操作者的 MATLAB 语言掌握程度要求较高，对仿真结果要求越精确，程序将会越复杂；Simulink 仿真方法简单快捷，不足之处与编程方法类似；SimHydraulics、AMESim 建模仿真方法不但方便易学，而且元件级模块由行业专家提供，模型更精确，同时对模型静态和动态特性都有很好的描述，仿真结果更接近真实情况。鉴于此，本教材以 Simulink、SimHydraulics、AMESim 这三种建模仿真方法为主进行分析讨论，在比较仿真结果验证液压基本理论的同时，加深对 MATLAB 和 AMESim 这两个软件建模仿真方面细微差异的理解，以利于读者日后学习和工作中根据具体情况选择合适的仿真工具。此外，只在第 3 章和第 4 章单向阀的建模仿真中简单论述编程建模方法。

SimHydraulics、AMESim 两种建模方法不仅提供了构成液压系统的元器件标准模块库，还可以由基本模块构建出任一元件的子模型。本教材是液压知识和软件操作相结合的一本初级教程，内容侧重软件操作学习和基本理论验证。因此在本教材中，液压元件、回路、系统的仿真建模大多选取 MATLAB 和 AMESim 软件提供的元器件标准模块来实现，自定义构建液压子模型不在本教材讨论范畴之内。另外，本教材最后还给出了 MATLAB、AMESim 与 Python、dSPACE 等软件联合仿真的一些实例，以进行知识扩展。

1.4 其他常用液压仿真工具

常用的液压仿真软件还有 FluidSIM、Automation Studio、HOPSAN、HyPneu、EASY5、DSHplus、20-sim 等。通过本节的学习，读者应了解这些常用仿真软件基本功能，在日后科学研究和工程应用中能够根据具体情况选择仿真工具。

1.4.1 FluidSIM 仿真软件

FluidSIM 是由德国 Festo 公司和帕德博恩大学联合开发的一款主要用于液压与气压传动教学的仿真软件。软件系统由两大部分组成，分别是 FluidSIM-H 和 FluidSIM-P。其中，FluidSIM-H 用于液压传动教学，而 FluidSIM-P 用于气压传动教学。FluidSIM 软件具有如下主要特征。

1）CAD 功能与仿真功能紧密联系在一起。FluidSIM 软件符合德国标准化学会（DIN）电气 - 液压（气压）回路图绘制标准，CAD 功能专门针对流体而特殊设计。例如，在绘图过程中，FluidSIM 将检查各元件之间的连接是否可行。仿真功能可对基于元件物理模型的回路图进行实际仿真，并有元件的状态图显示，可使回路图绘制与相应液压（气压）系统仿真相一致，从而能够在完成回路设计后，验证设计的正确性，并演示回路的动作过程。

2）可设计与液压气动回路相配套的电气控制回路。弥补一般的液压与气动教学中，学生只见液压或气压回路不见电气回路，从而不明白各种开关和阀动作过程的弊病。电气 - 液压或电气 - 气压回路同时设计与仿真，提高学生对电液压、电气动的认识和实际应用能力。

FluidSIM 软件用户界面直观，采用类似画图软件的图形操作界面，拖动图标进行设计，面向对象设置参数，易于学习，使用者可以很快地学会绘制电气 - 液压或电气 - 气压回路图，并对其进行仿真。

1.4.2 Automation Studio 仿真软件

Automation Studio 由加拿大 Famic 公司出品，适用于流体动力和自动控制的应用，包括设计、维护和教学。Automation Studio 软件具有如下主要特征。

1）从元件仿真到系统仿真，一旦各个组件建模完成，用户可以根据所选择的技术参数搜索制造商目录中相关的产品型号。同时，通过运行仿真和建模程序，可以更加容易地创建整个系统并达到设计要求。例如，用户可以快速确定流体传动系统的能耗，并适当优化运行成本。

2）用户可以自定义建立二维或三维的动画组件、形状、控制面板和完整的带动画的装备。参数和动画规则均附在每个图形对象和组件上，以生成所需要的仿真视觉效果。这个模块与其他元件库密切地整合在一起。使用者实时监测和操作随时间演变的虚拟机器各个部分，因为所有仿真的操作条件均对用户开放，所以它也可以用来做交互测试。

3）可以在系统仿真过程中激发每个液压、气动和电气部件的故障，可以快速容易地实现“如果发生某故障，会产生怎样的后果”设想以解决潜在问题。触发部件故障后，仿真系统就会像在现实工况中一样做出反应。

1.4.3 HOPSAN 仿真软件

HOPSAN 是瑞典 Linköpings 大学研发的一种液压系统仿真软件，它专门用于解决液压系统的非线性建模、动态实验及其分析等问题。HOPSAN 软件的主要特征如下。

1）HOPSAN 软件的建模方法是传输线法（Transmission Line Method）。其方法特别适合并行计算，从而提高计算速度和实现分布计算功能。将一般的传输线方法结合了可变时间步长法，解决系统的刚性和断点问题。

2）优化方法用于对系统行为的优化方法和参数进行离线评估。HOPSAN 可以对系统的一些功能进行优化，也可以用来进行离线参数评估。通过计算来比较仿真结果和测量结果的差别，并且进一步优化使之最小。在一定程度上实现了仿真与实验的连接。在半物理仿真中，可实现实时仿真。例如，在许多液压系统中，需要一位操作人员来关闭控制循环，通过实时仿真可以验证这样的控制系统是否需要操作人员。

1.4.4 HyPneu 仿真软件

HyPneu 软件是由美国 BarDyne 公司开发，用于液压、气动、机械、电子、电磁一体化系统的虚拟仿真分析。HyPneu 具有前处理和后处理、仿真计算和动画演示等丰富功能。主要由 5 个独立且紧密结合的部分组成，其主要特征如下。

1）HyPneu SE（原理图编辑器）含有大量的典型标准液压元件，建模时只需直接使用，它的界面非常友好且容易操控。

2）HyPneu SD（图标设计器）使用户在设计原理图时能够在该设计器中创建自己的图标。

3）HyPneu SM（仿真管理器）用于根据原理图进行仿真，在仿真时需要设置的信息有元件数据、输出参数、仿真参数和元件初始条件等，在输入这些信息以后，用户可以运行单个原理图或多个原理图。

4）HyPneu PA（过程动画工具）用于在原理图上添加动画功能，它为使用 HyPneu PA 模块的用户提供很多特殊工具。使用这些工具，用户可以看到原理图在真实情况下是如何工作的。HyPneu PA 在验证设计理念及发现设计盲点时是一个非常有用的工具。运用控制工具，在仿真和回放时，用户可以控制整个动画过程。用于动画运行的数据不仅可以由用户手动输入，而且可以由 HyPneu SM 生成。

5）HyPneu VR（原理图浏览工具）用于更高效地管理设计流程，它允许设计者能够与设计团队成员、员工、管理者或者潜在客户交流设计过程，他们能够浏览全部设计项目文件及所有的仿真结果。

1.4.5 EASY5 仿真软件

EASY5 仿真软件是美国 Boeing 公司的产品，是一套面向控制系统和多学科动态系统的仿真软件，其中液压仿真系统最为完备。EASY5 软件的主要特征如下。

1）EASY5 是一种基于图形对动态系统进行建模、分析和设计的软件，其建模主要针对由微分方程、差分方程、代数方程及其方程组所描述的动态系统。模型由基本功能性模块组合而成，例如加法器、除法器、过滤器、积分器和特殊的系统级部件等，典例的系统级部件有阀、执行器、热交换器、传动装置、离合器、发动机、气体动力模型、飞行动力模型等。

2）分析工具包括非线性分析、稳态分析、线性分析、控制系统设计数值分析工具，以及图表等。源代码能够自动生成，以满足实时性的要求。开放的基础构架提供了与其他很多计算机辅助分析软件和硬件的接口。

1.4.6 DSHplus 仿真软件

1972 年，IFAS（国际流体动力学会）以德国 RWTHAachen 大学研究的电力驱动液压系统为基础，开发出 DSH 和 SIMULANT 两个程序。1994 年，IFAS 将这两个程序合二为一，并加入其多年的气动系统研究成果，形成了完整的液压气动控制仿真软件 DSHplus。DSHplus 软件的主要特征如下。

1）DSHplus 通过搭建图形化的液压系统原理图，可以方便地对液压、气动控制系统进行各种分析，并可以与物理硬件连接，实现实时仿真。

2）DSHplus 技术库是各部分技术库的集合，这个技术库包括液压库、气动库、控制库、机械元器件库。

1.4.7 20-sim 仿真软件

20-sim 是由荷兰的 Twente 大学的控制实验室开发的一个主要面向机电系统设计的一体化建模仿真平台，可以运行在 Windows 和 Sun-Unix 操作系统下。20–sim 软件的主要特征如下。

1）20-sim 支持原理图、框图、键合图和方程式建模，并且支持几种建模方法的综合应用，以便用户采用最适合的方法对仿真系统的每一个元素进行建模。

2）20-sim 支持不同形式动态系统的建模，如线性系统、非线性系统、连续时间系统、离散时间系统和混合系统。20-sim 还支持分层模型表示，也支持向量和矩阵运算。

3）20-sim 内嵌仿真编译器，并具有仿真优化、蒙特卡洛仿真、c 源代码生成、图形动画生成、三维动画生成和控制器设计编辑器等功能。

目前，大多数液压系统仿真软件可与 MATLAB/Simulink、LabVIEW、ADAMS 等仿真软件实现多领域联合仿真。多领域联合仿真是将液压、机械、电子、控制等不同学科和领域的知识进行交叉、融合，形成一个更综合、更切合实际的混合异构层次化控制仿真系统。这种综合控制仿真系统中的各种环节需要根据一定的规则协同分布运行，并产生控制结果，它对于复杂控制系统的研究和开发具有非常重要的意义。

习　题

1. 什么是物理模型、数学模型、仿真模型，它们之间有什么关系？
2. 什么是液压计算机仿真技术？
3. 仿真技术在液压系统中的作用有哪几个方面？
4. 什么是主动建模和半主动建模？它们各有什么优缺点？
5. MATLAB 仿真软件可以采用几种方法对液压系统进行建模？
6. AMESim 仿真软件有什么特点？

第 2 章 MATLAB、AMESim 软件液压仿真环境

MATLAB 将数值分析、矩阵计算、科学数据可视化及非线性动态系统的建模和仿真等诸多强大功能集成在一个易于使用的视窗环境中。

MATLAB/Simulink 提供了鼠标拖放建立系统框图模型的方法，并提供了丰富的功能模块和专业模型库，因此使用 Simulink 可以避免编写复杂的代码而可以实现整个动态系统的建模。Simulink 仿真与分析的主要步骤按先后顺序为：从模块库中选择所需要的基本功能模块，建立结构图模型，设置仿真参数，进行动态仿真并观察输出结果，针对输出结果进行分析和比较。

使用 MATLAB/SimHydraulics 可以建立起完整的液压系统模型，过程与组建一个真实的物理系统类似。SimHydraulics 使用物理网络方式构建模型：每个建模模块对应真实的液压元器件，元件模块之间以代表动力传输管路的线条连接。这样，就可以通过直接描述物理构成来搭建模型，而不是从基本的数学方程做起。

AMESim 与液压有关的库有三个：标准液压库（HYD）、液阻库（HR）、液压元件设计库（HCD）。与 SimHydraulics 仿真类似，AMESim 不仅提供液压元器件模块库，还提供非常基本的模块，便于构建出任一元件的子模型。

本章对 MATLAB 和 AMESim 两个软件的液压建模仿真开发环境、常用命令进行基本介绍。建立完整的液压系统模型还需要机械、电气、电子等模块的配合，此部分内容不在本教材的讨论范畴，读者可借助 MATLAB 和 AMESim 帮助文档或其他工具书来学习掌握。MATLAB/Simulink 与 AMESim 联合仿真需要借助 Microsoft Visual C++ 编译器实现，软件安装顺序最好是先安装 Visual Studio 或 MinGW，再安装 AMESim 和 MATLAB。

2.1 MATLAB 仿真环境

2.1.1 MATLAB 启动

双击计算机桌面的 MATLAB 图标打开 MATLAB 的桌面系统（Desktop），或者通过单

击“开始”菜单→“MATLAB”来启动 MATLAB。默认设置情况下的桌面系统包括 4 个区域，如图 2-1 所示。

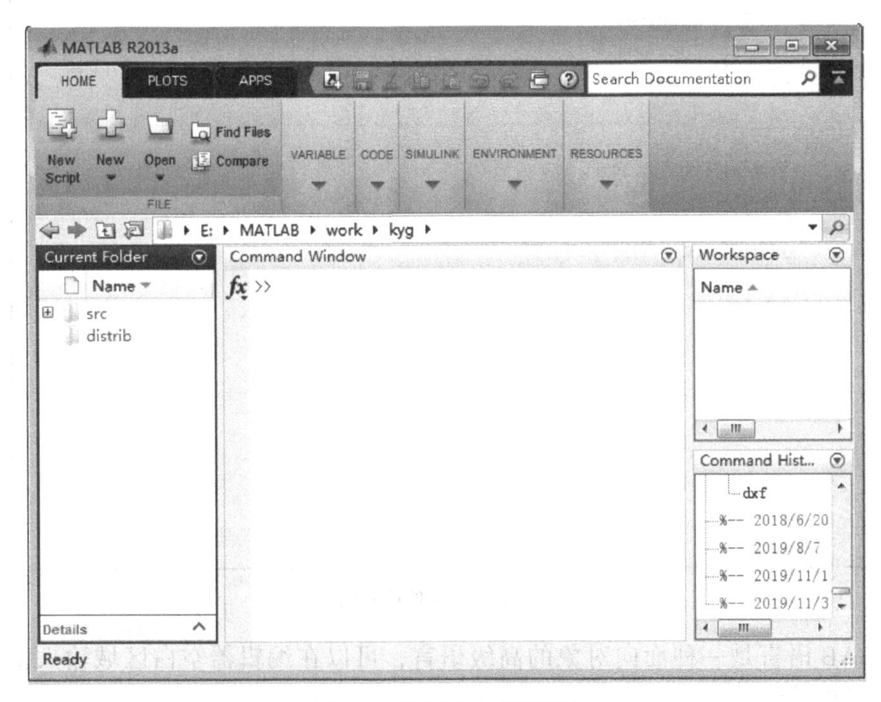

图 2-1　MATLAB 桌面系统

MATLAB 桌面系统的区域名称及功能见表 2-1

表 2-1　MATLAB 桌面系统的区域名称及功能

区域名称	功能
命令行窗口（Command Window）	MATLAB 进行操作的主要窗口，窗口中的“>>”为指令输入的提示符，在其后输入指令，并按 <Enter> 键后，MATLAB 就执行运算，并输出运算结果
工作区（Workspace）	列出内存中 MATLAB 工作区的所有变量的变量名（Name）、值（Value）、尺寸（Size）、字节数（Bytes）和类型（Class）
历史命令（Command History）	列出在命令执行过的 MATLAB 命令行
当前文件夹（Current Folder）	用鼠标单击可以切换到相应的文件夹，则可看到该文件夹列出的程序文件和数据文件

2.1.2　M 文件生成

在图 2-1 所示，“HOME”选项卡中，单击“New Script”按钮，新建 MATLAB 脚本文件（M 文件），或者单击“Open”按钮，打开一个已保存的后缀为“.m”的 M 文件，都可以打开 M 文件编辑器，如图 2-2 所示。

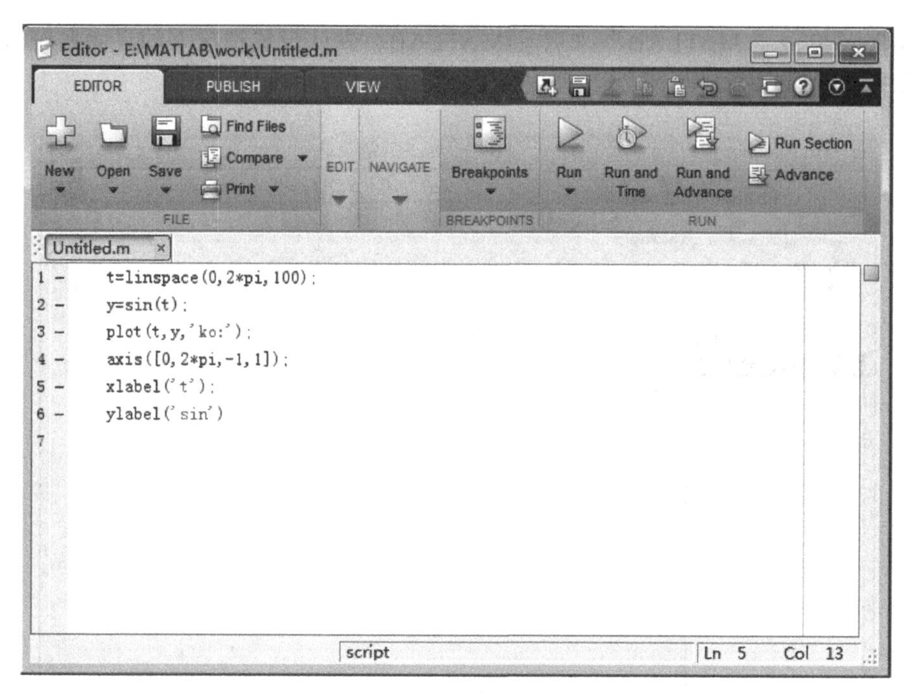

图 2-2　M 文件编辑器

MATLAB 语言是一种面向对象的高级语言，可以在编辑器空白区域输入指令代码，实现 M 文件的编辑和调试。

2.1.3　plot 命令

图 2-2 所示命令描述的是正弦函数在 [0，2π] 区间内变化的一个简单程序，其中的 plot 命令用于得到函数曲线图，如图 2-3 所示。

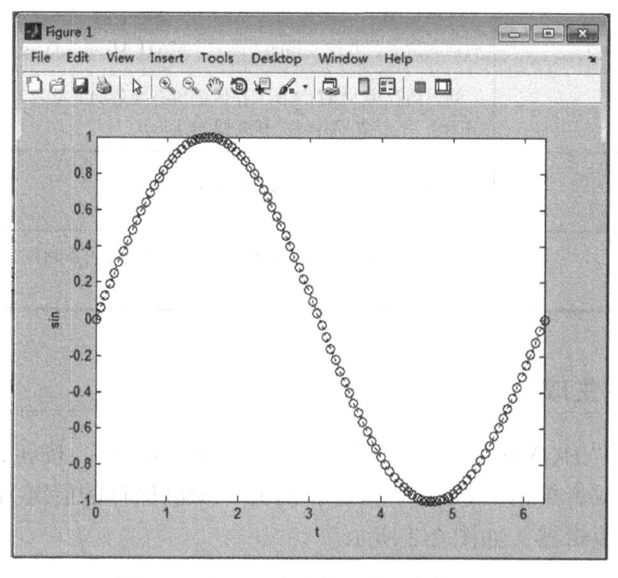

图 2-3　由 plot 命令得到的函数曲线图

视觉是人们感受世界、认识自然的最重要手段。数据可视化的目的在于：利用图形直观地显示一堆杂乱的离散数据的相对关系，以便于人们感受由图形所传递的数据的内在本质。除了 plot 命令，MATLAB 还有其他多种绘图命令，在建模仿真分析过程中可根据具体应用情况来选择。关于 plot 命令更多的信息，可以在 MATLAB 命令窗口键入“help plot”获得。

2.2 MATLAB/Simulink 仿真环境

2.2.1 Simulink 启动

启动 MATLAB，在 MATLAB“HOME”选项卡中单击“Simulink”按钮，或者在命令窗口中输入“Simulink”命令。MATLAB 执行命令后将弹出 Simulink 模块库浏览器，如图 2-4 所示。

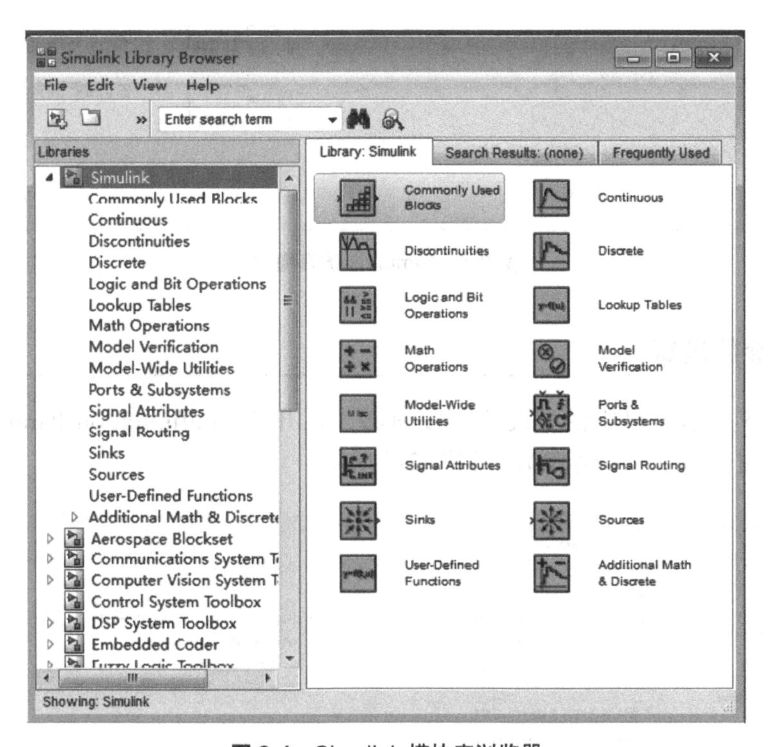

图 2-4　Simulink 模块库浏览器

Simulink 模块库提供众多描述系统特性的典型环节，有常用模块库（Commonly Used Blocks）、连续系统模块库（Continuous）、非连续系统模块库（Discontinuities）、离散系统模块库（Discrete）、逻辑和位操作库（Logic and Bit Operations）、查找表模块库（Lookup Tables）、数学运算模块库（Math Operations）、模型检测模块库（Model Verification）、模型扩充模块库（Model-Wide Utilities）、端口和子系统模块库（Ports&Subsystems）、信号属性模块库（Signal Attributes）、信号线路模块库（Signal Routing）、接收模块库（Sinks）、

信号源模块库（Sources）、用户自定义函数模块库（User-Defined Functions），以及一些特定学科的仿真工具箱。

2.2.2　模型建立

从“Sources”模块库找到“Clock”（时钟）、“Sine Wave”（正弦波）模块并拖到窗口，从“Sinks”模块库找到“To Workspace”（至工作区）、“Scope”（示波器）模块并拖到窗口，连接以上模块建立仿真模型，如图 2-5 所示，则会生成一个后缀为“.mdl”的模型文件。

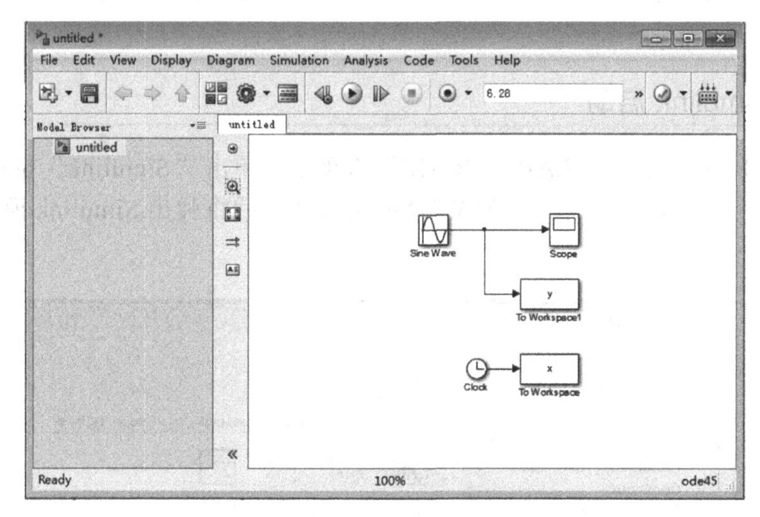

图 2-5　Simulink 仿真模型

2.2.3　参数设置

单击图 2-5 所示窗口中的“设置”按钮，打开“Configuration Parameters”对话框，设置仿真时间、求解器等参数，如图 2-6 所示。

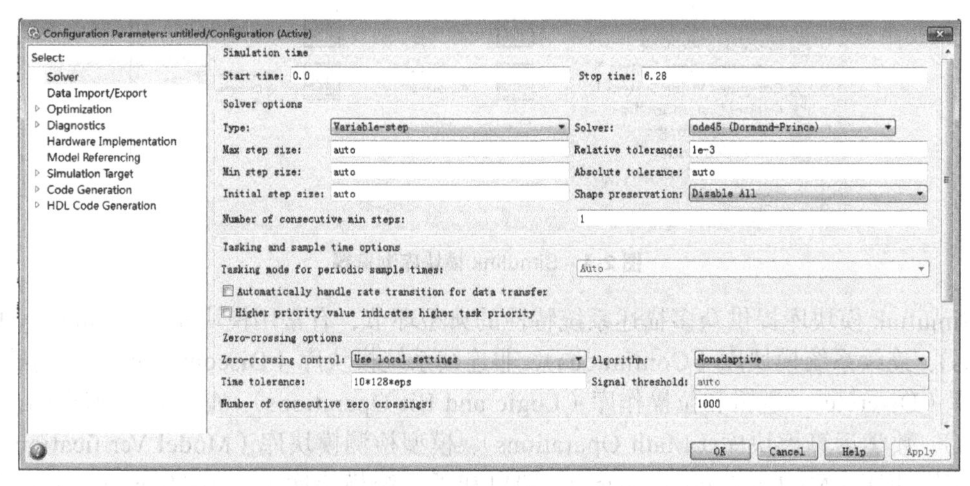

图 2-6　“Configuration Parameters”对话框

仿真结束时间（Stop time）默认为 10，本例修改为 6.28。仿真时间设置非常重要，它决定模型仿真的时间或取值区域，其设置完全根据待仿真系统的特性确定，反映在输出显示上就是示波器的横轴坐标值的取值范围。

2.2.4　示波器模块

仿真终止后可对仿真结果进行观察和分析，通常的做法是使用示波器（Scope）观测，即双击模型中的示波器观察波形，再利用波形缩放工具实现更进一步的观察。本例示波器输出曲线如图 2-7 所示。单击示波器“设置”按钮后，可对结果数据定义变量名并保存到工作区（Workspace）。

2.2.5　返回数据到工作区

将图 2-5 所示模型中两个“To Workspace”模块中的“variable name”分别修改为“x”和“y”，则仿真时间和输出波形将作为变量“x”和“y”存储到 MATLAB 工作区中。两个“To Workspace”模块参数的“save format”参数选择为“Array”，在 MATLAB 命令窗口中输入“plot（x，y）”，即可得到正弦曲线，如图 2-8 所示。

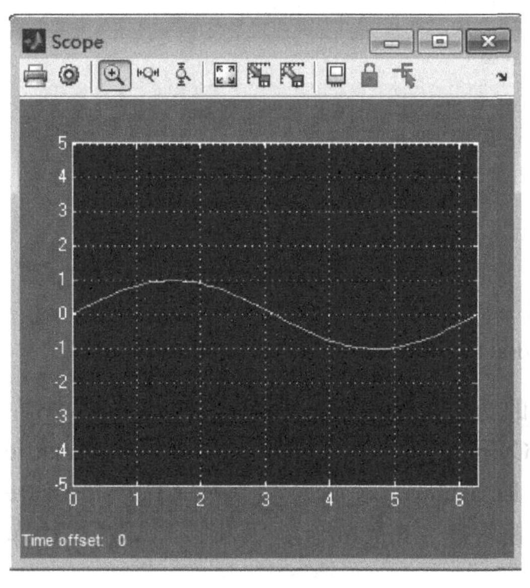

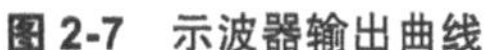
图 2-7　示波器输出曲线

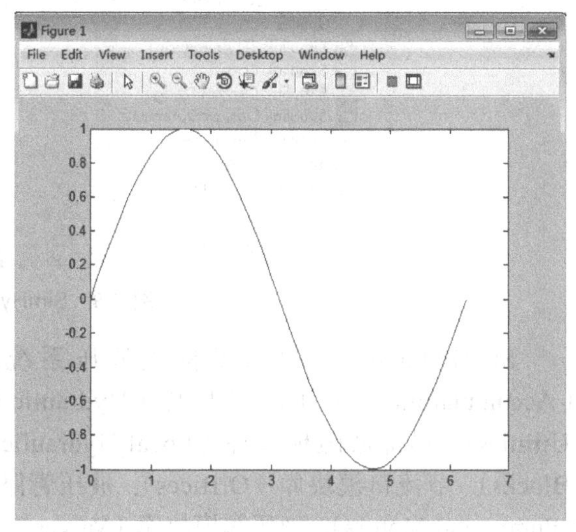

图 2-8　得到的正弦曲线

“To Workspace”这个模块在建模仿真分析过程中很有意义。在利用 Simulink 进行建模仿真过程中，可以设置若干变量，将这些变量保存数据到 MATLAB 工作区后，就可以对这些数据进行分析和处理。例如，可以通过 plot 命令获得不同变量之间的关系曲线图，然后对这些变量数据进行观察或分析。

2.3 MATLAB/SimHydraulics 仿真环境

2.3.1 SimHydraulics 启动

进入 Simulink 环境，在“Simscape”下选中“SimHydraulics”，就会打开 SimHydraulics 库，如图 2-9 所示。

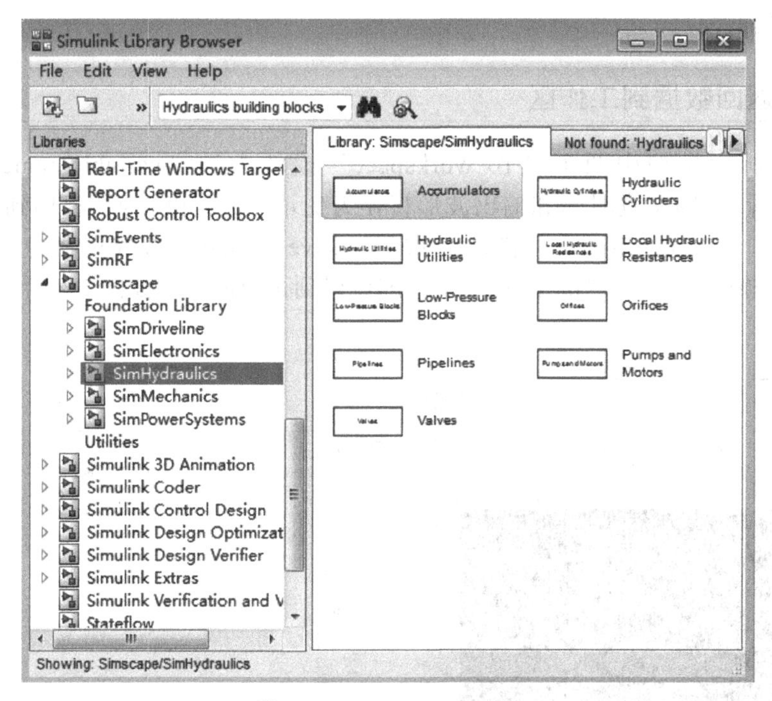

图 2-9 SimHydraulics 库

SimHydraulics 库提供了构成液压系统的元器件模块库，包括蓄能器模块库（Accumulators）、液压缸模块库（Hydraulic Cylinders）、液压公用模块库（Hydraulic Utilities）、局部液阻模块库（Local Hydraulic Resistances）、低压模块库（Low-Pressure Blocks）、节流口模块库（Orifices）、液压管路模块库（Pipelines）、液压泵和马达模块库（Pumps and Motors）、液压阀模块库（Valves）。

2.3.2 模型建立

拖动 SimHydraulics 模块库中子模块图标，可以构建液压元件和系统的仿真模型，并生成后缀为“.slx”的模型文件，一个简单的阀控缸系统模型如图 2-10 所示。

2.3.3 液压油

液压油模块（Simscape\SimHydraulics\Hydraulic Utilities\Hydraulic Fluid）图标如

图 2-11 所示，可以利用该模块设置仿真模型中液压油的黏度、温度、密度等参数，如图 2-12 所示。

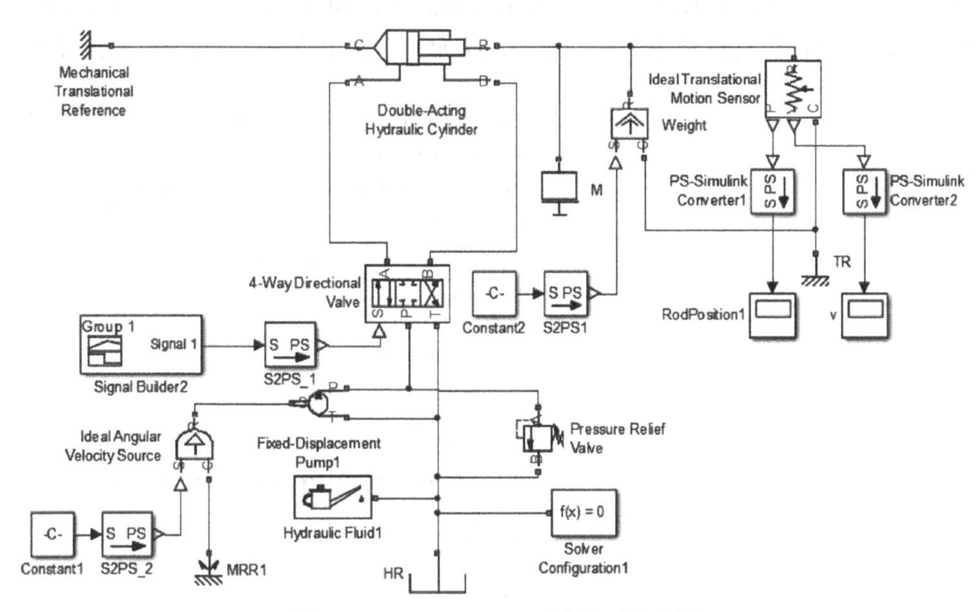

图 2-10　SimHydraulics 阀控缸系统模型

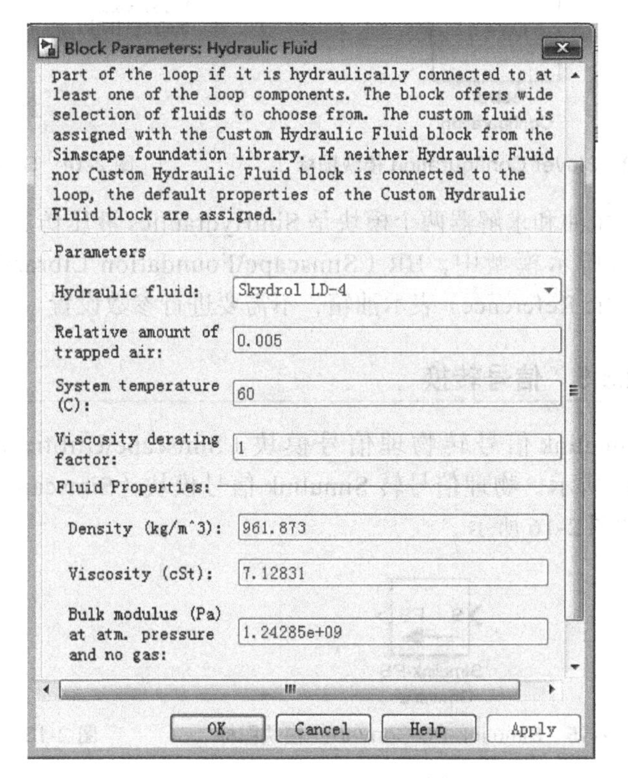

图 2-11　Hydraulic Fluid 模块图标

图 2-12　Hydraulic Fluid 模块参数设置

2.3.4 求解器

求解器模块（Simscape\Hydraulics Utilities\Slover Configuration）图标如图 2-13 所示，可以利用该模块设置仿真模型中求解器算法的类型、时间常数等参数，如图 2-14 所示。

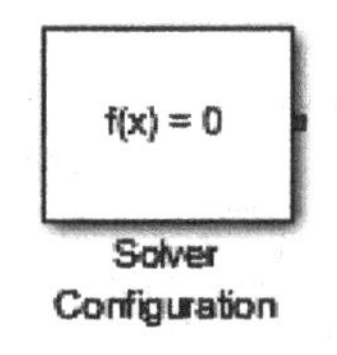

图 2-13 Slover Configuration **模块图标**

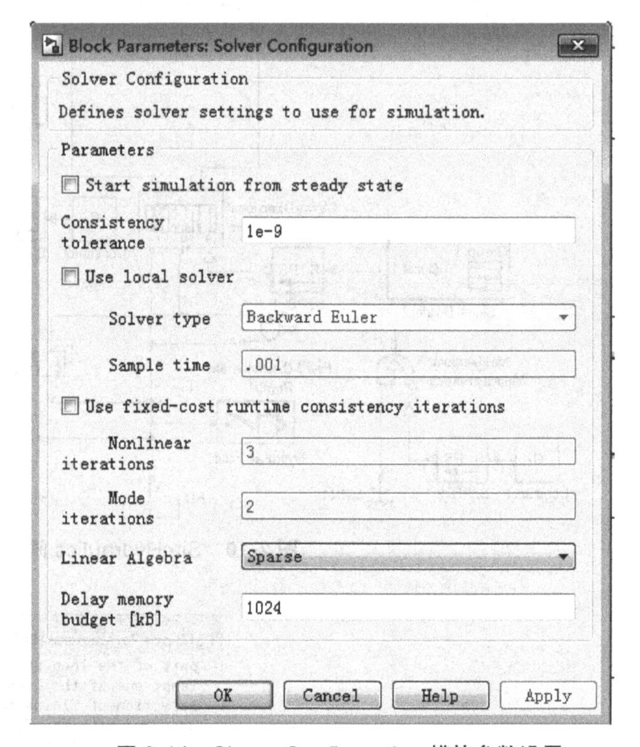

图 2-14 Slover Configuration **模块参数设置**

液压油和求解器两个模块是 SimHydraulics 液压仿真模型中必须添加的两个模块。在图 2-10 所示模型中，HR（Simscape\Foundation Library\Hydraulic\Hydraulic Elements\Hydraulic Reference）表示油箱，不需要进行参数设置。

2.3.5 信号转换

Simulink 信号转物理信号模块（Simscape\Utilities\Simulink-PS Converter）图标如图 2-15 所示，物理信号转 Simulink 信号模块（Simscape\Utilities\PS-Simulink Converter）图标如图 2-16 所示。

图 2-15 Simulink-PS Converter **模块图标**

图 2-16 PS-Simulink Converter **模块图标**

SimHydraulics 模型符号符合 ISO 1219 流体动力系统标准，SimHydraulics 可以通过模型原理图获得描述系统行为特征的方程组，该方程组是直接使用 Simulink 求解器求解所得，而不是采用同步仿真方法获得。使用 Simulink-PS Converter 模块和 PS-Simulink Converter 模块，可以将使用传统 Simulink 模块建立的物理对象模型和 SimHydraulics 建立的物理对象模型部分连接起来。如图 2-10 所示，Simulink 常值信号（Constant1）通过 Simulink-PS Converter 模块转换为物理信号，再通过理想角速度源模块（Ideal Angular Velocity Source）产生转速信号输入到定量泵模块（Fixed-Displacement Pump）。

2.4 AMESim 仿真环境

2.4.1 AMESim 启动

双击计算机桌面的 AMESim 图标启动 AMESim，将打开 AMESim 欢迎界面，随后弹出 AMESim 的桌面系统（Desktop）。也可以通过单击计算机“开始”菜单→“AMESim”来启动 AMESim。软件自动新建一个空白文件，第一行为菜单栏，第二行为工具栏，右侧为应用库树（Library tree）窗口，如图 2-17 所示。

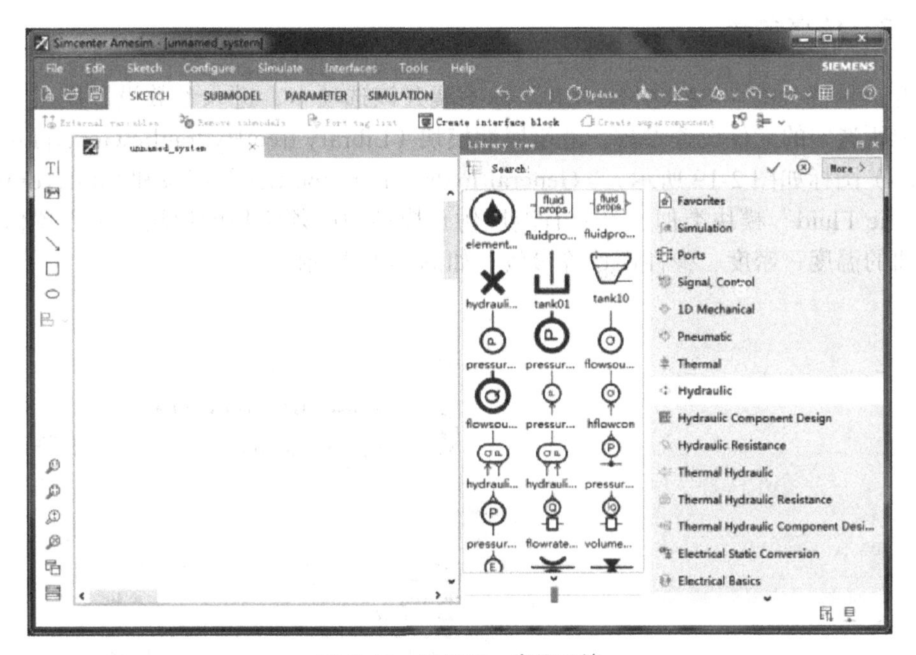

图 2-17　AMESim 桌面系统

2.4.2 模型建立

AMESim 启动后，默认打开“SKETCH”选项卡，进入草图模式。选取 AMESim 应用库树中液压、机械和控制元件模块，拖动到草图区（即左侧空白区域），则会生成一个后缀为“.ame”的模型文件，一个简单的液压阀控缸系统模型如图 2-18 所示。

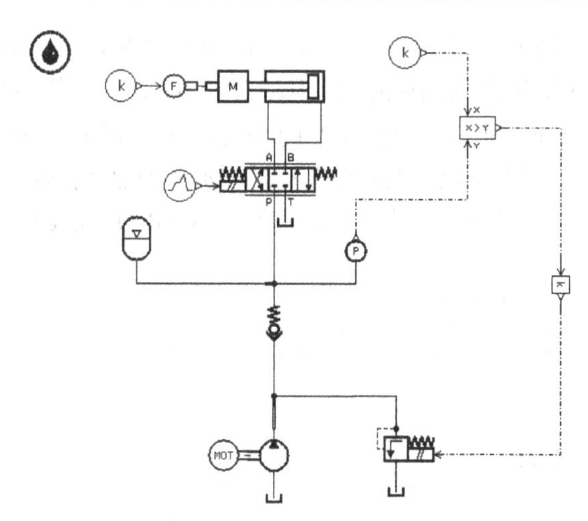

图 2-18 AMESim 液压阀控缸系统模型

单击工具栏上的“SUBMODEL”标签展开该选项卡，进入子模型模式，再单击“Premier submodel”按钮，对所有元件应用子模型。

2.4.3 仿真参数

单击工具栏上的“PARAMETER”标签展开该选项卡，进入参数设置模式，可对模型文件中所选定的元件设置参数。液压属性模块（Library tree\Hydraulic\General hydraulic properties）图标如图 2-19 所示，“General hydraulic properties”模块和 SimHydraulics 中“Hydraulic Fluid”模块类似，是所有液压仿真模型中必须添加的模块，可设置仿真模型中液压油的温度、密度、弹性模量等参数，如图 2-20 所示。

图 2-19 General hydraulic properties 模块图标

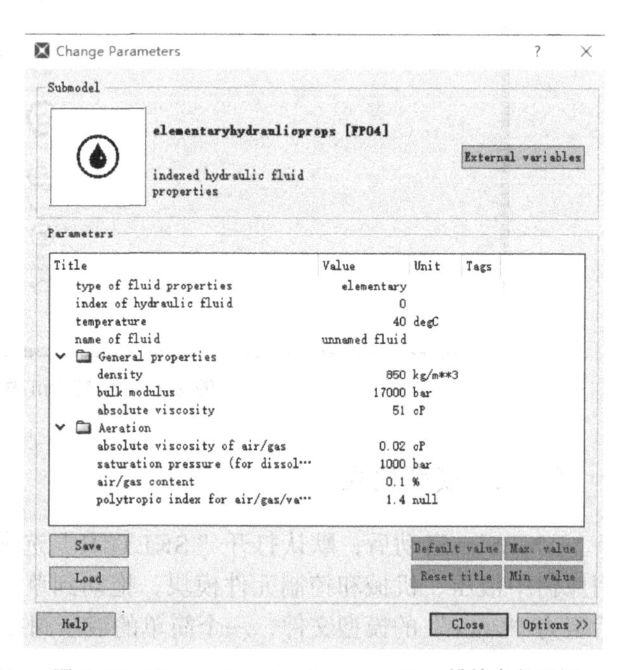

图 2-20 General hydraulic properties 模块参数设置

2.4.4　运行参数

单击工具栏上的“SIMULATION”标签展开该选项卡，进入仿真模式。单击“Run Parameters”按钮，打开“Run Parameters”对话框，可以设置仿真模型中求解器的算法、仿真时间、仿真步长等参数，如图 2-21 所示。

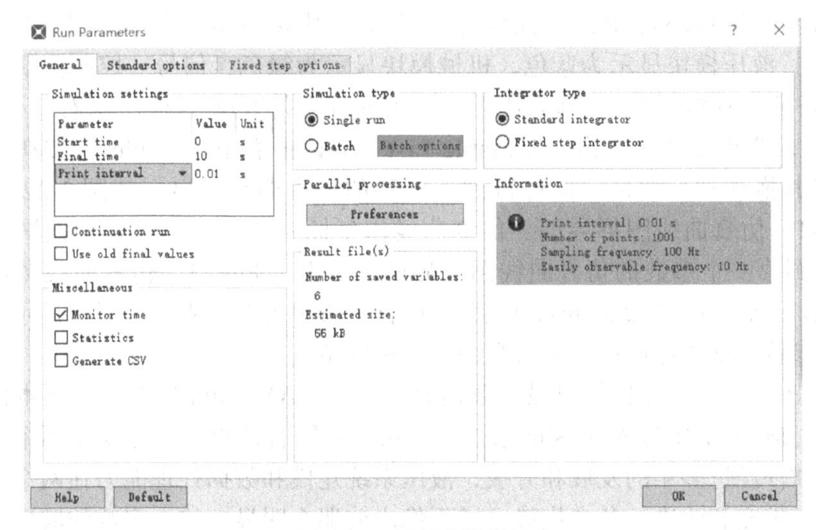

图 2-21　运行参数设置

2.4.5　仿真结果

单击工具栏上的“SIMULATION”标签展开该选项卡，编译成功后再单击“Run simulation”按钮，运行仿真。选取模型元件的端口变量，将其拖动到草图区，AMESim 将绘制对应变量的仿真曲线，如图 2-22 所示。

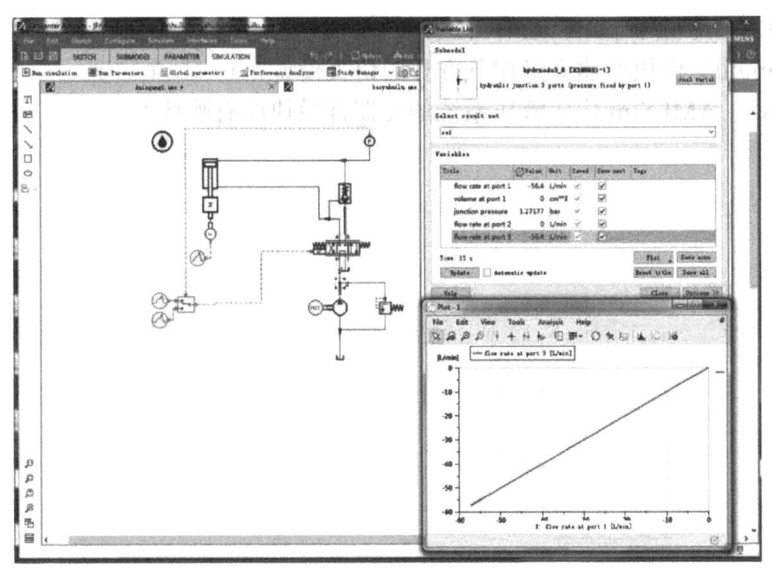

图 2-22　绘制仿真曲线

AMESim 回路级仿真分配子模型时泵出口自动添加管路模块。仿真模型中若有支路则需再选择添加支点模块，本例中添加了 3 端口接头模块（Library tree\Hydraulic\Pressure Losses，Volumes，Nodes\3 ports hydraulic node），如图 2-22 中泵出口的虚框及“Variable list”对话框所示。油箱（Library tree\Hydraulic\Fluids，Sources，Sensors\tank01）根据仿真模型需要添加。

在 AMESim 仿真环境中，不同应用库中子模块可以通过不同颜色来区分。例如图 2-22 所示，液压模块显示为蓝色，机械模块显示为绿色，信号、控制模块显示为红色（扫描二维码可查看彩图）。仿真完成后，双击元件，打开图 2-22 所示右上处“Variable list”对话框，选择参数，单击“Variable List”对话框右下处“Plot”按钮，或者选中参数选项将其拖动到草图区，即可得到各参数的仿真曲线，显示如图 2-22 所示右下处“AMEPlot-1”仿真曲线图形界面。仿真曲线横坐标默认为仿真时间。把第二个参数的仿真曲线拖到第一个参数的仿真曲线图形界面，单击“Plot-1”仿真曲线图形界面上的“Convert 2D curves to XY 2D curve（s)”图标，再单击图形界面中任意显示区域，即可生成第一个参数为横坐标而第二个参数为纵坐标的仿真曲线。

MATLAB 软件一大优势是很强的数据处理能力，AMESim 软件早期版本优势在于液压系统建模，MATLAB 与 AMESim 通过接口可实现联合仿真，充分发挥两个软件各自的优势。两个软件经过多年的发展和升级，液压系统建模和数据处理能力在两个软件目前版本中都得到了扩充和改进，各自优势已经不像之前那么明显，绝大多数的液压系统建模仿真分析在单独的一个软件中也能很好完成。

习　题

1. 熟悉 MATLAB 编程、MATLAB/Simulink、MATLAB/SimHydraulics、AMESim 四种仿真建模方法的仿真环境。
2. MATLAB 绘图命令除了 plot，还有哪些？列举一二。
3. 如何通过 Simulink 模块库建立微积分方程的仿真模型？
4. SimHydraulics、AMESim 构成液压系统的元器件模块库有哪些？

第 3 章 液压泵建模仿真

液压泵是液压系统中的动力原件，通常作为一种能量转换装置，把驱动电动机的机械能转换成液压能，向整个液压系统提供动力。液压泵按排量是否可调节分为定量泵和变量泵两类；按结构形式可以分为齿轮式、叶片式、柱塞式三大类。计算机仿真侧重于元件和系统的工作原理分析，因此 MATLAB 和 AMESim 中泵标准模块库提供的是定量泵和变量泵两类模块，齿轮式、叶片式、柱塞式液压泵可以借助其他基本模块搭建。本章采用 MATLAB、MATLAB/Simulink、MATLAB/SimHydraulics、AMESim 四种方法对定量泵和变量泵进行仿真建模对比分析。

3.1 定量泵

在转速恒定的条件下，定量泵输出流量为恒值，不能再调节。齿轮定量泵结构如图 3-1 所示，扫描二维码可查看齿轮定量泵的拆卸动画演示。

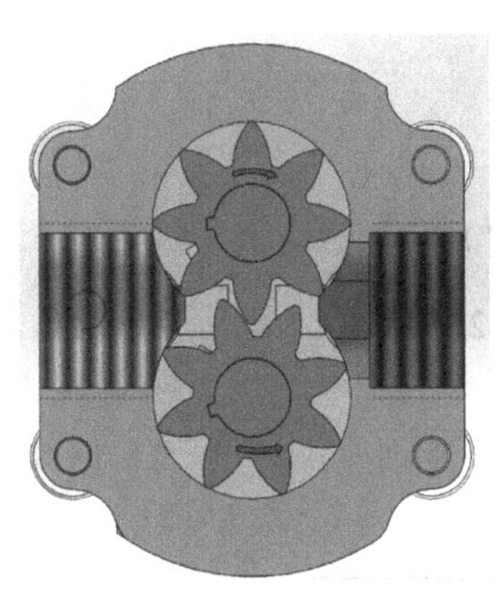

a) 剖视图

b) 外形图

图 3-1 齿轮定量泵结构

3.1.1 数学模型

定量泵流量为：

$$q = V_d n \tag{3-1}$$

式中 q ——定量泵流量，单位为 L/min；
V_d ——定量泵排量，单位为 L/r；
n ——定量泵转速，单位为 r/min。

3.1.2 仿真参数

假设某定量泵的主要仿真参数见表 3-1。

注意：仿真软件中采用 cc/rev 作为排量单位，1cc=1mL，1rev 即 1r（转）。

表 3-1 定量泵主要仿真参数

参数	数值
排量 V_d	56.4cc/rev
额定转速 n	1000r/min

则该定量泵额定流量为：

$$56.4\text{cc/rev} / 1000 \times 1000\text{r/min} = 56.4\text{L/min} \tag{3-2}$$

3.1.3 MATLAB 编程仿真

根据式（3-1）在 MATLAB 命令窗口输入如下程序指令或生成 M 文件。

```
t=linspace(0,6,6000);
vd=56.4;
n=1000;
q=vd/1000*n;
plot(t,q,'k-');
xlabel('时间/s');ylabel('流量/(L/min)')
```

运行得到定量泵输出流量（流量－时间）曲线如图 3-2 所示。

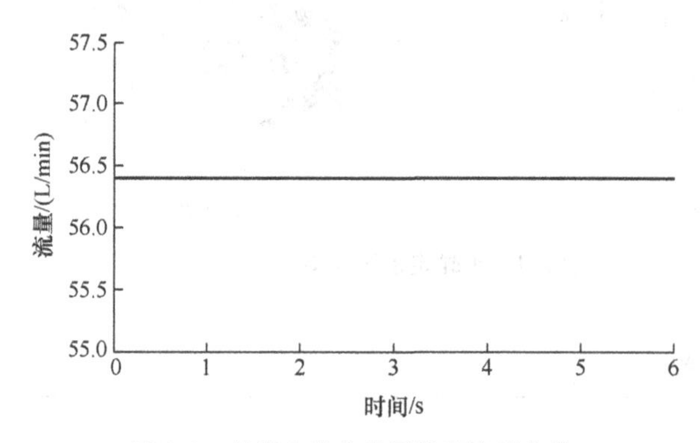

图 3-2 编程方法定量泵输出流量曲线

3.1.4　Simulink 仿真

根据式（3-1），该定量泵的 Simulink 仿真模型如图 3-3 所示。

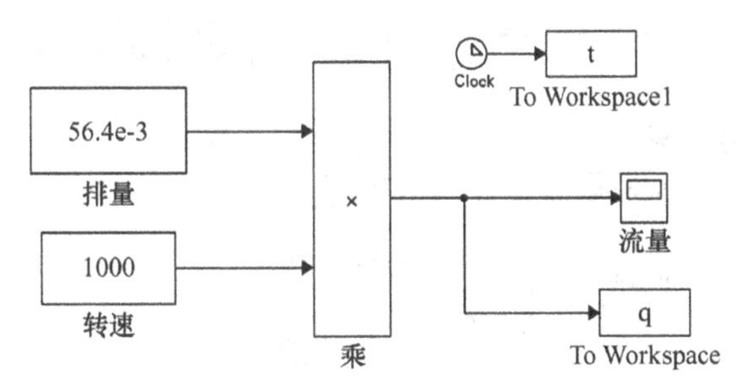

图 3-3　Simulink 定量泵仿真模型

仿真运行时间设定为 6s，因为排量和转速为恒值，所以定量泵输出流量恒为 56.4L/min 不变，如图 3-4 所示。

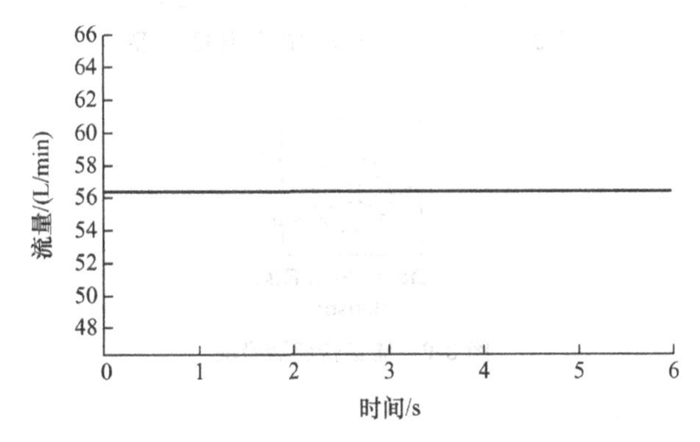

图 3-4　Simulink 定量泵输出流量曲线

3.1.5　SimHydraulics 仿真

该定量泵 SimHydraulics 仿真模型如图 3-5 所示，定量泵（Simscape\SimHydraulic\Pumps and Motors\Fixed-Displacement Pump）输入信号为电动机转速，其是常量模块（“Constant1”）通过“Simulink-PS Converter”模块，再通过理想角速度源模块（Simscape\Foundation Library\Mechanical\Mechanical Sources\Ideal Angular Velocity Source）给定，输出信号为泵的出口流量。理想角速度源模块 C 端接机械旋转参考模块（Simscape\Foundation Library\Mechanical\Rotational Elements\Mechanical Rotational Reference）。

流量传感器模块（Simscape\Foundation Library\Hydraulic\Hydraulic Sensors\Hydraulic Flow Rate Sensor）图标如图 3-6 所示，A 为输入信号端口，Q 为流量输出端口。

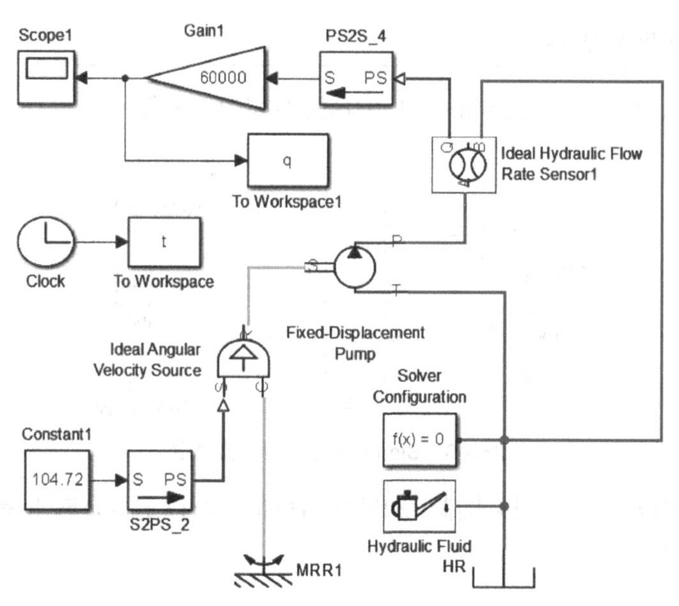

图 3-5 SimHydraulics 定量泵仿真模型

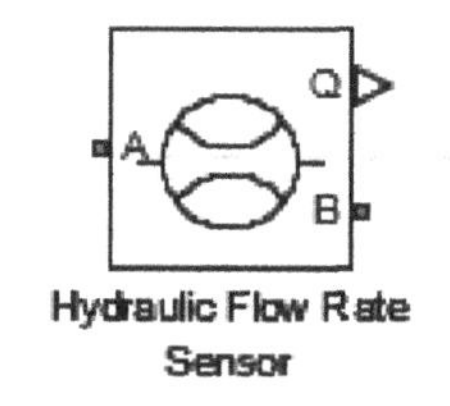

图 3-6 流量传感器模块

定量泵排量单位换算：

$$
\begin{aligned}
56.4\times 1\text{cc/rev} &= 56.4\times 1.5915\times 10^{-7}\text{m}^3/\text{rad} \\
&= 8.976\times 10^{-6}\text{m}^3/\text{rad}
\end{aligned} \tag{3-3}
$$

定量泵转速单位换算：

$$
104.72\text{rad/s}\times 60\div 2\pi = 1000\text{rev/min} \tag{3-4}
$$

定量泵输出流量为 m^3/s，换算为 L/min，其增益为

$$
1\text{m}^3/\text{s}=1\times 1000\times 60\text{L/min}=60000\text{L/min} \tag{3-5}
$$

定量泵模块参数设置如图 3-7 所示，参数设置有排量、容积效率、总效率、额定压力、额定转速、额定运动黏度、额定流体密度，具体信息参考定量泵帮助文档。由式（3-1）可知，定量泵输出流量主要由排量、转速决定，因此本例中容积效率、总效率、额定压力、额定运动黏度、额定流体密度参数设定保持模块默认值不变。

Block Parameters: Fixed-Displacement Pump

Fixed-Displacement Pump

This block represents a fixed-displacement pump of any type as a data sheet-based model. The key parameters required to parameterize the block are the pump displacement, volumetric and total efficiencies, nominal pressure, viscosity, and angular velocity.

Connections P and T are hydraulic conserving ports associated with the pump outlet and inlet, respectively. Connection S is a mechanical rotational conserving port associated with the pump driving shaft. The block positive direction is from port T to port P. This means that the pump transfers fluid from T to P if shaft S rotates in positive direction.

Settings

Parameters

Pump displacement:	8.97634e-06	m^3/rad
Volumetric efficiency:	0.92	
Total efficiency:	0.8	
Nominal pressure:	1e+07	Pa
Nominal angular velocity:	104.72	rad/s
Nominal kinematic viscosity:	18	cSt
Nominal fluid density:	900	kg/m^3

OK　Cancel　Help　Apply

图 3-7　定量泵模块参数设置

仿真运行时间设定为 6s，SimHydraulics 定量泵输出流量曲线如图 3-8 所示。

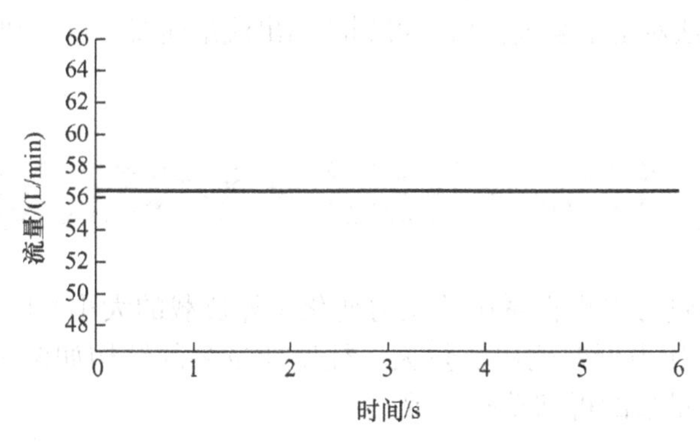

图 3-8　SimHydraulics 定量泵输出流量曲线

3.1.6　AMESim 仿真

该定量泵 AMESim 仿真模型如图 3-9 所示。

定量泵（Hydraulic\Pumps，Motors\pump01）参数设置如图 3-10 所示。

电动机（Mechanical\Rotation\Sources，Sensors，Nodes\Pmover01）参数设置如图 3-11 所示。

AMESim 定量泵输出流量曲线如图 3-12 所示。

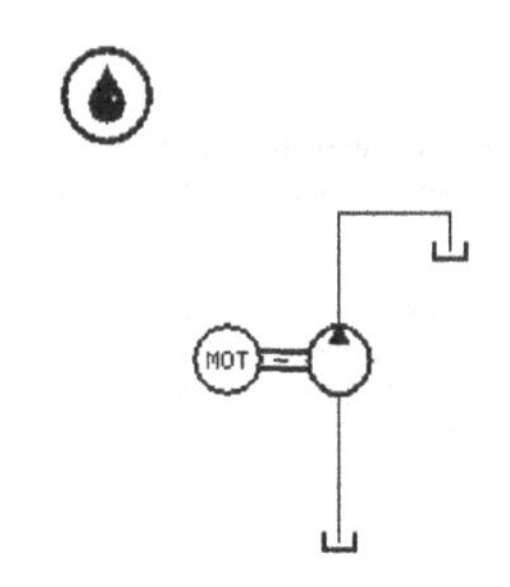

图 3-9　AMESim 定量泵仿真模型

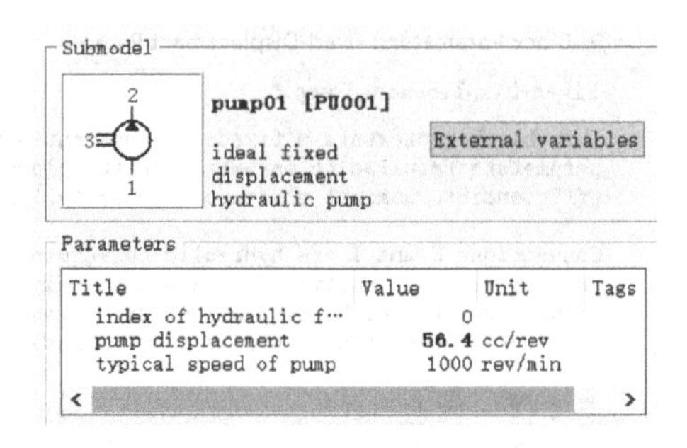

图 3-10　定量泵模型参数设置

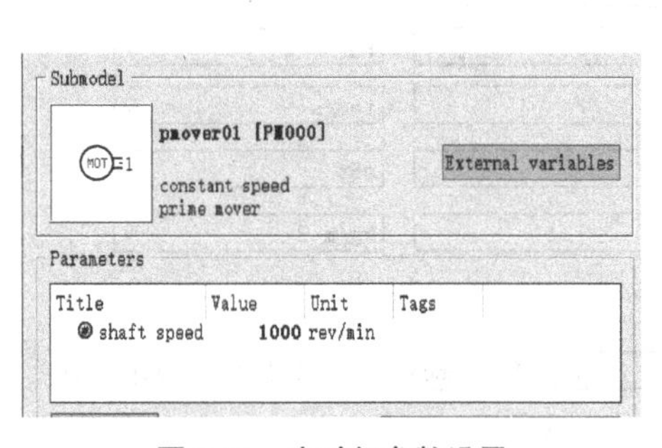

图 3-11　电动机参数设置

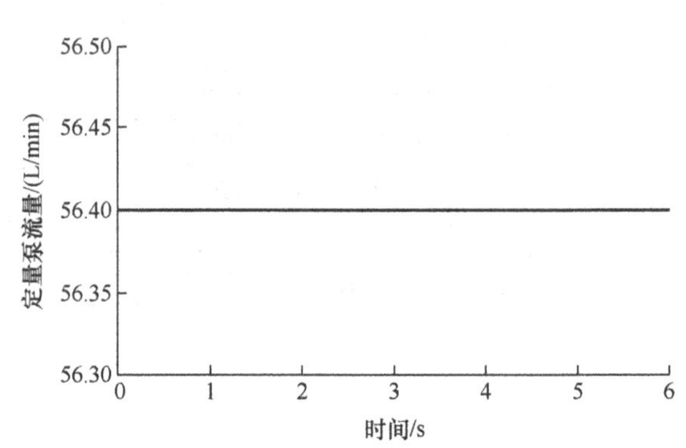

图 3-12　AMESim 定量泵输出流量曲线

图 3-2、图 3-4、图 3-8、图 3-12 分别表示采用 MATLAB 编程、Simulink、SimHydraulics、AMESim 四种建模方法对定量泵进行仿真得到的输出流量曲线。排量和转速为定值时，其输出流量也为定值。

3.2　变量泵

变量泵的输出流量可以根据系统的压力变化（外负载的大小）自动地调节流量，即压力高时输出流量小，压力低时输出流量大。柱塞变量泵的结构如图 3-13 所示，扫描右侧二维码可查看柱塞变量泵的拆卸动画演示。

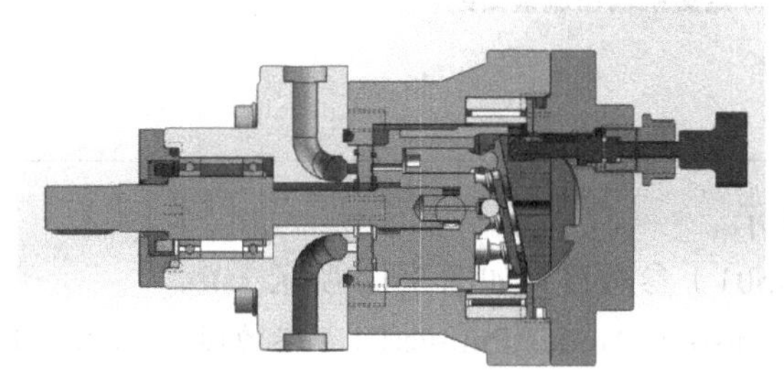

a) 剖视图

b) 外形图

图 3-13　柱塞变量泵的结构

3.2.1　变量泵数学模型

变量泵流量为：

$$q = V_b n \tag{3-6}$$

式中　q ——变量泵流量，单位为 L/min；
V_b ——变量泵排量，单位为 L/r；
n ——变量泵转速，单位为 r/min。

3.2.2　仿真参数

假设某变量泵主要仿真参数见表 3-2。

表 3-2　变量泵主要仿真参数

参数	数值
额定排量 V_b	56.4cc/rev
额定转速 n	1000r/min

3.2.3　MATLAB 编程仿真

根据式（3-6），在 MATLAB 命令窗口输入如下程序指令或生成 M 文件。

```
t=linspace(0,6,6000);
vb=(28.2*t).*(t>=0&t<2)+56.4.*(t>=2&t<4)+(-28.2*t+
169.2).*(t>=4&t<6);
figure(1);
plot(t,vb,'k');
xlabel('时间/s');ylabel('排量/(cc/rev)')
n=1000;
figure(2);
q=vb/1000*n;
plot(t,q,'k');
xlabel('时间/s');ylabel('流量/(L/min)')
```

运行得到变量泵排量输入信号曲线如图 3-14 所示，变量泵输出流量曲线如图 3-15 所示。

3.2.4　Simulink 仿真

根据式（3-6），该变量泵 Simulink 仿真模型如图 3-16 所示。

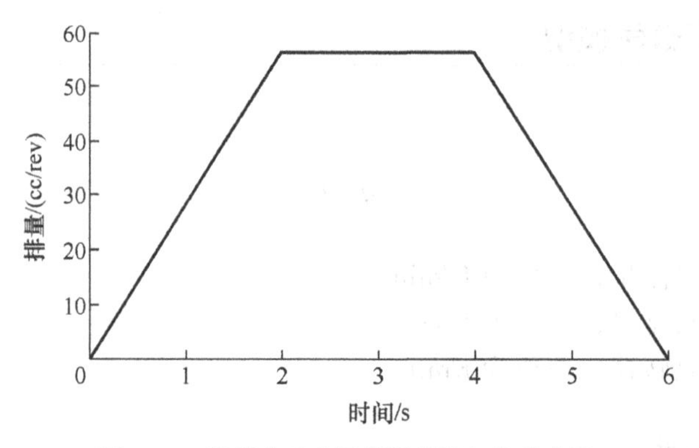

图 3-14　编程方法变量泵排量输入信号曲线

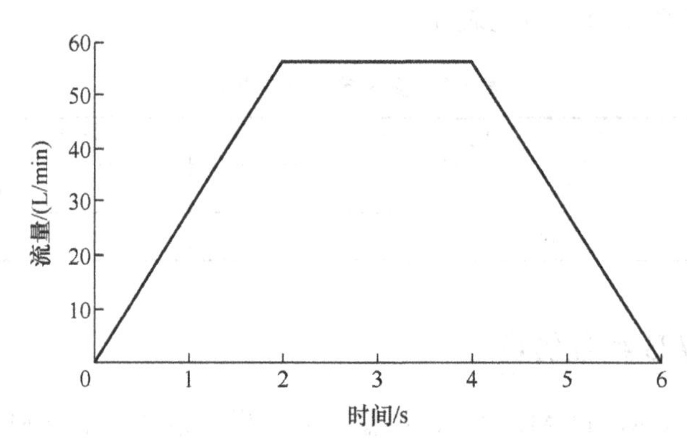

图 3-15　编程方法变量泵输出流量曲线

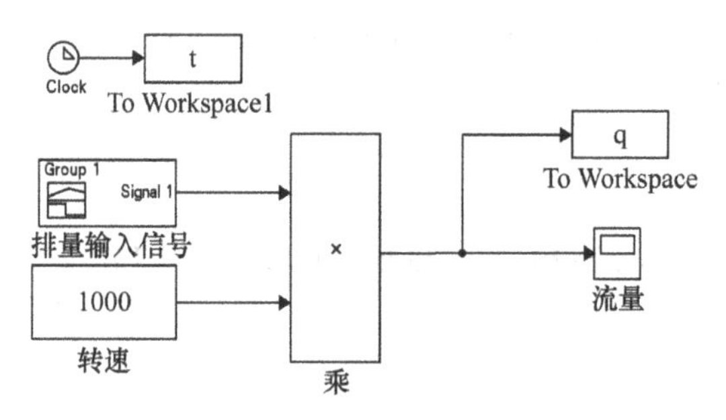

图 3-16　Simulink 变量泵仿真模型

仿真运行时间设定为 6s，变量泵排量输入信号曲线如图 3-17 所示，变量泵输出流量曲线如图 3-18 所示。

3.2.5　SimHydraulics 仿真

该变量泵 SimHydraulics 仿真模型如图 3-19 所示。

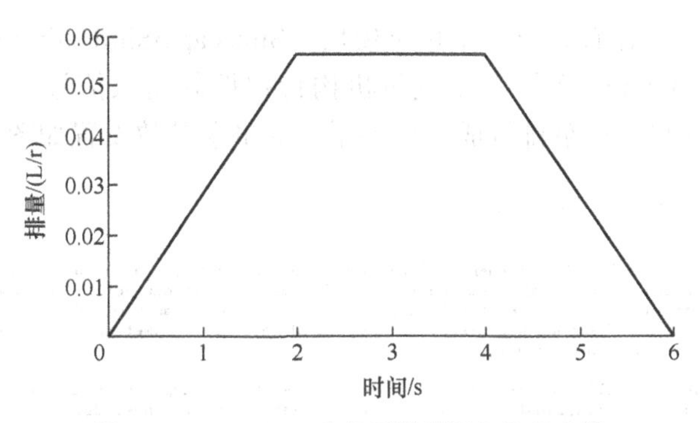

图 3-17　Simulink 变量泵排量输入信号曲线

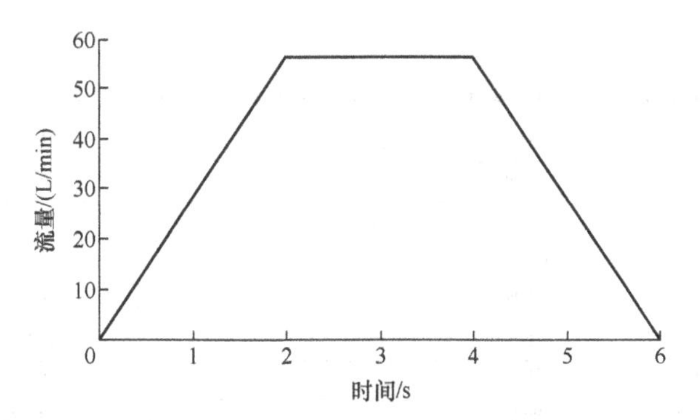

图 3-18　Simulink 变量泵输出流量曲线

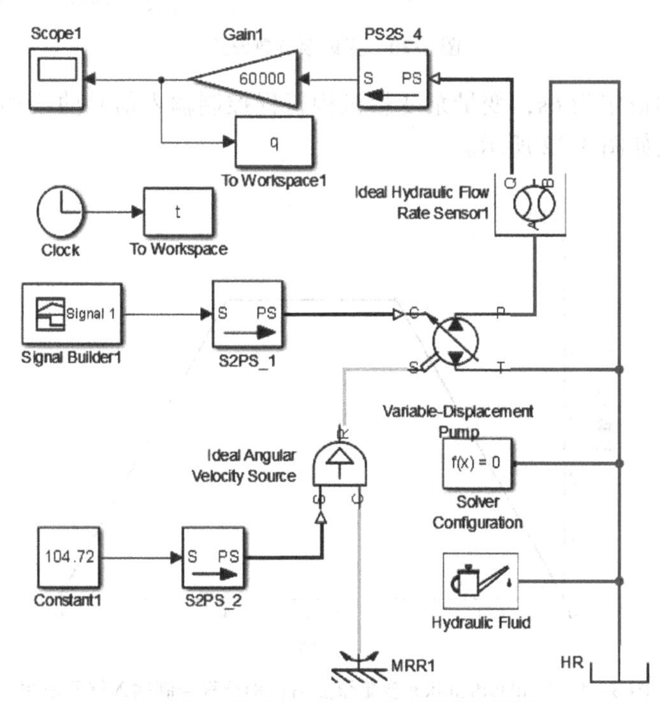

图 3-19　SimHydraulics 变量泵仿真模型

与图 3-5 所示模型相比较，可知变量泵模块（Simscape\SimHydraulic\Pumps and Motors\Variable-Displacement Pump）多了一个变量机构行程控制输入信号，其最大值（Maximum stroke）为 0.005m，其与变量泵排量成线性关系。变量泵参数设置如图 3-20 所示。

Block Parameters: Variable-Displacement Pump

Variable-Displacement Pump

This block represents a variable-displacement bidirectional pump of any type as a data sheet-based model. The model can be parameterized either by the pump maximum displacement and stroke, or by the pump displacement vs. control member position table. In the first case, the displacement is assumed to be linearly dependent on the control member position. The pump efficiency is determined based on volumetric and total efficiencies, nominal pressure, and nominal angular velocity.

Connections P and T are hydraulic conserving ports associated with the pump outlet and inlet, respectively. Connection S is a mechanical rotational conserving port associated with the pump driving shaft. Connection C is a physical signal port that controls pump displacement. The block positive direction is from port T to port P. This means that the pump delivers flow to port P as its driving shaft rotates in the globally assigned positive direction and a positive signal is applied to port C.

Settings

Parameters

Displacement specification:	By maximum displacement and control member stroke	
Maximum displacement:	8.97634e-6	m^3/rad
Maximum stroke:	0.005	m
Volumetric efficiency:	0.92	
Total efficiency:	0.8	
Nominal pressure:	100e5	Pa
Nominal angular velocity:	104.72	rad/s
Nominal kinematic viscosity:	18	cSt
Nominal fluid density:	900	kg/m^3

OK Cancel Help Apply

图 3-20 变量泵参数设置

仿真运行时间设定为 6s，变量泵变量机构行程控制输入信号曲线如图 3-21 所示，变量泵输出流量曲线如图 3-22 所示。

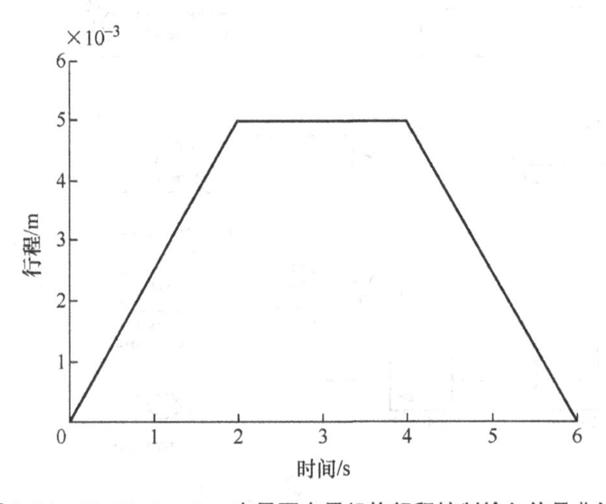

图 3-21 SimHydraulics 变量泵变量机构行程控制输入信号曲线

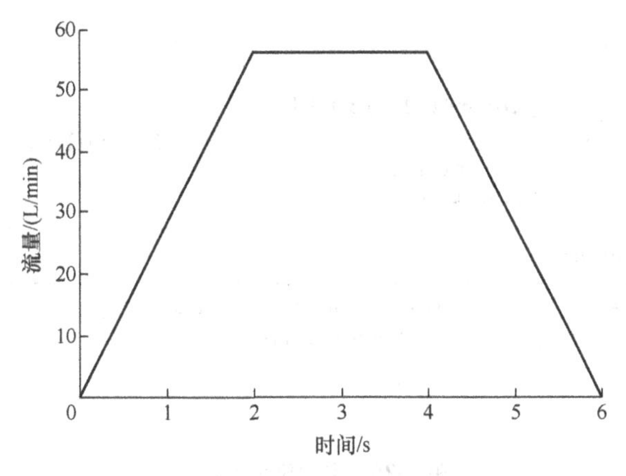

图 3-22　SimHydraulics 变量泵输出流量曲线

3.2.6　AMESim 仿真

该变量泵 AMESim 仿真模型如图 3-23 所示。

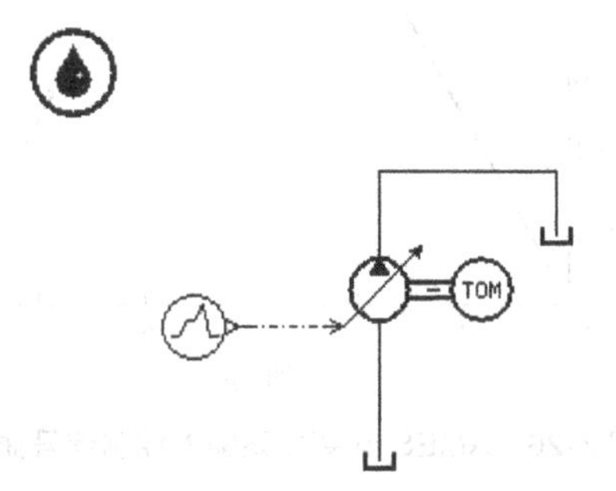

图 3-23　AMESim 变量泵仿真模型

变量泵参数设置如图 3-24 所示，变量泵（Hydraulic\Pumps，Motors\pump03）的最大排量为 56.4cc/rev，额定转速为 1000rev/min。

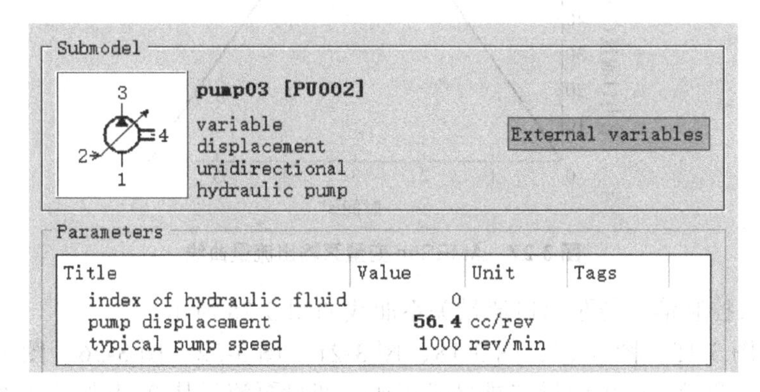

图 3-24　变量泵参数设置

电动机额定转速为 1000rev/min，其参数设置如图 3-25 所示。

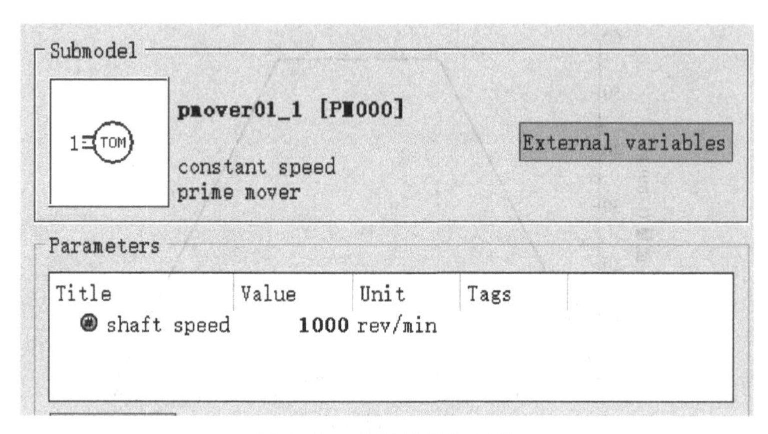

图 3-25　电动机参数设置

变量泵的输入控制信号（Signal，Control\Sources，Sinks\piecewiselinear）曲线如图 3-26 所示。

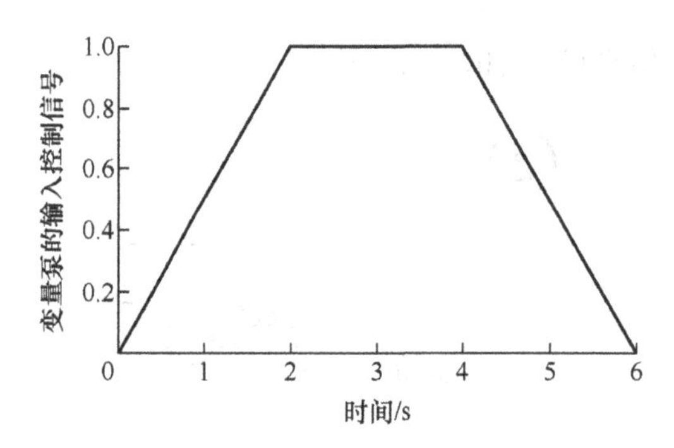

图 3-26　AMESim 变量泵输入控制信号曲线

变量泵的输出流量曲线如图 3-27 所示。

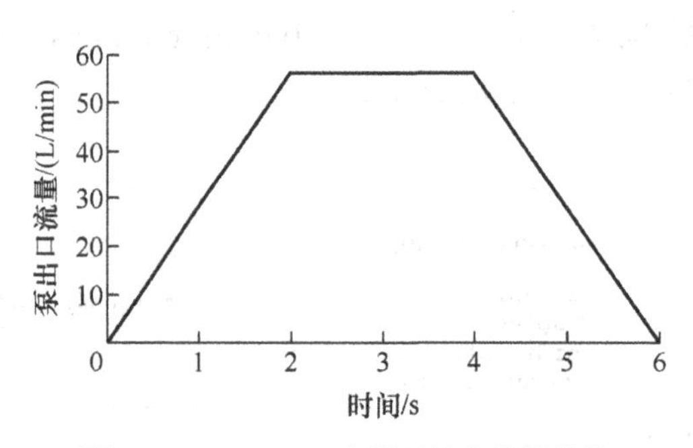

图 3-27　AMESim 变量泵输出流量曲线

变量泵输入控制信号与泵出口流量关系曲线如图 3-28 所示。

图 3-14、图 3-15、图 3-17、图 3-18、图 3-21、图 3-22、图 3-26、图 3-27 表明：当转速为定值时，变量泵输出流量与排量成正比；变量泵流量从 0s 开始增加在第 2s 时达到额定值 56.4L/min，并维持 2s；在第 4s 开始下降，且在第 6s 时减为零。

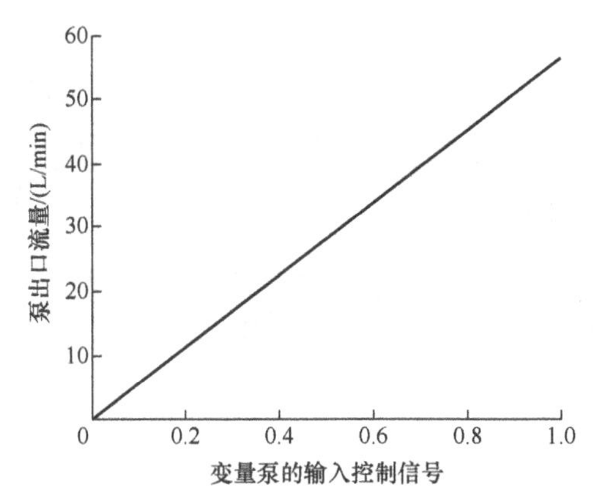

图 3-28　变量泵输入控制信号与泵出口流量关系曲线

四种建模方法主要区别在于：MATLAB 编程、Simulink 方法是以变量泵流量公式建模的，变量泵排量作为已知量直接给出；SimHydraulics 方法的变量泵排量是由变量机构行程这一物理量得到的；AMESim 方法的变量泵输出流量已经默认与排量成线性关系，控制信号取值范围为 [0，1]，1 对应最大排量。

另外，由图 3-20 可知，SimHydraulics 方法综合考虑容积效率、总效率、额定压力、额定运动黏度、额定流体密度对变量泵性能的影响，MATLAB 编程、Simulink 方法只表征变量泵静态工况，忽略了这些因素对变量泵瞬态、动态性能的影响；AMESim 方法选取理想的泵模型，与 MATLAB 编程、Simulink 方法类似。由于本节定量泵、变量泵的仿真实例没有添加外负载，容积效率、总效率改变对输出流量的影响不大。当添加外负载时，随着工作压力增大，泄漏量增大，容积效率降低，同时考虑机械损失，总效率也将下降，且系统愈复杂，这种影响愈明显。因此，SimHydraulics 方法更贴近真实工况，AMESim 方法建模相对容易但是偏理想化，MATLAB 编程、Simulink 方法与实际工况差异较大。

习　题

1. 熟悉和掌握 MATLAB 编程常用命令。
2. 参考本章程序，独立完成 MATLAB 编程方法定量泵仿真建模。
3. 参考本章程序，独立完成 MATLAB 编程方法变量泵仿真建模。
4. Simulink、SimHydraulics、AMESim 三种液压泵仿真建模方法各有什么优缺点？

第 4 章 液压阀建模仿真

在液压系统中，液压控制阀对油液的流动方向、压力高低及流速大小进行控制，以便执行元件能按照负载的要求来进行工作。液压控制阀种类繁多，本章针对压力、流量、方向控制功能，选取几种典型的液压阀进行建模仿真分析，其他类型将在液压回路和系统仿真章节中结合相关内容进行详细介绍。

4.1 单向阀

单向阀的作用是使油液只能沿一个方向流动，而不能反向流动。单向阀按其进口油液的方向来分，有直通式和直角式两种。直通式单向阀结构如图 4-1 所示，扫描右侧二维码可查看单向阀的拆卸动画演示。

a) 剖视图

b) 外形图

图 4-1　直通式单向阀结构

4.1.1　数学模型

单向阀的工作过程分为三个阶段，如图 4-2 所示。

第一阶段：阀口闭合阶段，作用在阀芯上的压力小于阀芯的开启压力 p_c。

第二阶段：阀口部分开启阶段，作用在阀芯上的压力达到单向阀的开启压力 p_c，阀口开启，阀口开度随着压力的增加逐渐增大，当压力达到 p_{max} 时阀口刚好全部打开，*grad* 为压力流量梯度。

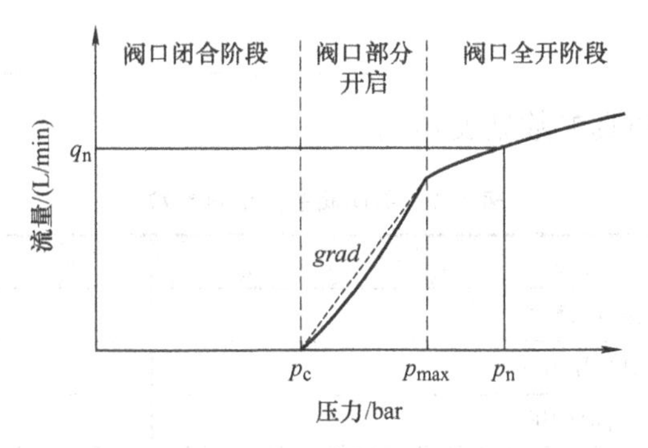

图 4-2　单向阀流量－压力曲线

第三阶段：阀口全部开启，此时，阀口节流面积达到最大，流量只与阀口压差相关。p_n 为单向阀额定压力，q_n 为单向阀额定流量。

单向阀阀口流量为：

$$q = C_d A\sqrt{\frac{2}{\rho}\Delta p} \tag{4-1}$$

式中　q——单向阀阀口流量，单位为 m^3/s；

C_d——流量系数；

A——阀口节流面积，单位为 m^2；

ρ——油液密度，单位为 kg/m^3；

Δp——作用于单向阀的压力差，单位为 Pa。

根据单向阀的开启过程，可以将阀口节流面积的变化分为三个阶段。

$$A(p) = \begin{cases} 0 & (p \leqslant p_c) \\ k(p - p_c) & (p_c < p < p_{max}) \\ A_{max} & (p \geqslant p_{max}) \end{cases} \tag{4-2}$$

式中　p_c——单向阀开启压力，单位为 Pa；

p_{max}——单向阀全开时的压力，单位为 Pa；

k——阀口节流面积与压力的相关系数，$k = \dfrac{A_{max}}{p_{max} - p_c}$，单位为 m^2/Pa。

A_{max}——阀口最大节流面积，单位为 m^2。

联立式（4-1）和式（4-2）得：

$$q(p) = \begin{cases} 0 & (p \leqslant p_c) \\ C_d k(p - p_c)\sqrt{\frac{2}{\rho}\Delta p} & (p_c < p < p_{max}) \\ C_d A_{max}\sqrt{\frac{2}{\rho}\Delta p} & (p \geqslant p_{max}) \end{cases} \tag{4-3}$$

4.1.2 仿真参数

假设某单向阀主要仿真参数见表 4-1。

表 4-1 单向阀主要仿真参数

参数	数值
流量系数 C_d	0.7
开启压力 p_c	0.1×10^6Pa
阀口全开时的压力 p_{max}	0.2×10^6Pa
阀口最大节流面积 A_{max}	$10mm^2$
油液密度 ρ	$850kg/m^3$
额定工作压力 p_n	0.6×10^6Pa
额定流量 q_n	16L/min
通径 D	6mm

单向阀开启流量压力梯度计算结果如下：

$$\begin{aligned} q &= C_d A_{max}\sqrt{\frac{2\Delta p}{\rho}} \\ &= 0.7\times10\times10^{-6}\sqrt{\frac{2\times0.2\times10^6}{850}} \\ &\approx 9.1(\text{L/min}) \end{aligned} \tag{4-4}$$

$$grad = \frac{9.1-0}{2-1} = 9.1(\text{L}\cdot\text{min}^{-1}\cdot\text{bar}^{-1}) \tag{4-5}$$

4.1.3 MATLAB 编程仿真

根据式（4-3）在 MATLAB 命令窗口输入如下程序指令或生成 M 文件。

```
p=0:10:100000;
q=0;
plot(p,q);
hold on;
Cd=0.7;Amax=10*10^(-6); pc=0.1*10^6; pmax=0.2*10^6;C=850;
syms p;
q=Cd*Amax/(pmax-pc)*(p-pc)*sqrt(2*p/C)*60000;
ezplot(q,[100000:200000])
Cd=0.7; Amax=10*10^(-6);C=850;
syms p;
```

```
q=Cd*Amax*sqrt(2*p/C)*60000;
ezplot(q,[200000:700000]);
xlabel('压力/Pa');
ylabel('流量/(L/min)');
axis([0 700000 0 18])
```

运行得到单向阀的流量 – 压力特性曲线如图 4-3 所示。

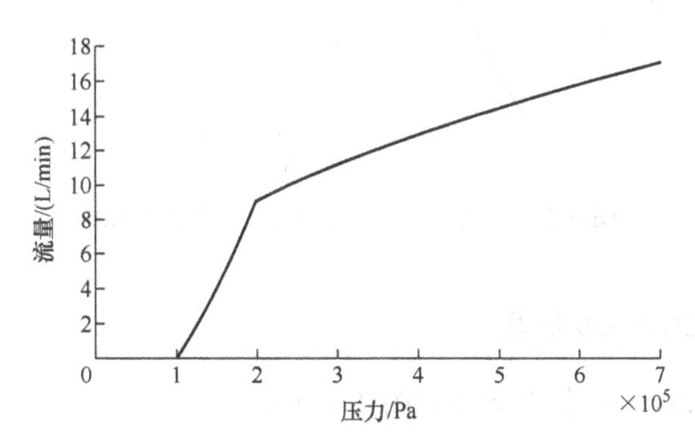

图 4-3　编程方法单向阀流量 – 压力特性曲线

4.1.4 Simulink 仿真

根据式(4-3)，该单向阀 Simulink 仿真模型如图 4-4 所示。

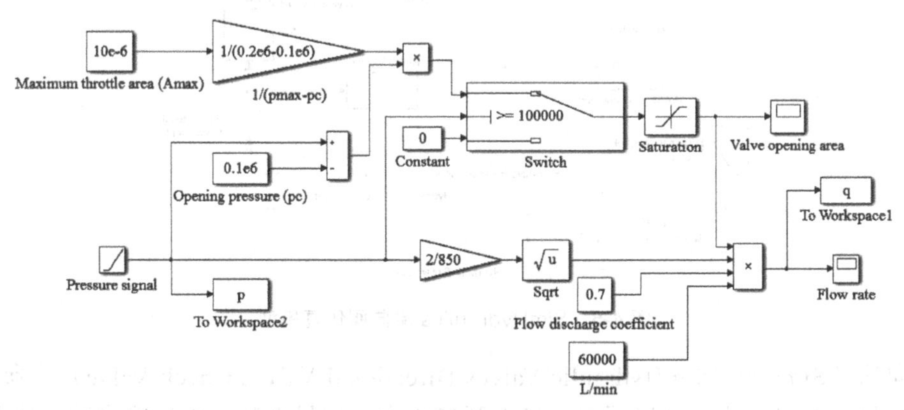

图 4-4　Simulink 单向阀仿真模型

如图 4-4 所示，开关模块（Simulink\Signal Routing\Switch）根据压力值 p 的大小，对式(4-2)中的阀口节流面积进行分段，参数阈值（Threshold）设置为 0.1×10^6Pa。限幅模块（Simulink\Discontinuities\Saturation）用于限定阀的最大节流面积，上限值（Upper limit）设置为 10^{-5}m^2。斜坡输入模块（Simulink\Source\Ramp）的斜率（Slope）设定为 70000。

搭建好模型后，在“Simulation → Model Configuration Parameters → Type”中选择“Fixed-step”，仿真时间设定为 10s，然后运行模型。

在 MATLAB 命令窗口输入“plot（p，q）”命令，可得单向阀的流量 - 压力特性曲线，如图 4-5 所示。

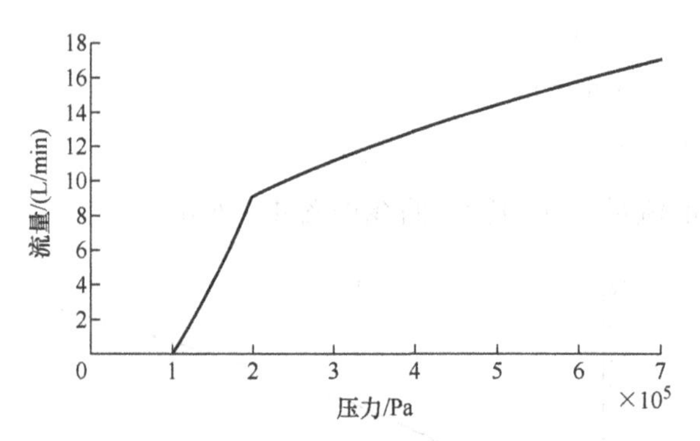

图 4-5　Simulink 单向阀流量 - 压力特性曲线

4.1.5　SimHydraulics 仿真

该单向阀 SimHydraulics 仿真模型如图 4-6 所示。

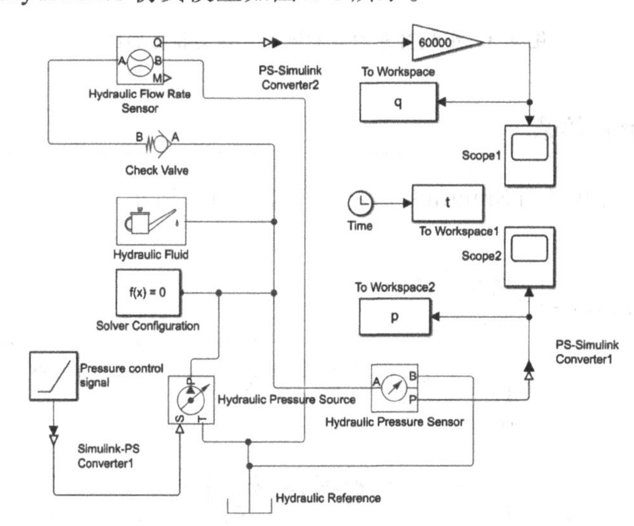

图 4-6　SimHydraulics 单向阀仿真模型

单向阀（Simscape\SimHydraulic\Valves\Directional Valves\Check Valve）的参数设置主要包括最大开口面积、开启压力、最大开口压力、流量系数、临界雷诺数、泄漏面积，如图 4-7 所示。

压力传感器模块（Simscape\Foundation Library\Hydraulic\Hydraulic Sensors\Hydraulic Pressure Sensor）图标如图 4-8 所示，A 为输入信号端口，P 为压力输出端口。

仿真运行时间设定为 10s，仿真模型液压源选择可变液压源模块（Simscape\Foundation Library\Hydraulic\Hydraulic Sources\Hydraulic Pressure Source），通过压力传感器测得其输出压力与压力斜坡输入控制信号一致，如图 4-9 所示，通过流量传感器测得单向阀输出流量曲线如图 4-10 所示，在 MATLAB 命令窗口输入“plot（p，q）”命令，可得单向阀流量 - 压力特性曲线，如图 4-11 所示。

Block Parameters: Check Valve1

Check Valve

This block represents a hydraulic check valve as a data sheet-based model. The purpose of a check valve is to permit flow in one direction and block it in the opposite direction. The valve remains closed while pressure differential across the valve is lower than the valve cracking pressure. When cracking pressure is reached, the value control member is forced off its seat, thus creating a passage between the inlet and outlet. If the flow rate is high enough and pressure continues to rise, the area is further increased until the control member reaches its maximum.

Connections A and B are hydraulic conserving ports associated with the valve inlet and outlet, respectively. The block positive direction is from port A to port B.

Settings

Parameters

Maximum passage area:	1e-05	m^2
Cracking pressure:	1e+05	Pa
Maximum opening pressure:	2e+05	Pa
Flow discharge coefficient:	0.7	
Critical Reynolds number:	12	
Leakage area:	1e-12	m^2

OK　Cancel　Help　Apply

图 4-7　单向阀参数设置

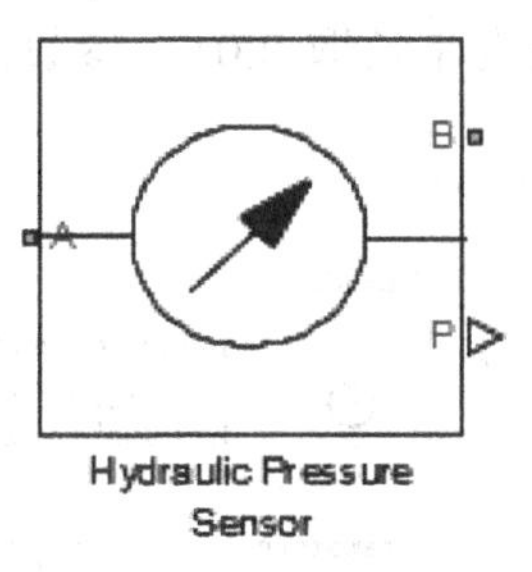

图 4-8　压力传感器模块

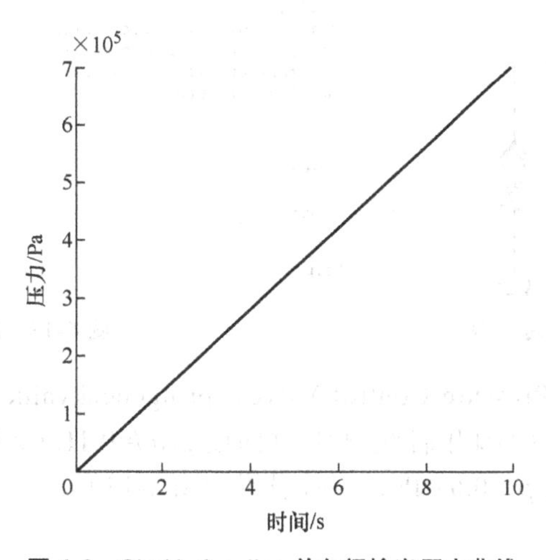

图 4-9　SimHydraulics 单向阀输出压力曲线

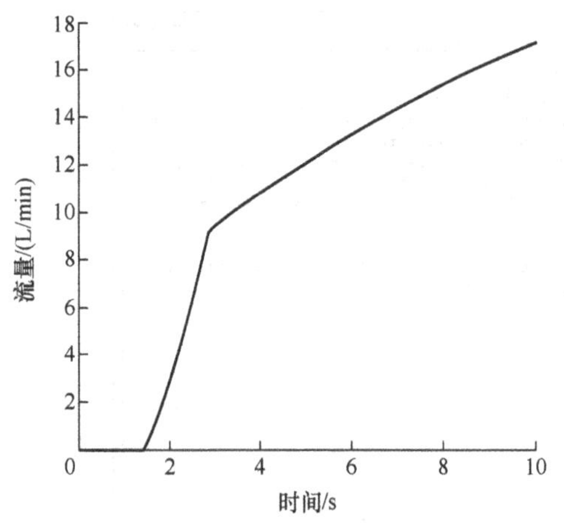

图 4-10　SimHydraulics 单向阀输出流量曲线

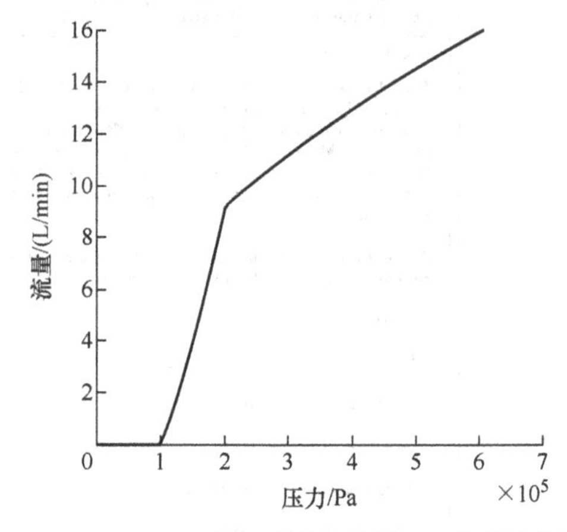

图 4-11　SimHydraulics 单向阀流量 – 压力特性曲线

4.1.6　AMESim 仿真

该单向阀 AMESim 仿真模型如图 4-12 所示。

压力源（Hydraulic\Fluids，Sources，Sensors\pressuresource）输入压力信号为 0 ～ 0.7MPa，仿真时间取 10s，仿真步长取 0.01，参数设置如图 4-13 所示。

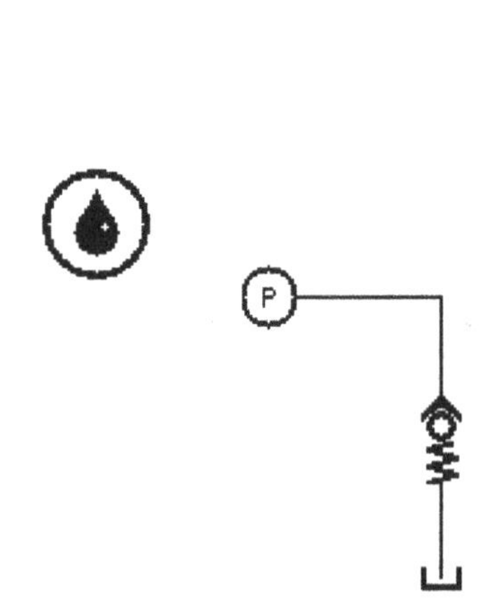

图 4-12　AMESim 单向阀仿真模型

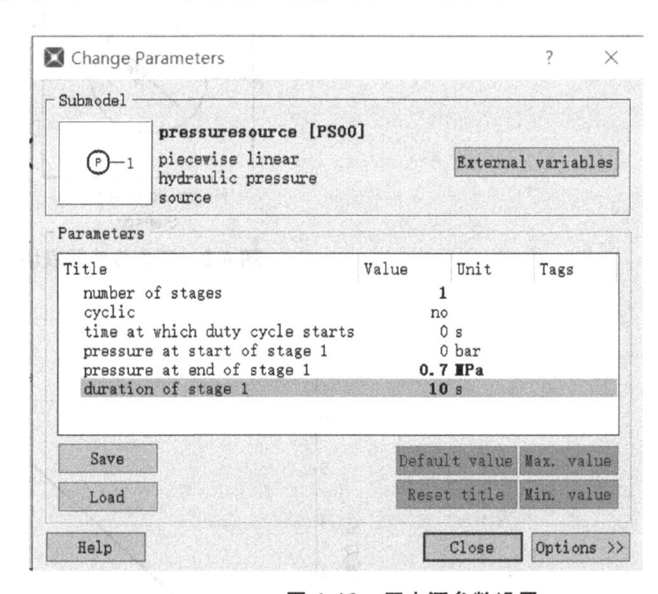

图 4-13　压力源参数设置

单向阀（Hydraulic\Pressure Control Valves\springcheckvalue）参数设置：阀口的开启压力为 p=0.1MPa，单向阀开启流量压力梯度 $grad$=9.1L • min^{-1} • bar^{-1}，额定流量为 q_n=16L/min，额定压力为 p_n=0.6MPa，参数设置如图 4-14 所示。

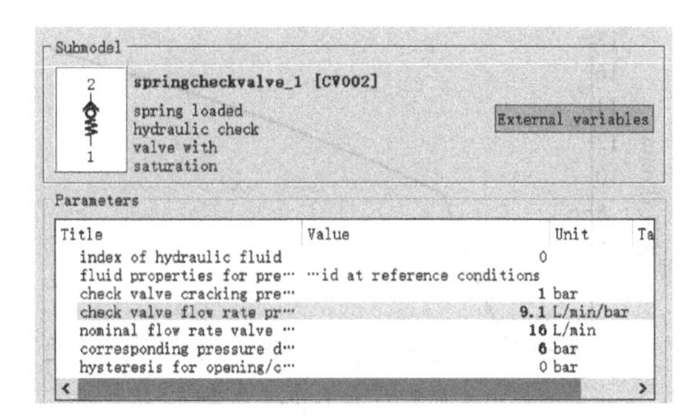

图 4-14　单向阀参数设置

仿真模型油液属性参数设置如图 4-15 所示。

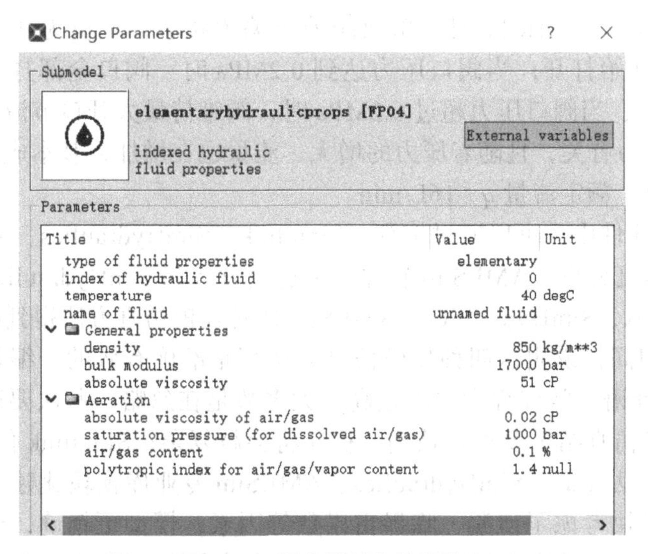

图 4-15　油液属性参数设置

输入压力信号如图 4-16 所示，流量 - 压力特性曲线如图 4-17 所示。

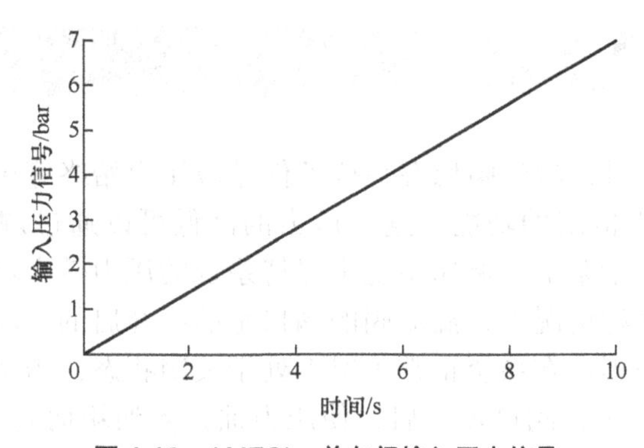

图 4-16　AMESim 单向阀输入压力信号

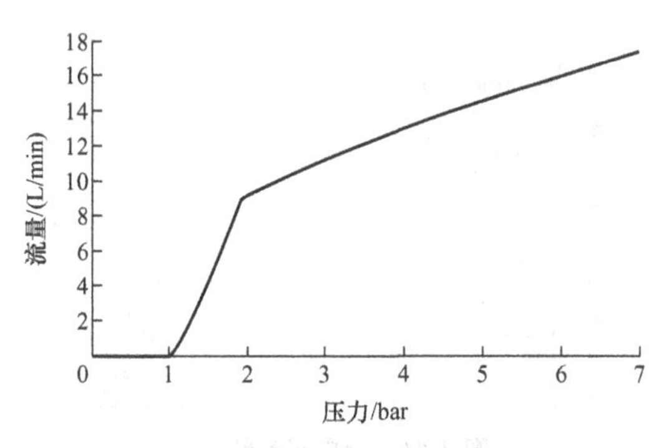

图 4-17 AMESim 单向阀流量 - 压力特性曲线

图 4-3、图 4-5、图 4-11、图 4-17 表明，单向阀的四种仿真分析方法下，单向阀工况为：当阀口压力小于 0.1MPa 时，单向阀处于关闭状态，流量为 0；当阀口压力达到 0.1MPa 时，阀口开始打开；当阀口压力达到 0.2MPa 时，阀口全部打开，阀口节流面积达到最大值 10mm^2；当阀口压力超过 0.2MPa 时，阀维持最大开口节流面积不变，单向阀的流量只与阀口压力有关，且随着压力的增大，流量也在增加，基本成线性变化。当额定压力 p_n=0.6MPa 时，额定流量 q_n=16L/min。

在 MATLAB 软件中，可以通过编程、Simulink、SimHydraulics 三种方法对液压元件和系统进行建模仿真分析，AMESim 软件建模仿真方法和 SimHydraulics 建模仿真方法类似。编程、Simulink、SimHydraulics、AMESim 四种建模仿真方法得到的单向阀流量 - 压力特性曲线基本相同，说明这四种建模仿真方法都是准确有效的。编程方法对操作者的 MATLAB 程序设计语言掌握程度要求较高，大多数是在忽略一些次要因素情况下编写源程序实现仿真。对仿真结果要求越精确，程序将会越复杂；Simulink 仿真方法简单快捷，不足之处与编程方法类似；SimHydraulics、AMESim 专业库模块化建模仿真方法不但方便易学，而且库模块考虑了泄漏、临界雷诺数等因素，模型更精确，仿真结果更贴近真实工况。鉴于此，本书后续章节将不再考虑编程这种方法，以 Simulink、SimHydraulics、AMESim 这三种建模仿真方法来分析讨论。

4.2 溢流阀

不考虑其他作用力时，溢流阀稳态平衡条件是液压力始终等于弹簧力，所以溢流阀具有保持液压系统压力恒定的功能，这一压力的高低可以通过调节弹簧的预紧力来设定。溢流阀主要用在定量泵节流调速系统中保持系统的压力基本恒定，并将液压泵多余的流量溢回油箱。在这种情况下，溢流阀的阀口是始终开启的。溢流阀也可以作为安全阀使用。这时，溢流阀阀口在系统正常工况下处于关闭状态，当系统压力由于意外情况而升到较高的过载压力时，阀口才开启，使压力油排入油箱而起安全保护作用。因此，除了偶然出现的紧急情况外，阀口是常闭的。此外，装在液压泵出口附近的先导式溢流阀还可以作为卸荷阀使用。溢流阀结构如图 4-18 所示，扫描右侧二维码可查看溢流阀的拆卸动画演示。

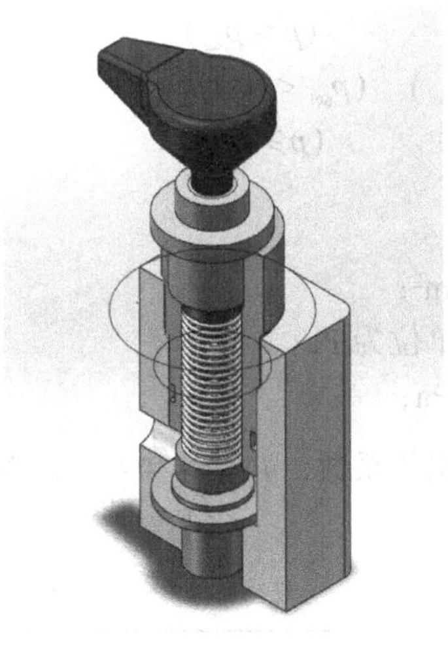

a) 剖视图

b) 外形图

图 4-18　溢流阀结构

4.2.1　数学模型

通过溢流阀的流量为

$$q=\begin{cases} 2C_{DL}A\dfrac{D_H}{\nu\rho}(p_1-p_2) & (Re<Re_{cr}) \\ C_DA\sqrt{\dfrac{2}{\rho}(p_1-p_2)}\cdot\mathrm{sgn}(p) & (Re\geqslant Re_{cr}) \end{cases} \tag{4-6}$$

式中　q ——溢流阀阀口流量，单位为 m^3/s；

C_D ——流量系数；

A ——溢流阀阀口节流面积，$A=A(p)$ 单位为 m^2；

ρ ——油液密度，单位为 kg/m^3；

p ——溢流阀压差，$p=p_1-p_2$，单位为 Pa；

p_1 ——溢流阀进口压力，单位为 Pa；

p_2 ——溢流阀出口压力，单位为 Pa。

ν ——流体运动黏度，单位为 m^2/s；

Re ——雷诺数；

Re_{cr}——临界雷诺数；

C_{DL} —— $C_{DL}=\left(\dfrac{C_D}{\sqrt{Re_{cr}}}\right)^2$；

$D_H=\sqrt{\dfrac{4A(p)}{\pi}}$。

溢流阀阀口节流面积

$$A(p)=\begin{cases}A_{\text{leak}} & (p\leqslant p_{\text{set}})\\ A_{\text{leak}}+k(p-p_{\text{set}}) & (p_{\text{set}}<p<p_{\text{max}})\\ A_{\text{max}} & (p\geqslant p_{\text{max}})\end{cases}\tag{4-7}$$

式中　A_{leak}——溢流阀泄漏面积，单位为 m^2；

A_{max}——溢流阀最大开口面积，单位为 m^2；

p_{set}——溢流阀阀芯开始动作的压力，单位为 Pa；

p_{max}——溢流阀最大开口压力，单位为 Pa；

k——溢流阀阀口节流面积与压力的相关系数，$k=\dfrac{A_{\text{max}}}{p_{\text{max}}-p_{\text{set}}}$，单位为 m^2/Pa。

4.2.2　SimHydraulics 仿真

SimHydraulics 溢流阀模块图标如图 4-19 所示。

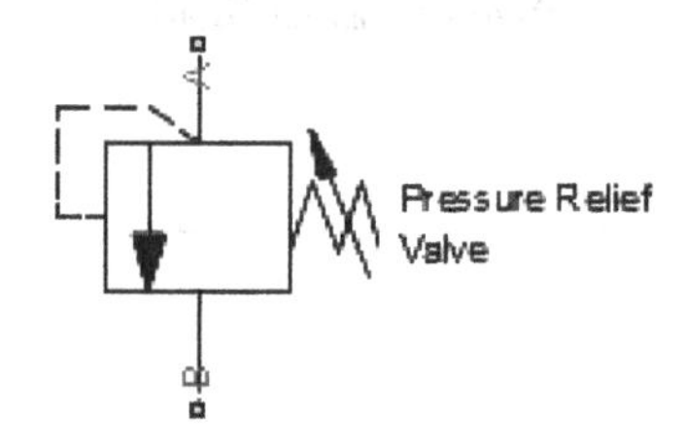

图 4-19　SimHydraulics 溢流阀模块

溢流阀（Simscape\SimHydraulic\Valves\Pressure Control Valves\Pressure Relief Valve）参数设置如图 4-20 所示。

Block Parameters: Pressure Relief Valve

Pressure Relief Valve

This block represents a hydraulic pressure relief valve as a data sheet-based model. The valve remains closed while pressure at the valve inlet is lower than the valve preset pressure. When the preset pressure is reached, the value control member is forced off its seat, thus creating a passage between the inlet and outlet. Some fluid is diverted to a tank through this orifice, thus reducing the pressure at the inlet. If this flow rate is not enough and pressure continues to rise, the area is further increased until the control member reaches its maximum.

Connections A and B are hydraulic conserving ports. The block positive direction is from port A to port B.

Parameters

Maximum passage area:	1e-4	m^2
Valve pressure setting:	5e+6	Pa
Valve regulation range:	5e+5	Pa
Flow discharge coefficient:	0.7	
Critical Reynolds number:	12	
Leakage area:	1e-12	m^2

OK　Cancel　Help　Apply

图 4-20　SimHydraulics 溢流阀参数设置

4.2.3　AMESim 仿真

AMESim 溢流阀模块图标如图 4-21 所示。

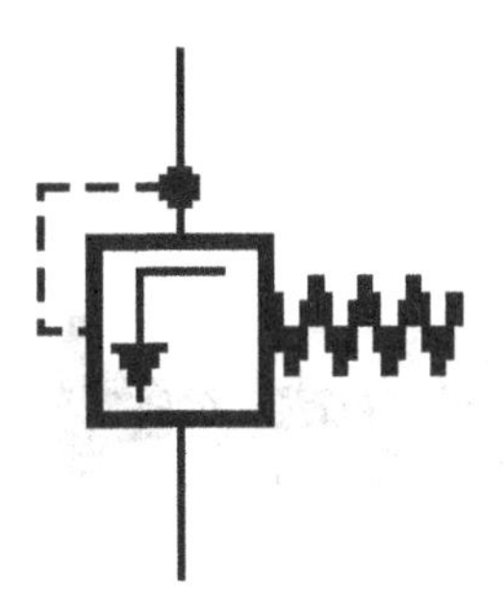

图 4-21　AMESim 溢流阀模块

溢流阀（Hydraulic\Pressure, Control, Values\presscontrol01）参数设置如图 4-22 所示。

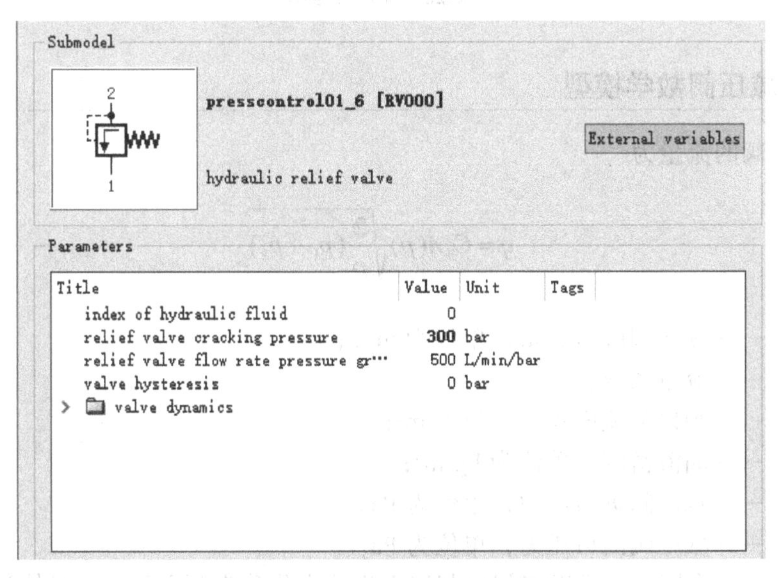

图 4-22　AMESim 溢流阀参数设置

溢流阀在不同的液压系统中的作用不同，因此溢流阀的仿真建模将在后面章节中根据具体内容详细讨论。

4.3　减压阀

减压阀的功能是将出口压力降到低于进口压力，并使出口压力保持较为恒定的调定值。减压阀有定值、定差、定比三种形式，本节以定值减压阀为例进行仿真。减压阀结构如图 4-23 所示，扫描右侧二维码可查看减压阀的拆卸动画演示。

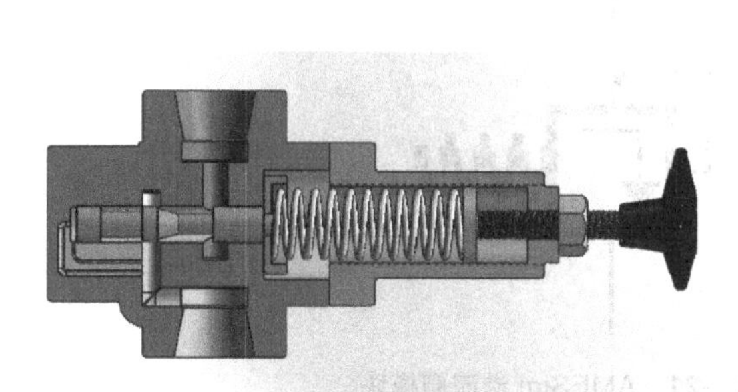

a) 剖视图

b) 外形图

图 4-23 减压阀结构

4.3.1 减压阀数学模型

通过减压阀的流量为

$$q = C_d A(p)\sqrt{\frac{2}{\rho}(p_1 - p_2)} \tag{4-8}$$

式中 q ——减压阀阀口流量，单位为 m^3/s；

C_d ——流量系数；

$A(p)$ ——阀口节流面积，单位为 m^2；

ρ ——油液密度，单位为 kg/m^3；

p_1 ——减压阀进口压力，单位为 Pa；

p_2 ——减压阀出口压力，单位为 Pa。

根据减压阀工作原理，可以将阀口节流面积的变化分为两个阶段，具体为

$$A(p) = \begin{cases} A_{max} & (p_2 \leqslant p_c) \\ k(p_{max} - p_2) & (p_2 > p_c) \end{cases} \tag{4-9}$$

式中 p_c ——减压阀调定压力，单位为 Pa；

p_{max} ——减压阀最大调定压力，单位为 Pa；

k ——减压阀阀口节流面积与压力的相关系数，$k = \dfrac{A_{max}}{p_{max} - p_c}$，单位为 m^2/Pa。

A_{max} ——减压阀阀口最大节流面积，单位为 m^2。

联立式（4-8）和式（4-9）得

$$q=\begin{cases} C_d A_{max}\sqrt{\dfrac{2}{\rho}(p_1-p_2)} & (p_2 \leqslant p_c) \\ C_d \dfrac{A_{max}(p_{max}-p_2)}{p_{max}-p_c}\sqrt{\dfrac{2}{\rho}(p_1-p_2)} & (p_2 > p_c) \end{cases} \tag{4-10}$$

4.3.2　仿真参数

假设某减压阀主要仿真参数见表 4-2。

表 4-2　减压阀主要仿真参数

参数	数值
减压阀进口压力 p_1	1.5MPa
减压阀调定压力 p_c	1MPa
减压阀最大调定压力 p_{max}	1.1MPa
减压阀最大节流面积 A_{max}	$31\times10^{-6}m^2$
额定流量 Q_n	45L/min

4.3.3　Simulink 仿真

根据式（4-10），该减压阀 Simulink 仿真模型如图 4-24 所示。

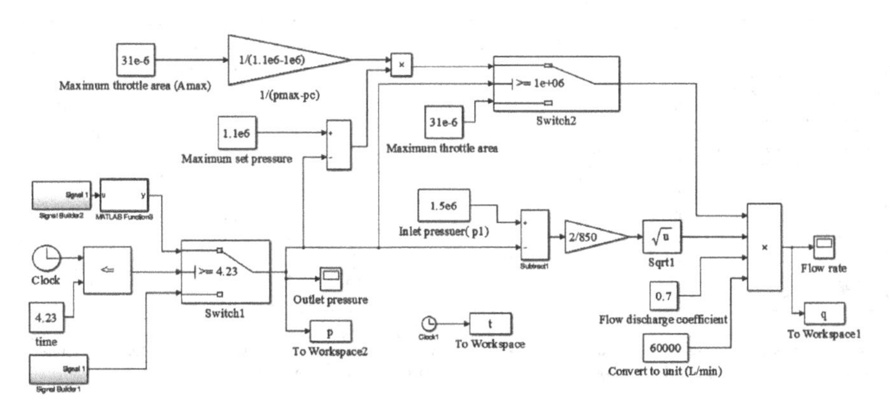

图 4-24　Simulink 减压阀仿真模型

仿真时间设定为 6s 信号发生器 1（Signal Builder1）和信号发生器 2（Signal Builder2）输入信号分别如图 4-25、图 4-26 所示。

减压阀出口压力通过二次型拟合得到："x"为时间采样值，"y"为出口压力采样值，在 MATLAB 命令窗口输入如下指令。

```
>> x=[0,1,1.5,2,2.5,3,3.5,4,4.23];
>> y=[360,8000,24770,92850,202000,419400,604500,885400,
1000000];
>> cftool
```

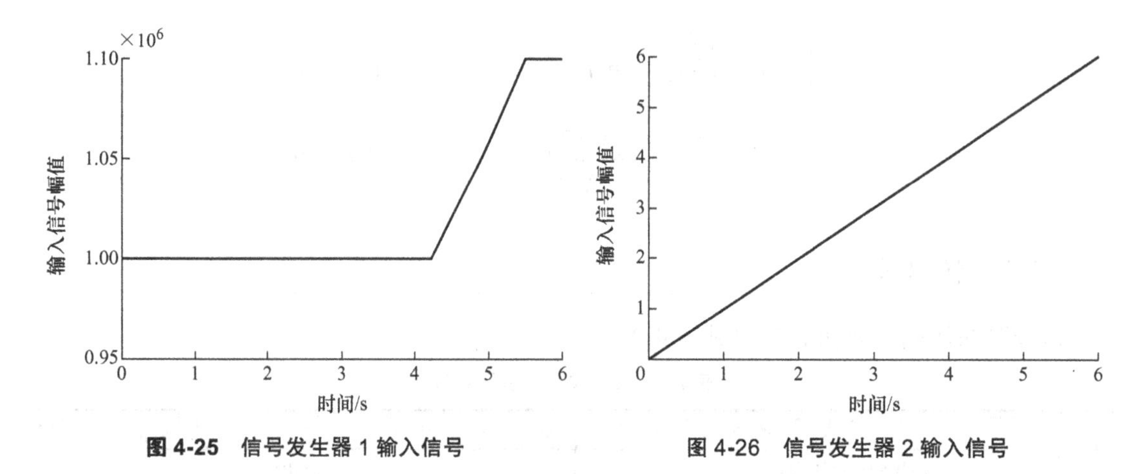

图 4-25　信号发生器 1 输入信号

图 4-26　信号发生器 2 输入信号

MATLAB 曲线拟合工具界面如图 4-27 所示。

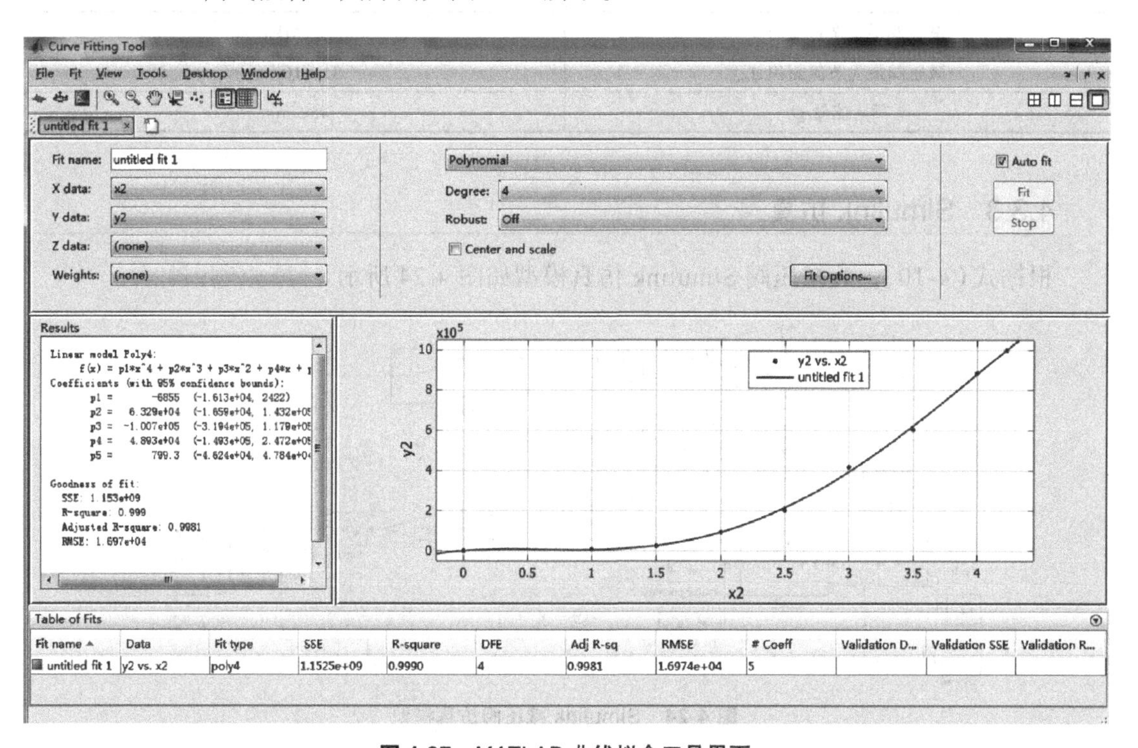

图 4-27　MATLAB 曲线拟合工具界面

在 M 函数模块（Simulink\User-Defined Functions\MATLAB Function）填写 0 ~ 4.32s 内拟合的函数为

$$y = -6855u^4 + 63290u^3 - 100700u^2 + 48930u + 799.3 \tag{4-11}$$

减压阀出口压力曲线如图 4-28 所示。

减压阀压力 - 流量特性曲线如图 4-29 所示。

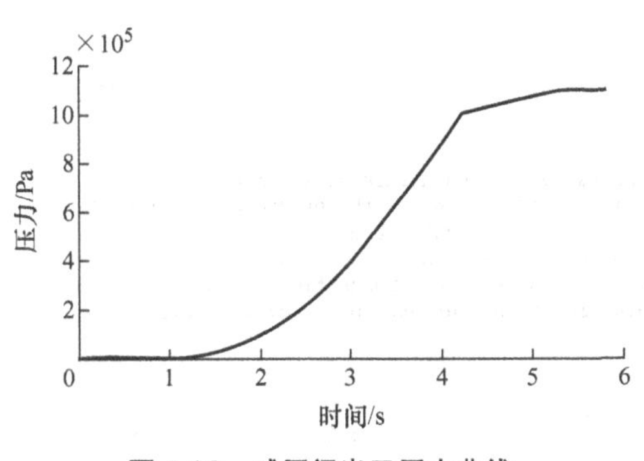

图 4-28　减压阀出口压力曲线

图 4-29　减压阀压力 – 流量特性曲线

4.3.4　SimHydraulics 仿真

该减压阀 SimHydraulics 仿真模型如图 4-30 所示。

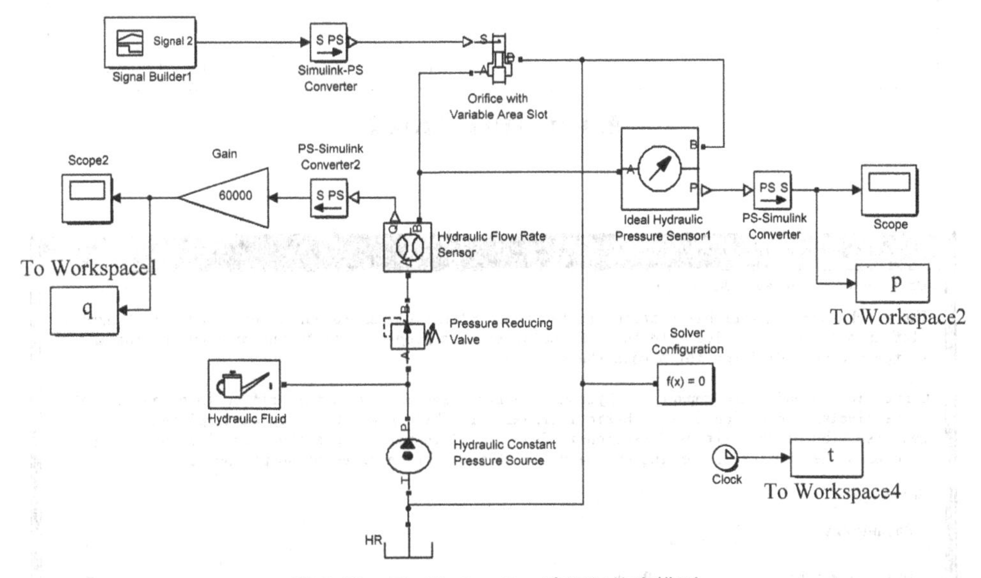

图 4-30　SimHydraulics 减压阀仿真模型

恒压源（Simscape\Foundation Library\Hydraulic\Hydraulic Sources\Hydraulic Constant Pressure Source）输出 1.5MPa 的恒定压力。减压阀（Simscape\SimHydraulic\Valves\Pressure Control Valves\Pressure Reducing Valve）参数设置如图 4-31 所示。

可变节流口（Simscape\SimHydraulic\Orifices\Orifice with Variable Area Slot）参数设置如图 4-32 所示，初始开口度（Initial opening）默认值为 0，表示可变节流口预开口形式为零开口，过流面积为节流口宽度（Orifice width）与阀芯位移之积。可变节流口输入控制信号是可变节流口阀芯位移，如图 4-33 所示。

减压阀出口压力曲线如图 4-34 所示。

减压阀压力 – 流量特性曲线如图 4-35 所示。

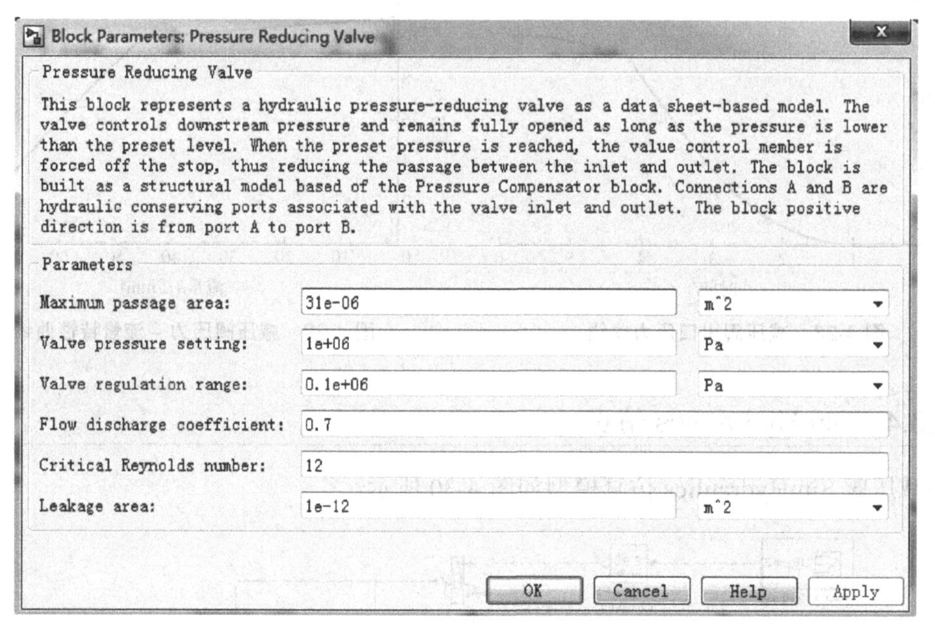

图 4-31 减压阀参数设置

Block Parameters: Orifice with Variable Area Slot

Orifice with Variable Area Slot

The block models a variable orifice created by a cylindrical sharp-edged spool and a rectangular slot in a sleeve. The flow rate through the orifice is proportional to the orifice opening and to the pressure differential across the orifice.

Connections A and B are conserving hydraulic ports associated with the orifice inlet and outlet, respectively. Connection S is a physical signal port through which the spool displacement is imported. The block positive direction is from port A to port B. Positive signal at port S opens or closes the orifice, depending on the value of the Orifice orientation parameter.

Settings

Parameters

Orifice width: 0.04 m

Flow discharge coefficient: 0.7

Initial opening: 0 m

Orifice orientation: Opens in positive direction

Critical Reynolds number: 12

Leakage area: 1e-12 m^2

OK Cancel Help Apply

图 4-32 可变节流口参数设置

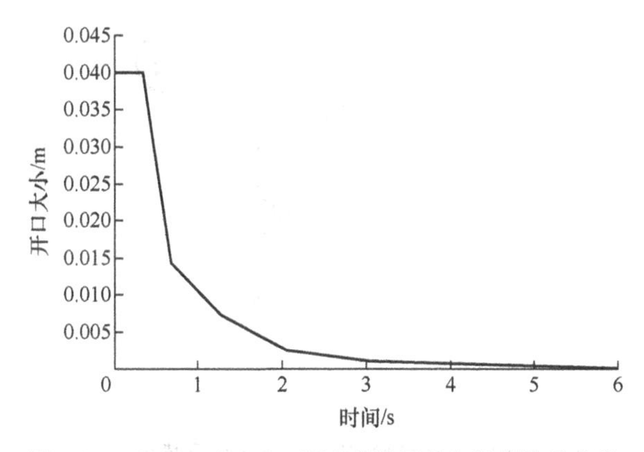

图 4-33　SimHydraulics 可变节流孔输入控制信号曲线

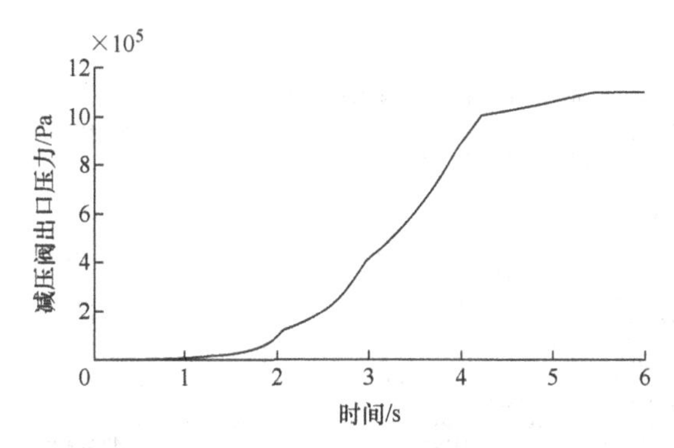

图 4-34　SimHydraulics 减压阀出口压力曲线

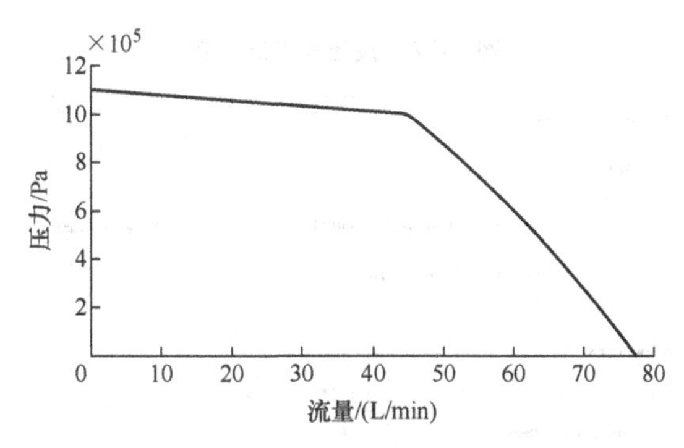

图 4-35　SimHydraulics 减压阀压力 – 流量特性曲线

4.3.5　AMESim 仿真

该减压阀 AMESim 仿真模型如图 4-36 所示。

减压阀（Hydraulic\Pressure Control Valves\pressure_reducer01）参数设置如图 4-37 所示。

减压阀进口压力信号（Singnal，Control\Sources，Sinks\piecewiselinear7）参数设置如图 4-38 所示，减压阀进口压力为恒压源提供的 15bar。

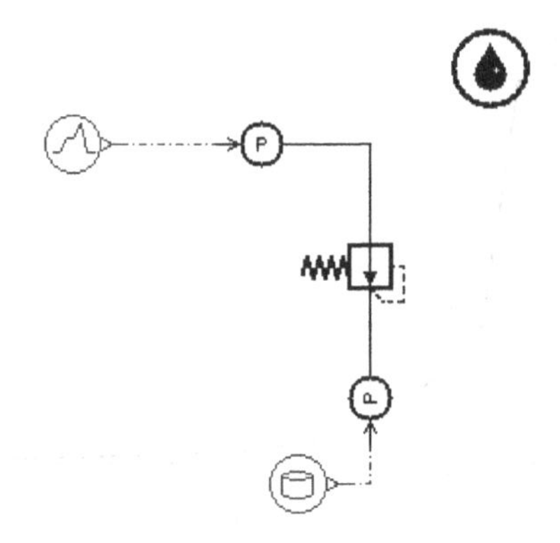

图 4-36 AMESim 减压阀仿真模型

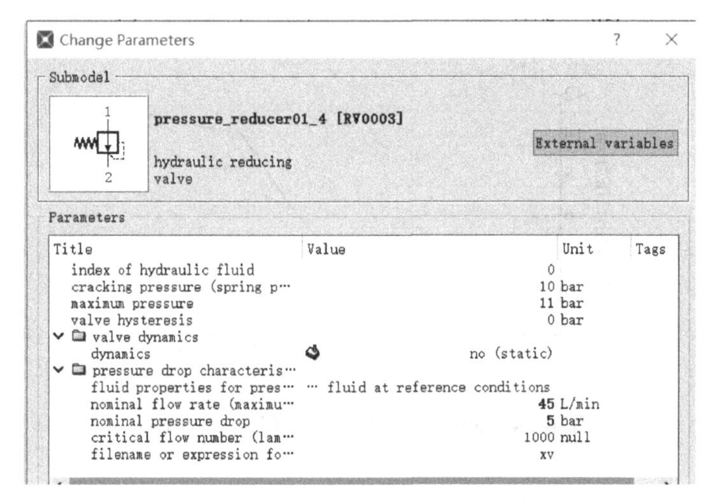

图 4-37 减压阀参数设置

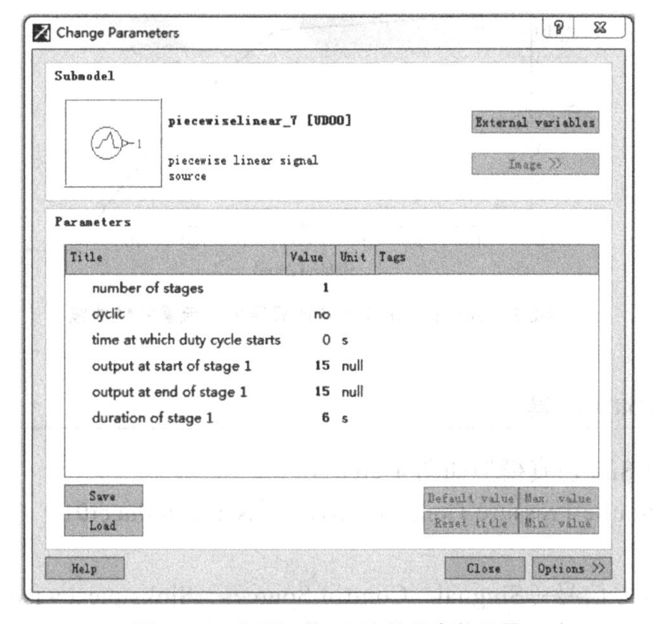

图 4-38 减压阀进口压力信号参数设置

减压阀出口压力信号由动态时间表（Signal，Control\Sources，Sinks\dynamic_time_table）给定，动态时间表参数设置如图 4-39 所示。

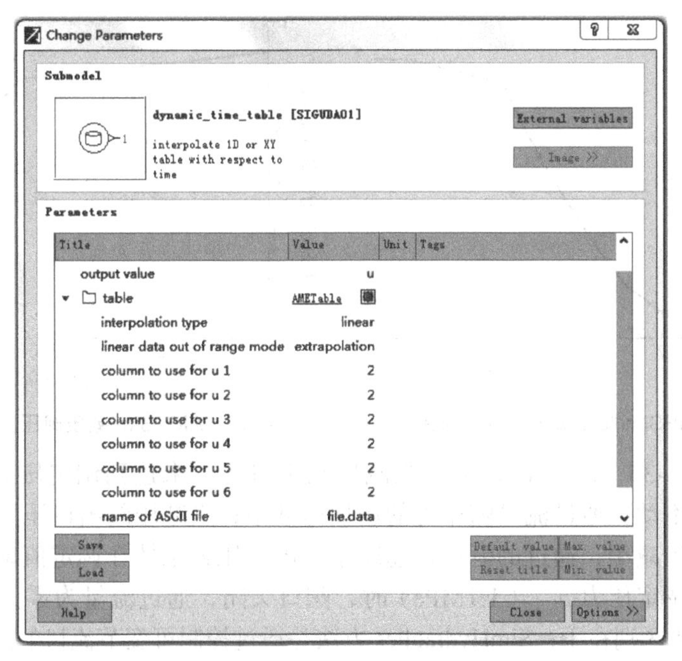

图 4-39　动态时间表参数设置

单击“AMETable”打开数据表格，以信号数据为依据，向左侧表格中输入时间（x 轴）、压力（y 轴）作为样本数据，右侧区域则相应生成曲线，如图 4-40 所示。

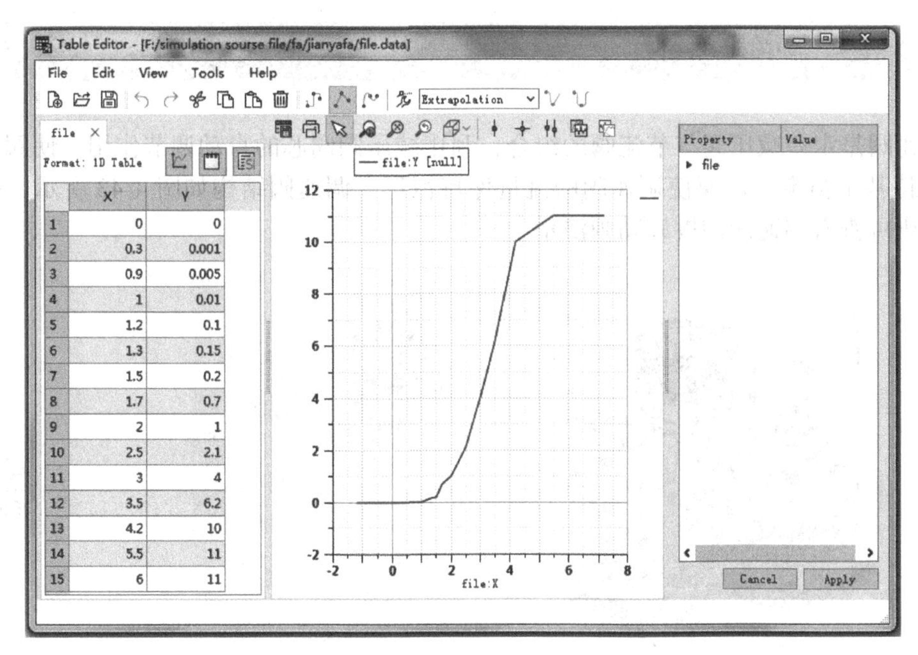

图 4-40　减压阀出口压力信号

仿真时间设定为 6s，运行后得到减压阀出口压力曲线如图 4-41 所示，减压阀压力 - 流量特性曲线如图 4-42 所示。注意：bar 为压强单位，1bar=100kPa。

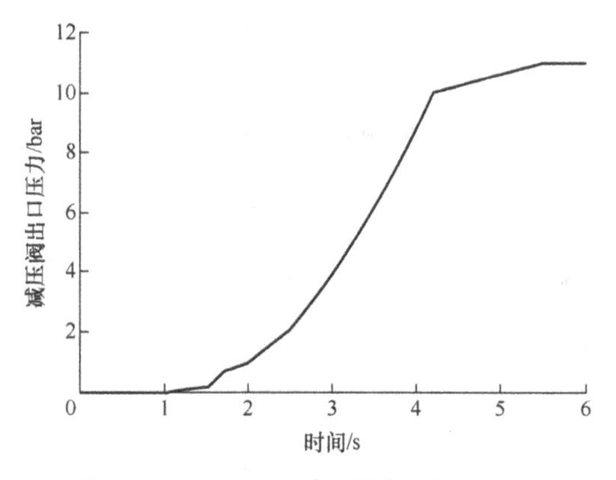

图 4-41 AMESim 减压阀出口压力曲线

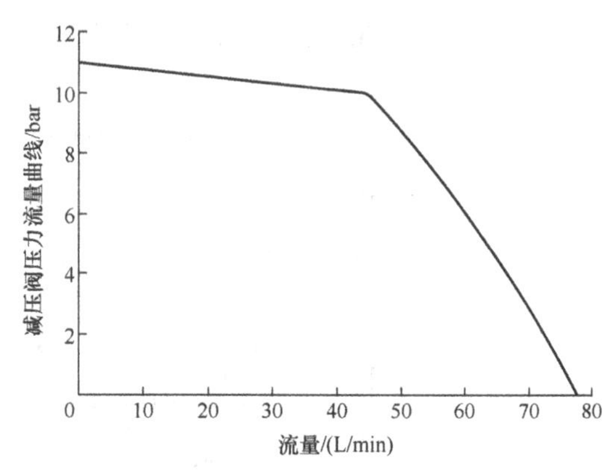

图 4-42 AMESim 减压阀压力 - 流量特性曲线

图 4-29、图 4-35、图 4-42 表明：当减压阀出口压力未达到调定压力 p_c（1MPa）时，阀口全开，阀芯不动，通过流量随压力的增加而减小；当减压阀出口压力达到调定压力 p_c 时，阀口开度开始减小，通过的流量快速减小，出口压力维持在调定值附近；当出口压力达到减压阀最大调定压力 p_{max}（1.1MPa）时，阀口关闭，通过流量为零。

三种方法主要区别在于：SimHydraulics 方法是通过控制可变节流口的阀芯位移来控制减压阀出口压力，Simulink 方法和 AMESim 方法是直接在减压阀出口添加压力信号。在建模仿真过程中，有时可能要面对一个问题，即给定信号不是阶跃、斜坡等常见形式。为应对这种情况，本节中 Simulink 方法和 AMESim 方法皆由样本数据拟合成信号的方式作为示范。

4.4 调速阀

调速阀是定差减压阀与节流阀的组合，利用减压阀阀芯的自动调节作用，使阀两端的压差保持基本恒定，从而使调速阀的流量保持恒定。调速阀结构如图 4-43 所示，扫描右侧二维码可查看调速阀的拆卸动画演示。

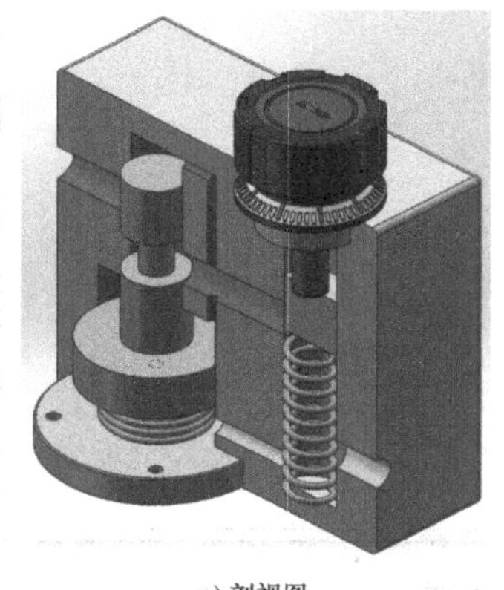

a) 剖视图

b) 外形图

图 4-43 调速阀结构

4.4.1　数学模型

阀芯受力平衡方程为

$$k_1(x_0+x)=2C_\mathrm{d}A_3(p_1-p_2)+A_3(p_2-p_3) \tag{4-12}$$

式中　k_1——弹簧刚度，单位为 N/m；

x_0——弹簧预压缩量，单位为 m；

x——阀口开度，单位为 m；

C_d——流量系数；

A_3——阀芯受压面积，单位为 m^2；

p_1——调速阀进口压力，单位为 Pa；

p_2——减压阀出口压力（节流阀前压力），单位为 Pa；

p_3——调速阀出口压力，单位为 Pa。

当减压阀阀芯未动作时，即 x=0 时，p_1=p_2；当减压阀阀芯刚要动作时有

$$p_{2\mathrm{c}}-p_3=\frac{k_1x_0}{A_3} \tag{4-13}$$

式中　$p_{2\mathrm{c}}$——减压阀阀芯刚要动作时的出口压力，单位为 Pa。

节流阀前后压差为

$$p_2-p_3=\begin{cases}p_1-p_3 & (p_1\leqslant p_{2\mathrm{c}})\\ p_{2\mathrm{c}}-p_3 & (p_1>p_{2\mathrm{c}})\end{cases} \tag{4-14}$$

调速阀流量为

$$q=C_\mathrm{d}A_\mathrm{D}\sqrt{\frac{2}{\rho}}\sqrt{p_2-p_3} \tag{4-15}$$

联立式（4-14）和式（4-15）得

$$q=\begin{cases}C_\mathrm{d}A_\mathrm{D}\sqrt{\dfrac{2}{\rho}}\sqrt{p_1-p_3} & (p_1\leqslant p_{2\mathrm{c}})\\ C_\mathrm{d}A_\mathrm{D}\sqrt{\dfrac{2}{\rho}}\sqrt{p_{2\mathrm{c}}-p_3} & (p_1>p_{2\mathrm{c}})\end{cases} \tag{4-16}$$

式中　A_D——节流阀开口面积，单位为 m^2。

4.4.2　仿真参数

假设某调速阀主要仿真参数见表 4-3。

表 4-3 调速阀主要仿真参数

参数	数值
额定流量 Q_n	315L/min
节流阀设定压力 p_{2c}	0.5MPa
减压阀设定压力	0.22MPa
节流阀开口面积 A_D	$219 \times 10^{-6}m^2$
油液密度 ρ	$850kg/m^3$

4.4.3 Simulink 仿真

根据式(4-16)，该调速阀 Simulink 仿真模型如图 4-44 所示。

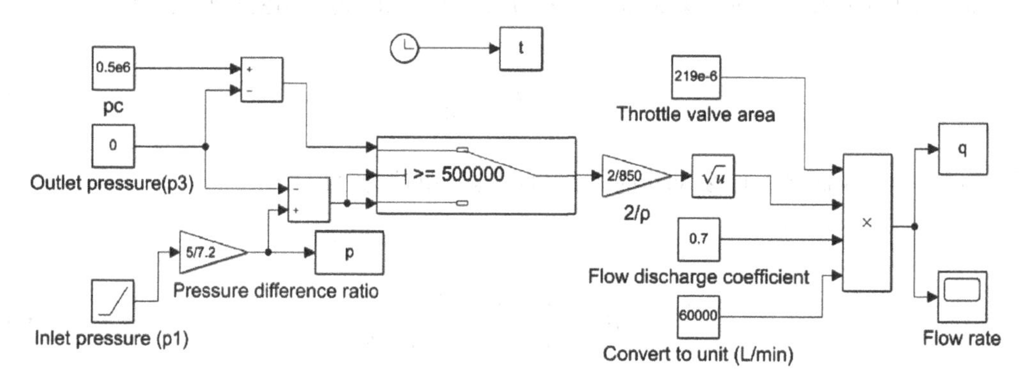

图 4-44 Simulink 调速阀仿真模型

仿真时间设定为 10s，仿真运行后得到调速阀进口压力曲线如图 4-45 所示。

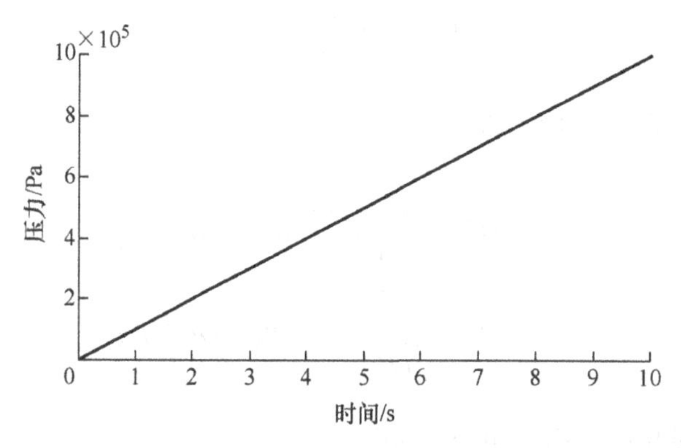

图 4-45 Simulink 调速阀进口压力曲线

调速阀流量 - 压力特性曲线如图 4-46 所示。

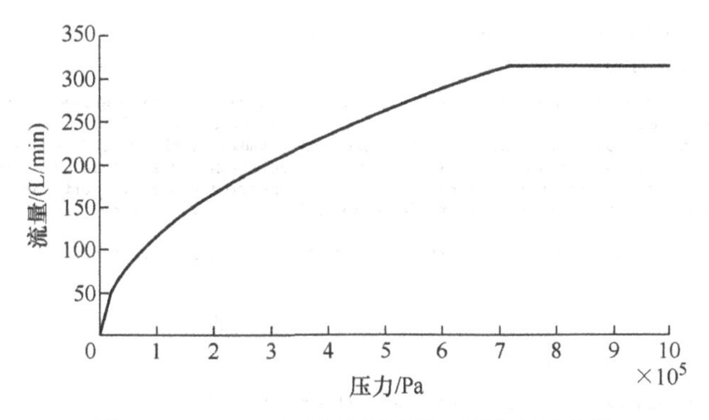

图 4-46 Simulink 调速阀流量 – 压力特性曲线

4.4.4 SimHydraulics 仿真

该调速阀 SimHydraulics 仿真模型如图 4-47 所示。

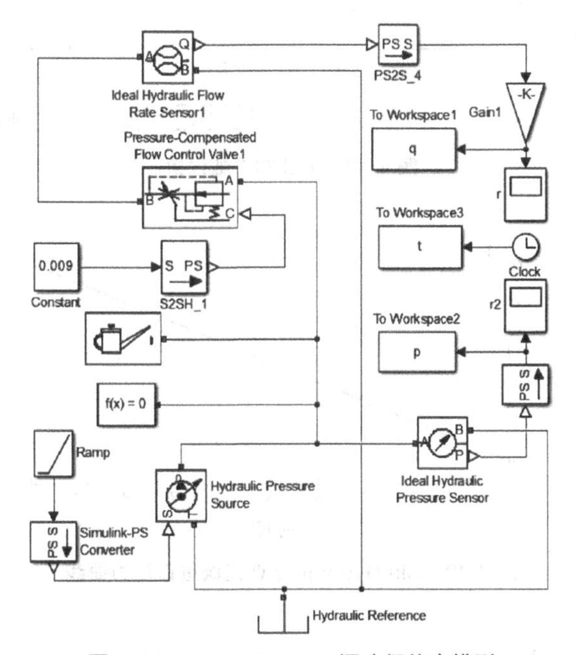

图 4-47 SimHydraulics 调速阀仿真模型

调速阀（Simscape\SimHydraulics\Valves\Flow Control Valves\Pressure-Compensated Flow Control Valve）参数设置如图 4-48 所示。

调速阀控制输入信号是节流口最大开度（Orifice maximum opening）。另外，在参数设置中，还要考虑减压阀的压力调节范围（Pressure reducing valve regulation range）。仿真时间设定为 10s，仿真运行后得到调速阀进口压力曲线如图 4-49 所示。

调速阀流量 – 压力特性曲线如图 4-50 所示。

Block Parameters: Pressure-Compensated Flow Control Valve1

Pressure-Compensated Flow Control Valve

The block simulates a pressure-compensated flow control valve. To parameterize the block, 2 options are available: (1) by maximum area and control member stroke, (2) by the table of orifice area vs. control member displacement. The lookup table block is used in the second case for interpolation and extrapolation. 3 methods of interpolation and 2 methods of extrapolation are provided to choose from. Connections A and B are conserving hydraulic ports associated with the valve inlet and outlet, respectively. Connection C is a physical signal control port.

The block positive direction is from port A to port B. Positive signal at port C opens the valve.

Settings

Parameters

Model parameterization:	By maximum area and opening	
Orifice maximum area:	219e-6	m^2
Orifice maximum opening:	0.009	m
Pressure differential across the orifice:	5e+5	Pa
Pressure reducing valve regulation range:	3e+1	Pa
Flow discharge coefficient:	0.7	
Initial opening:	0	m

OK Cancel Help Apply

图 4-48 调速阀参数设置

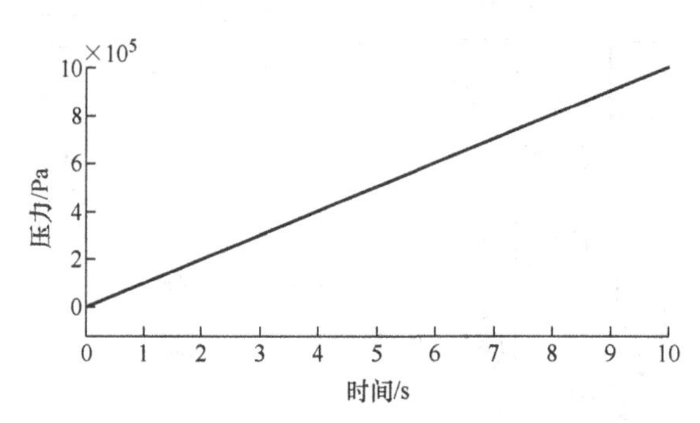

图 4-49 SimHydraulics 调速阀进口压力曲线

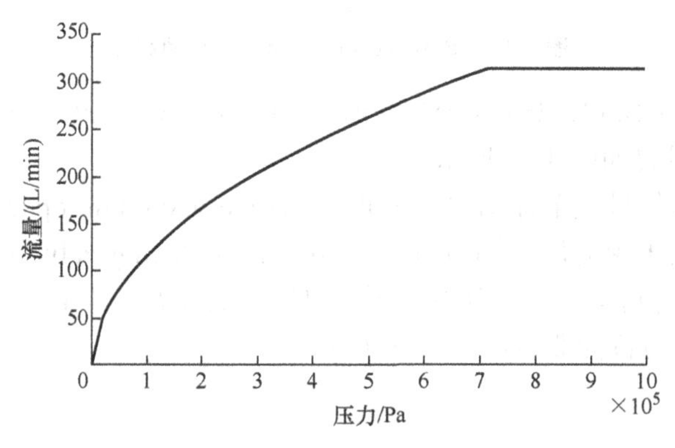

图 4-50 SimHydraulics 调速阀流量－压力特性曲线

4.4.5 AMESim 仿真

该调速阀 AMESim 仿真模型如图 4-51 所示。

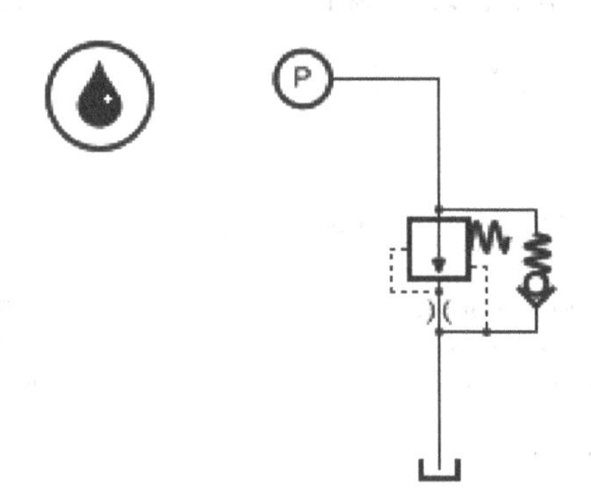

图 4-51 AMESim 调速阀仿真模型

AMESim 元件库中调速阀（Hydraulic\Flow Control Valves\flowcontrol03）只有唯一的子模型 FC001，该模块主要由定差减压阀、节流阀及一个反向自由流动的单向阀组成。

压力源提供调速阀的输入压力信号，参数设置如图 4-52 所示。

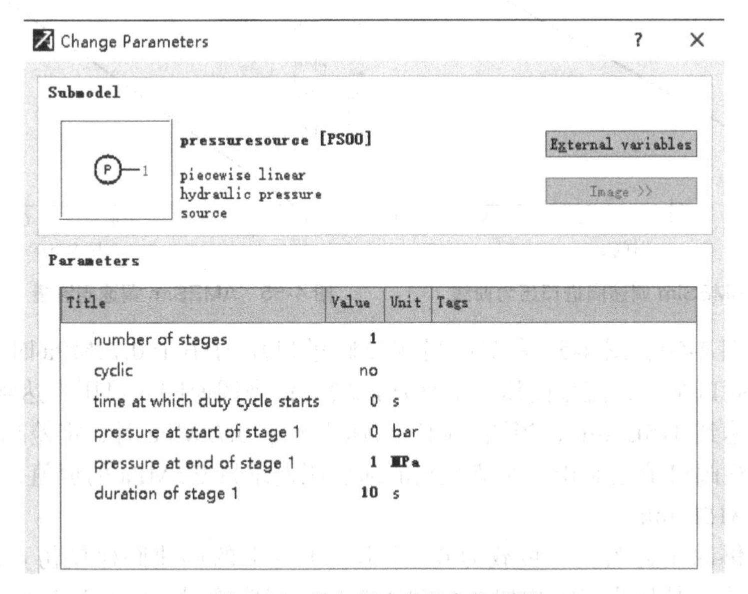

图 4-52 输入压力信号参数设置

调速阀参数设置如图 4-53 所示。

调速阀最小工作压差（minimum operating pressure difference）设定为 0.72MPa，是定差减压阀和节流阀设定压差之和。流量压力梯度（flow rate pressure gradient）决定了调速阀流量随压力变化的响应快慢程度。仿真时间设定为 10s，运行后得到调速阀进口压力曲线如图 4-54 所示。

调速阀流量 - 压力特性曲线如图 4-55 所示。

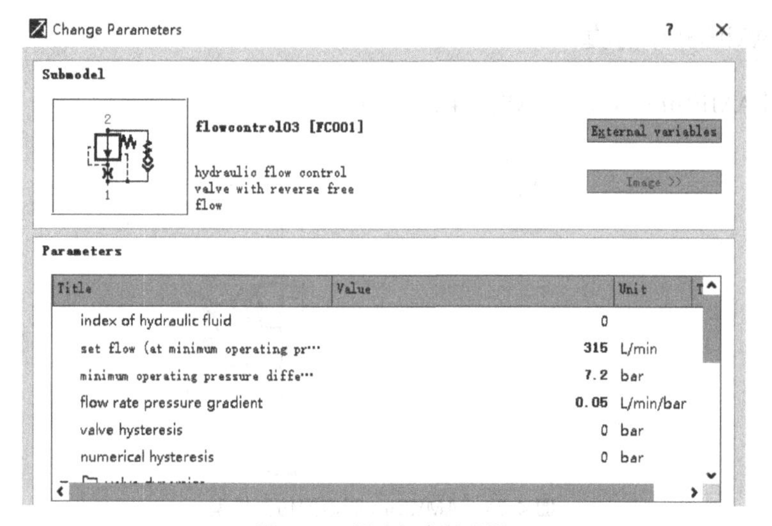

图 4-53 调速阀参数设置

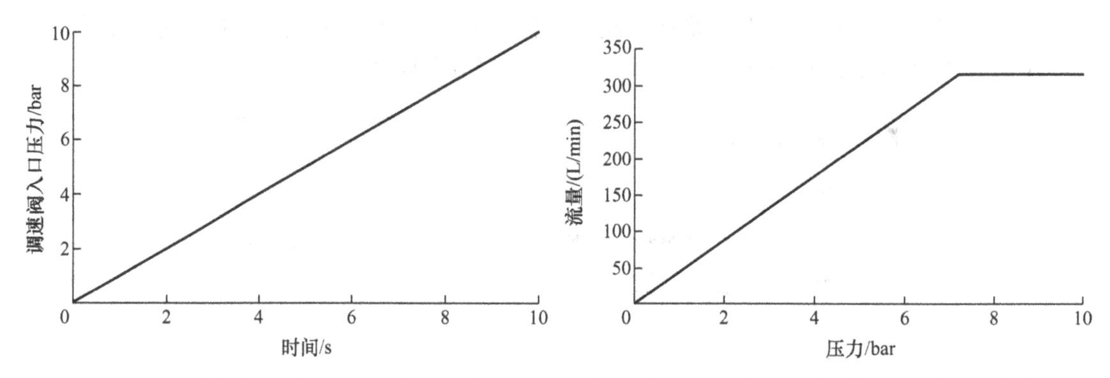

图 4-54 AMESim 调速阀进口压力曲线

图 4-55 AMESim 调速阀流量 - 压力特性曲线

图 4-46、图 4-50、图 4-55 表明：当调速阀进口压力小于 0.72MPa 时，定差减压阀阀芯未动作，阀口全开，流量随压力的增加而增大；当调速阀入口压力达到 0.72MPa 时，调速阀的流量达到 315L/min ；当调速阀进口压力大于 0.72MPa 时，定差减压阀阀芯开始动作，动态调整阀口节流面积，使节流阀的前后压差维持 0.5MPa 的恒值，通过调速阀的流量近似恒为 315L/min。

本节选择供油压力改变、负载为 0（空载）工况下的调速阀建模仿真，供油压力不变、负载改变的工况与此方法相似。在调速阀瞬态响应阶段，Simulink 和 SimHydraulics 两种方法所得流量 - 压力特性曲线近似一致，而 AMESim 方法所得结果为线性曲线，较为理想化；另外，实际的调速阀输出流量是不可能精确维持在 315L/min 不变的，输出流量随压力改变是有微小变化的，SimHydraulics 方法下减压阀的压力调节范围（Pressure reducing valve regulation range）和 AMESim 方法下流量压力梯度（flow rate pressure gradient）这两个参数对调速阀的性能影响类似，其取值大小将对调速阀瞬态、稳态输出流量的大小、响应速度产生一定影响，具体可以参考帮助文档。

4.5 比例换向阀

各种比例换向阀都是连续控制方式的液压阀，除了能使油液换向，还可以通过改变阀芯位置来调节阀口开度。因此，比例换向阀是兼有流量控制和方向控制两种功能的复合控制阀。本节选取 O 型三位四通比例换向阀为例进行仿真。比例换向阀结构如图 4-56 所示，扫描右侧二维码可查看比例换向阀的拆卸动画演示。

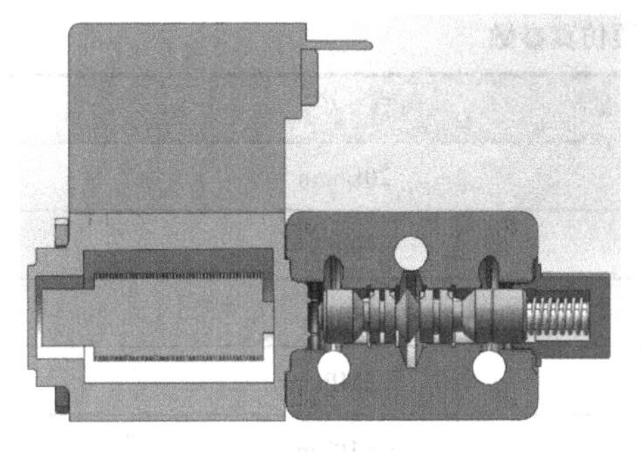

a) 剖视图

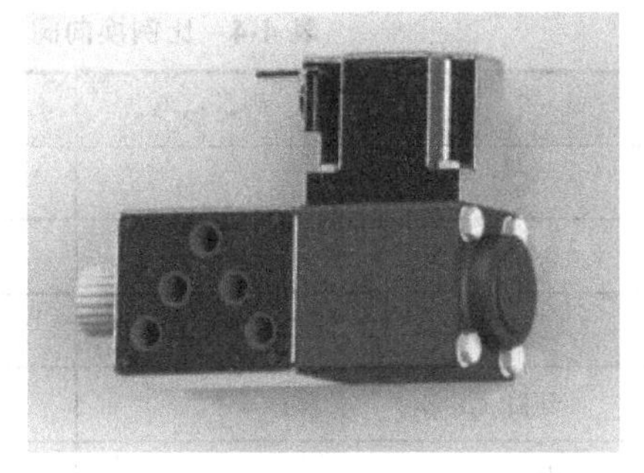

b) 外形图

图 4-56　比例换向阀结构

4.5.1　数学模型

比例换向阀流量

$$q = C_d A(x)\sqrt{\frac{2}{\rho}(p_1 - p_2)} \tag{4-17}$$

式中　q ——比例换向阀流量，单位为 m^3/s；

C_d ——流量系数；

$A(x)$ ——比例换向阀开口面积，单位为 m^2；

ρ ——油液密度，单位为 kg/m^3；

p_1 ——比例换向阀进口压力，单位为 Pa；

p_2 ——比例换向阀出口压力，单位为 Pa。

比例换向阀开口面积

$$A(x) = \frac{x}{x_{max}} A_{max} \tag{4-18}$$

式中　x ——比例换向阀阀芯位移，单位为 m；

x_{max} ——比例换向阀最大开度，单位为 m；

A_{max} ——比例换向阀最大开口面积，单位为 m^2。

联立式（4-17）和式（4-18）得

$$q = C_d \frac{x}{x_{max}} A_{max} \sqrt{\frac{2}{\rho}(p_1 - p_2)} \tag{4-19}$$

4.5.2 仿真参数

假设某比例换向阀主要仿真参数见表 4-4。

表 4-4 比例换向阀主要仿真参数

参数	数值
最大流量	20L/min
额定电流	40mA
额定频率	80Hz
压降（p_1-p_2）	2MPa
最大开口面积 A_{max}	7×10^{-6}m^2
最大开度 x_{max}	0.01m

4.5.3 Simulink 仿真

根据式（4-19），该比例换向阀 Simulink 仿真模型如图 4-57 所示。

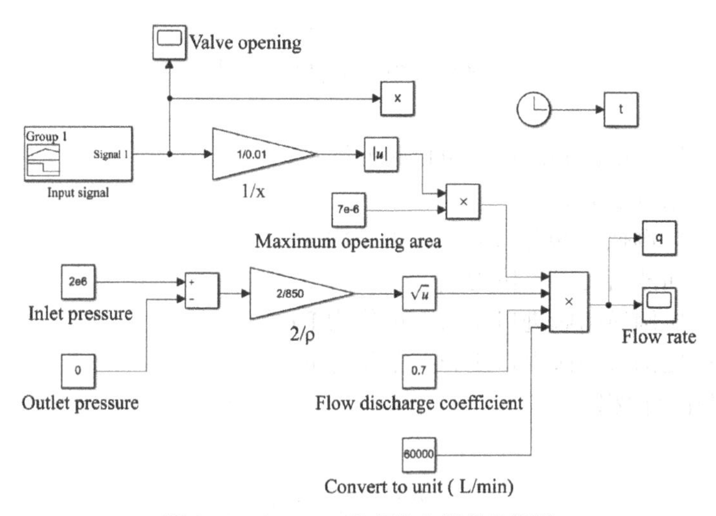

图 4-57 Simulink 比例换向阀仿真模型

仿真时间设定为 20s，比例换向阀阀口开度输入信号曲线如图 4-58 所示。运行后得到比例换向阀输出流量曲线如图 4-59 所示。

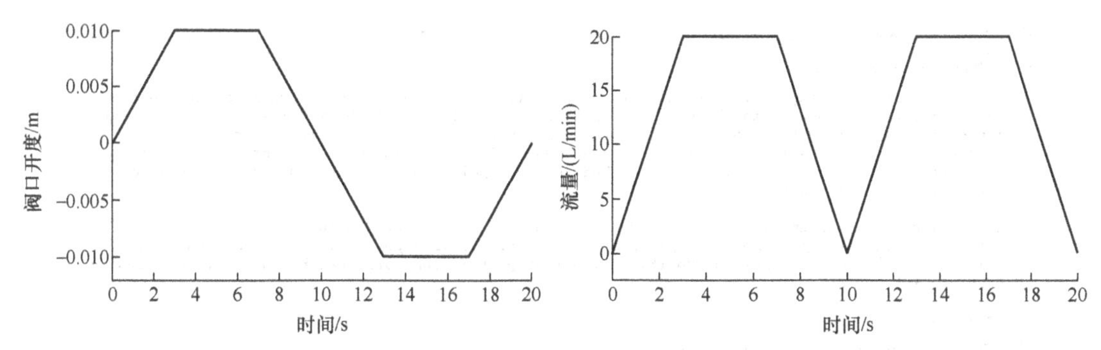

图 4-58 Simulink 比例换向阀阀口开度输入信号曲线　　**图 4-59** Simulink 比例换向阀输出流量曲线

4.5.4 SimHydraulics 仿真

该比例换向阀 SimHydraulics 仿真模型如图 4-60 所示。

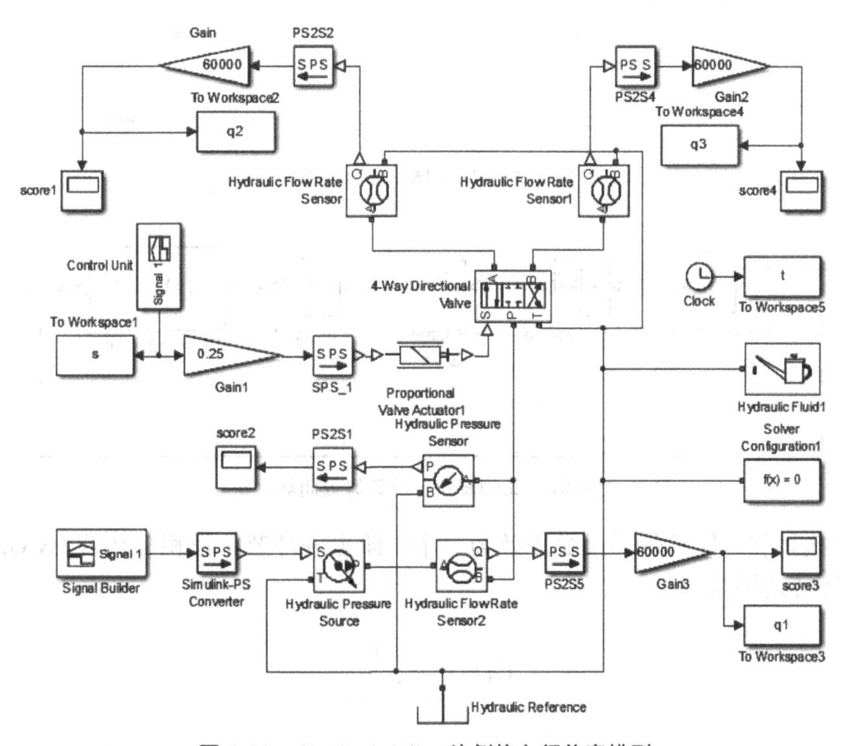

图 4-60 SimHydraulics 比例换向阀仿真模型

三位四通比例换向阀（Simscape\SimHydraulics\Valves\Directional Valves\4-Way Directional Valve）参数设置如图 4-61 所示。

由图 4-61 可知，比例换向阀最大开度为 0.01m，电流控制输入信号通过比例阀执行装置（Simscape\SimHydraulics\Valves\Valve Actuators\Proportional Valve Actuator）转换成比例换向阀 S 端阀口开度控制信号，控制比例换向阀动作。比例阀执行装置描述的就是比例阀中比例电磁铁、伺服阀中力矩马达等电机械转换装置的作用，这里等效为一个由比例、积分、一阶惯性、限幅环节组成的闭环系统，如图 4-62 所示。

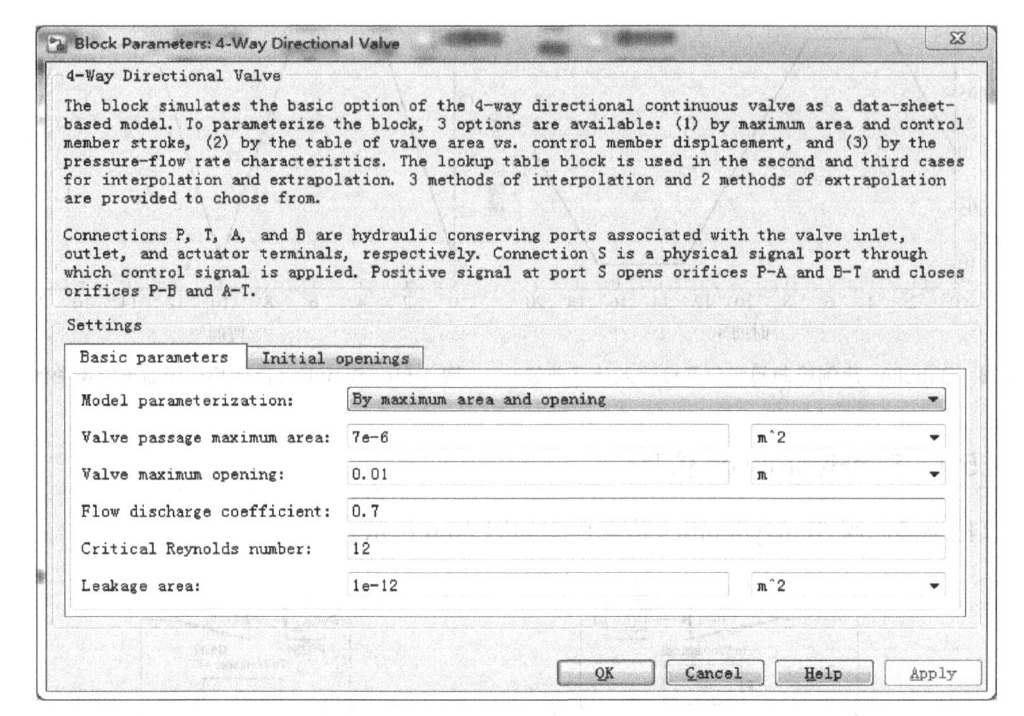

图 4-61　比例换向阀参数设置

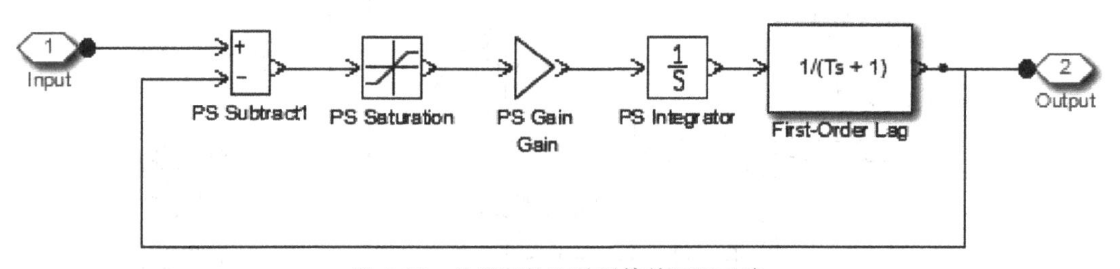

图 4-62　比例阀执行装置等效闭环系统

比例阀执行装置闭环传递函数等效为一个二阶振荡环节，设积分环节 PS Gain 增益为 k，则其闭环传递函数为

$$G(s)=\frac{k}{Ts^2+s+k} \tag{4-20}$$

比例阀执行装置在频率远大于比例换向阀的频率时近似为一个比例环节，比例阀执行装置参数设置如图 4-63 所示，因此有 $\omega=\sqrt{\frac{k}{T}}\approx 354$。

仿真时间设定为 20s，比例换向阀电流控制输入信号曲线如图 4-64 所示，恒压源输出压力信号曲线如图 4-65 所示。

运行后得到比例换向阀在 A 口为通时的输出流量曲线如图 4-66 所示，在 B 口为通时的输出流量曲线如图 4-67 所示，完整的输出流量曲线如图 4-68 所示。

Block Parameters: Proportional Valve Actuator1

Proportional and Servo-Valve Actuator

The block is implemented as a data sheet-based model of an electro-magnetic actuator for proportional and servo-valves. It is intended to be used with one of the directional valve models to form a desirable configuration of a proportional or servo-valve. The block reproduces only the input/output relationship and is created as a closed-loop system, built of the first order lag, PS Integrator, PS Saturation block, and PS Subtract block. The use of the Simulink Response Optimization Toolbox is recommended to determine actuator parameters. The block has one physical signal input port and one physical signal output port.

Settings

Parameters

Gain:	250	
Time constant:	0.002	s
Saturation:	0.01	

OK　Cancel　Help　Apply

图 4-63　比例阀执行装置参数设置

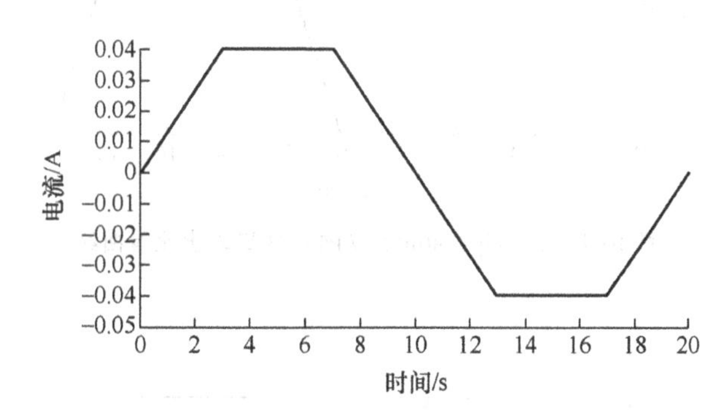

图 4-64　SimHydraulics 比例换向阀电流控制输入信号曲线

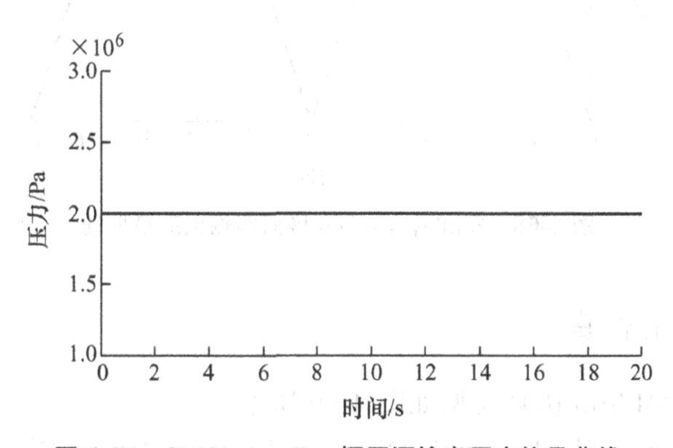

图 4-65　SimHydraulics 恒压源输出压力信号曲线

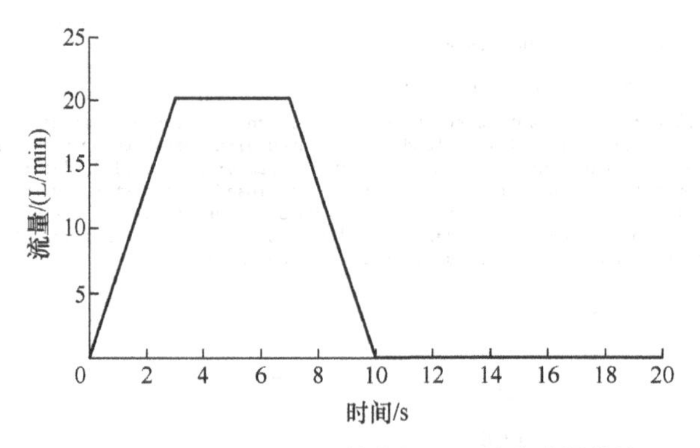

图 4-66 SimHydraulics 换向阀 A 口输出流量曲线

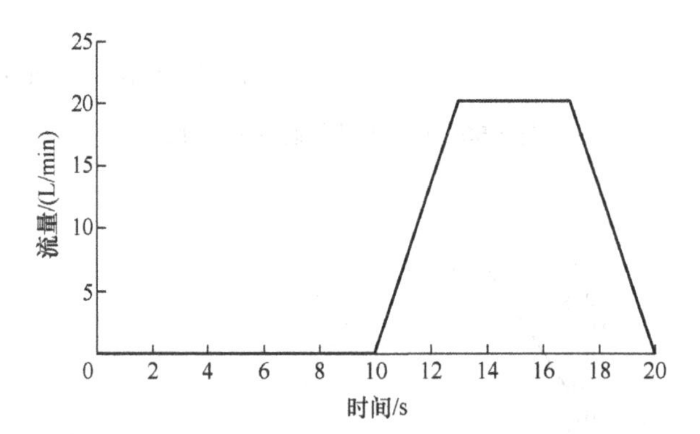

图 4-67 SimHydraulics 换向阀 B 口输出流量曲线

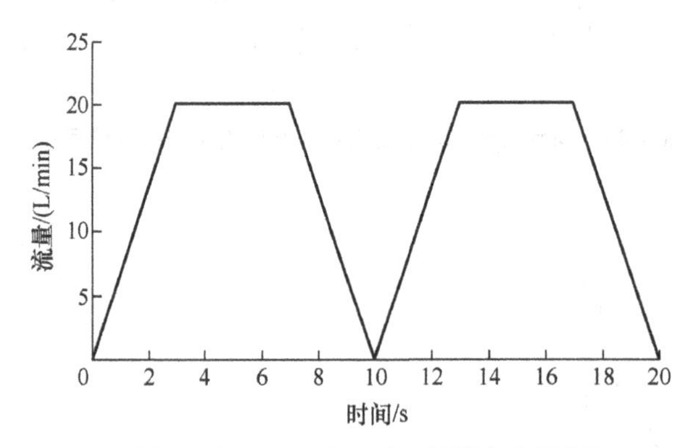

图 4-68 SimHydraulics 换向阀输出流量曲线

4.5.5 AMESim 仿真

该比例换向阀 AMESim 仿真模型如图 4-69 所示。

三位四通比例换向阀（Hydraulic\Directional Control Valves\Directional Control Valves Extended \HSV34_01）参数设置如图 4-70 所示，其中压降特性（pressure drop characteristics）指四条通路阀口全开时的流量和对应的压降。

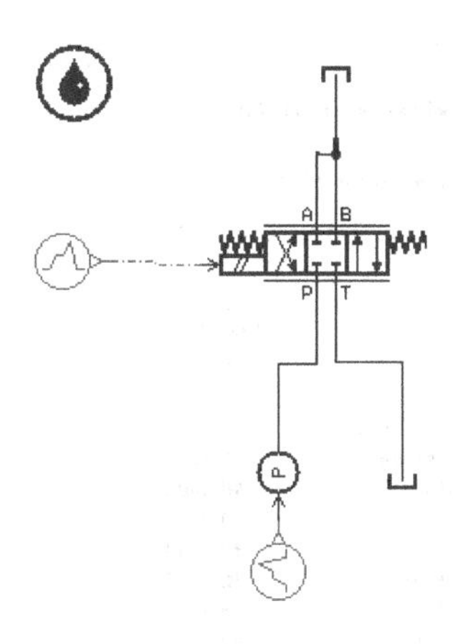

图 4-69　AMESim 比例换向阀仿真模型

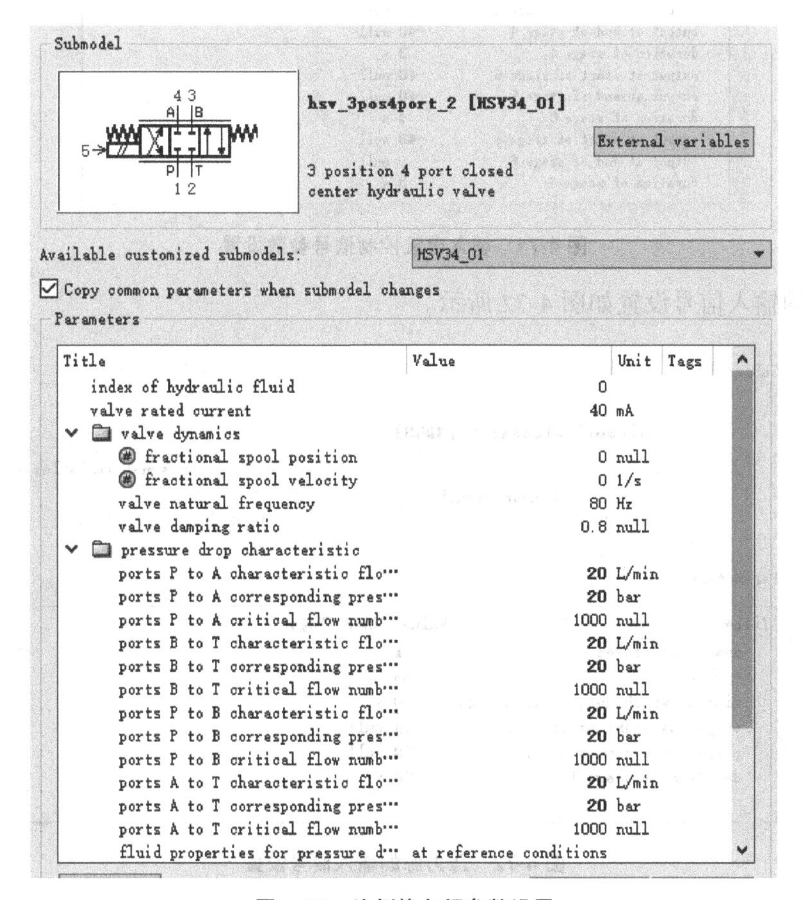

图 4-70　比例换向阀参数设置

比例换向阀由输入电流信号控制，阀口流量与控制电流成线性关系，输入电流控制信号参数设置如图 4-71 所示。

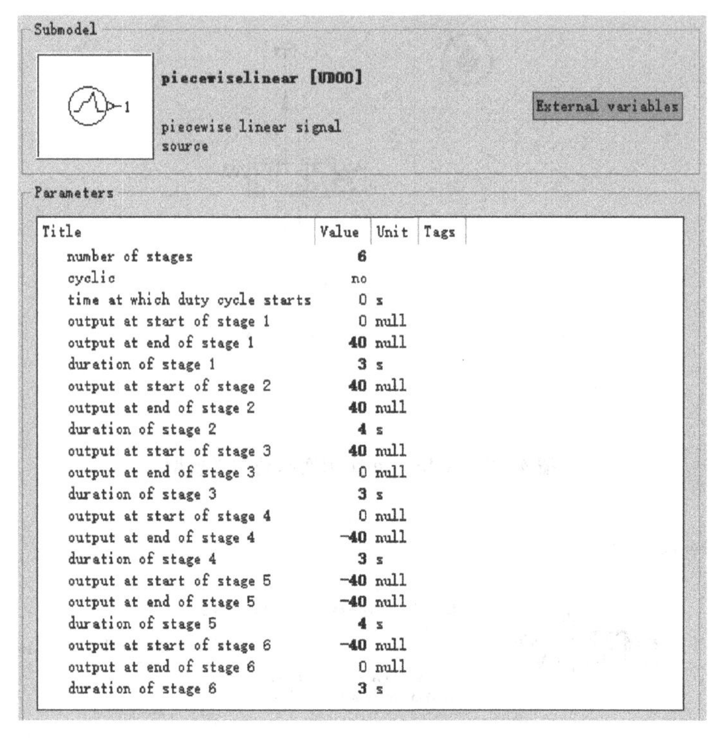

Title	Value	Unit	Tags
number of stages	6		
cyclic	no		
time at which duty cycle starts	0	s	
output at start of stage 1	0	null	
output at end of stage 1	40	null	
duration of stage 1	3	s	
output at start of stage 2	40	null	
output at end of stage 2	40	null	
duration of stage 2	4	s	
output at start of stage 3	40	null	
output at end of stage 3	0	null	
duration of stage 3	3	s	
output at start of stage 4	0	null	
output at end of stage 4	-40	null	
duration of stage 4	3	s	
output at start of stage 5	-40	null	
output at end of stage 5	-40	null	
duration of stage 5	4	s	
output at start of stage 6	-40	null	
output at end of stage 6	0	null	
duration of stage 6	3	s	

图 4-71 输入电流控制信号参数设置

压力源的输入信号设置如图 4-72 所示。

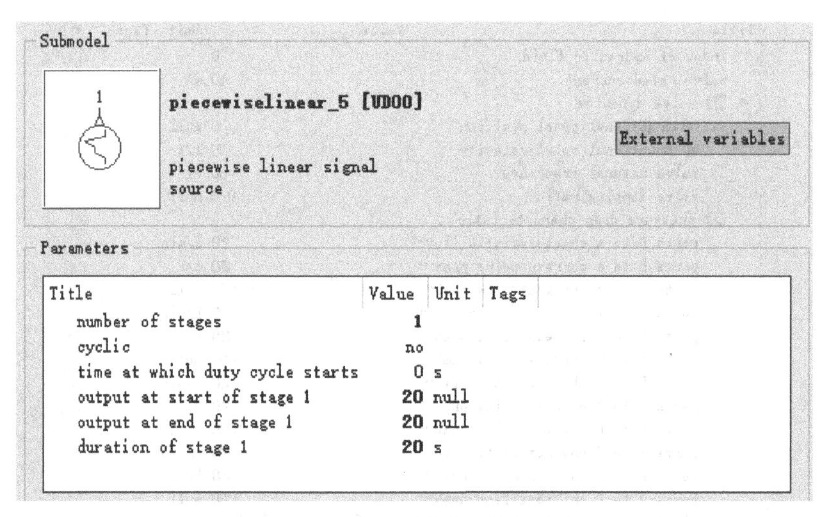

Title	Value	Unit	Tags
number of stages	1		
cyclic	no		
time at which duty cycle starts	0	s	
output at start of stage 1	20	null	
output at end of stage 1	20	null	
duration of stage 1	20	s	

图 4-72 压力源的输入信号设置

仿真时间设定为 20s，运行后得输入电流控制信号曲线如图 4-73 所示，阀口开度曲线如图 4-74 所示，压力源输出压力信号曲线如图 4-75 所示，比例换向阀 A 口输出流量曲线如图 4-76 所示，B 口输出流量曲线如图 4-77 所示，总输出流量曲线如图 4-78 所示。

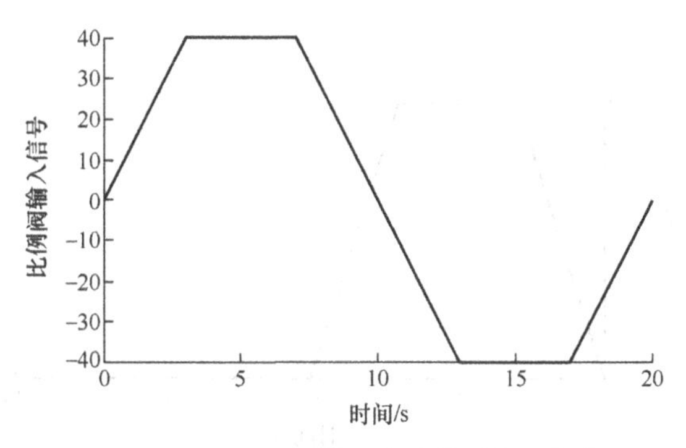

图 4-73　AMESim 输入电流控制信号曲线

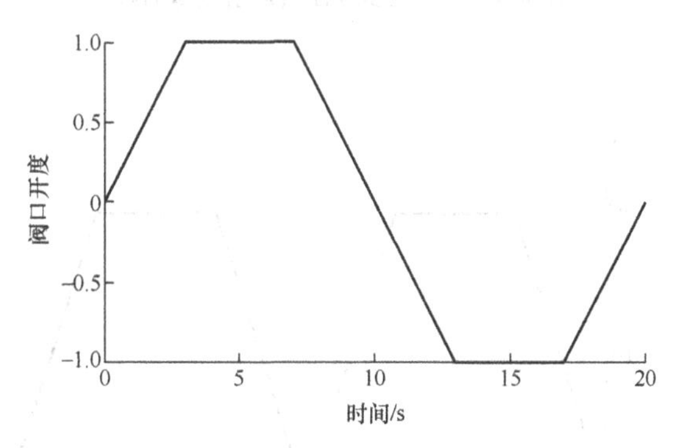

图 4-74　AMESim 阀口开度曲线

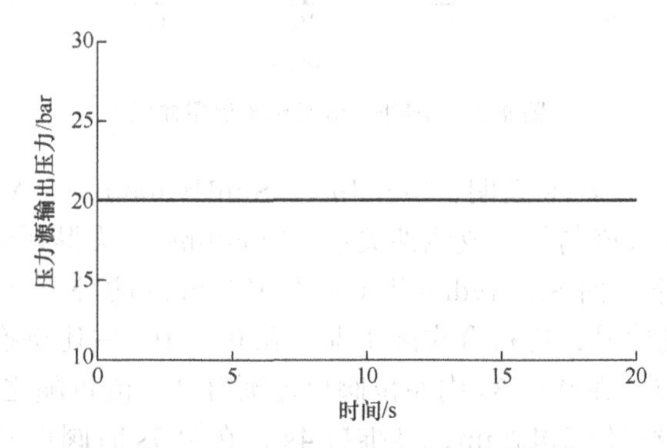

图 4-75　AMESim 压力源输出压力信号曲线

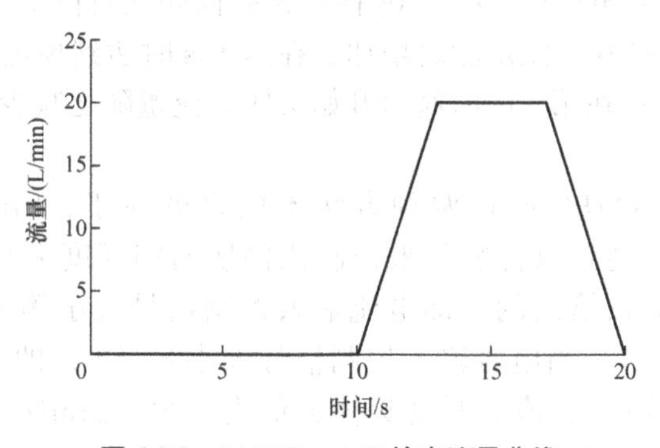

图 4-76　AMESim A 口输出流量曲线

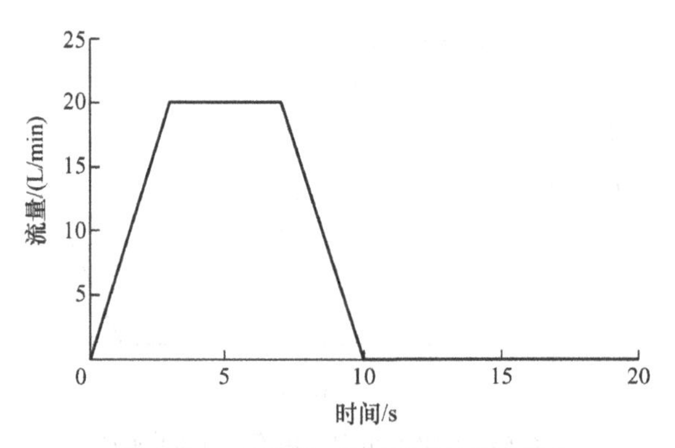

图 4-77　AMESim B 口输出流量曲线

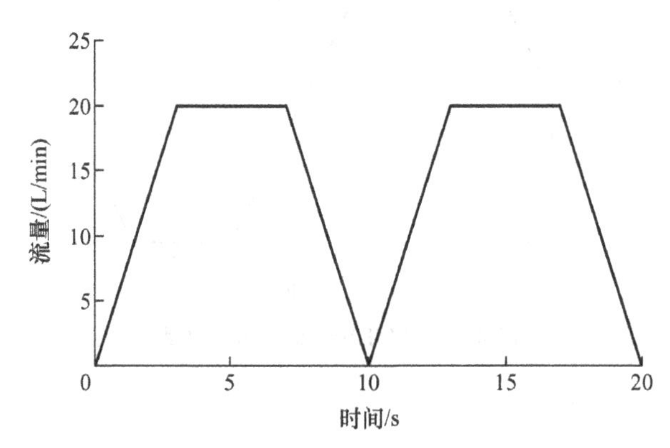

图 4-78　AMESim 总输出流量曲线

图 4-59、图 4-68、图 4-78 表明：Simulink、SimHydraulics、AMESim 三种方法中比例换向阀输出流量与输入控制信号成线性关系。Simulink 方法得到输出流量与输入控制信号阀口开度成线性关系，而 SimHydraulics 和 AMESim 这两种方法的输入控制信号是与阀口开度成比例的电流信号，更符合实际工况：在 0 ～ 10s 内比例换向阀工作在左位，在 10 ～ 20s 内工作在右位；在 0 ～ 3s 内左位阀口逐渐打开，流量随之增加，在第 3s 达到最大开度，流量也达到设定值 20L/min，且维持 4s ；在第 7s 时阀口开始关闭，流量随之减小，且在第 10s 时阀口关闭；在 10 ～ 20s 内比例换向阀在右位工作，在 10 ～ 13s 内比例换向阀的右位阀口逐渐打开，流量随之增加，在第 13s 时达到预定开口，流量也达到设定值 20L/min，并维持 4s ；在第 17s 时阀口开始关闭，流量随之减少，并在第 20s 时阀口关闭，流量为零。

SimHydraulics 和 AMESim 这两种方法不同之处在于，SimHydraulics 方法电流输入控制信号是通过比例阀执行装置来控制比例换向阀开度大小的，AMESim 方法是通过参数设定成线性关系给出的，即电流输入控制信号大小等于额定电流设定值，即视为阀口全开，开度为 1；当电流输入控制信号大小等于 0，即视为阀口全闭，开度为 0，无须考虑最大开口面积、最大开度具体数值为多少。SimHydraulics 方法考虑了电机械转换装置的影响，更符合实际，AMESim 方法建模简单，偏理想化。

SimHydraulics 和 AMESim 两种方法中，比例换向阀工作在左位和右位的油路正好相反，所以比例换向阀 A 口、B 口输出流量也相反。

习　题

1. 熟悉和掌握 Simulink 基本模块库。
2. 熟悉和掌握 SimHydraulics 液压阀元件库。
3. 熟悉和掌握 AMESim 液压阀元件库。

第5章 液压执行元件建模仿真

液压执行元件（液压缸和液压马达）的作用是将液压能转换为机械能，驱动负载做直线往复运动（液压缸）或回转运动（液压马达）。液压执行原件按额定工作压力、结构形式、作用等有多种分类，本章以单作用、双作用液压缸、定量、变量马达为例进行建模仿真。

5.1 单作用液压缸

单作用液压缸只有一个方向的运动采用液压实现，返回时靠自重或弹簧等外力。单作用液压缸结构如图5-1所示，扫描右侧二维码可查看单作用液压缸的拆卸动画演示。

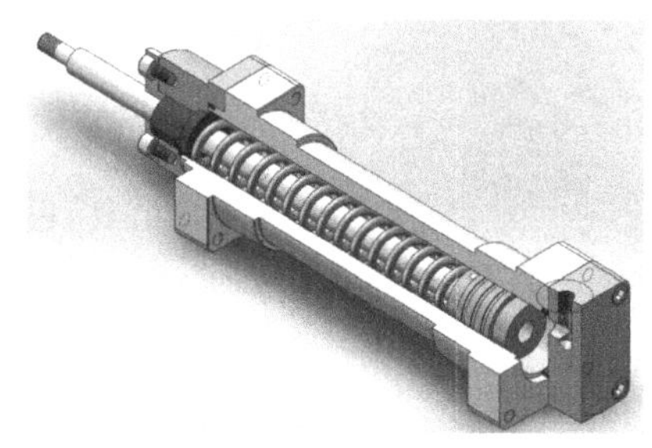

a) 剖视图

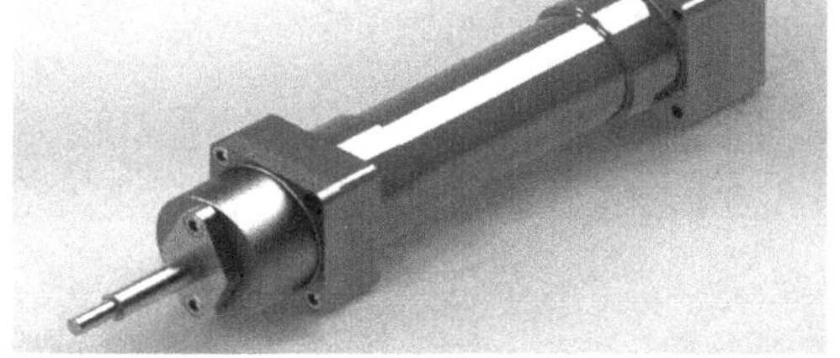

b) 外形图

图5-1 单作用液压缸结构

5.1.1 数学模型

活塞杆伸出速度

$$v = \frac{q}{A} \tag{5-1}$$

式中 v——速度，单位为m/s；
q——流量，单位为m^3/s；
A——活塞面积，单位为m^2。

活塞杆缩回速度

$$v=\frac{q_1}{A}=\frac{C_{\mathrm{d}}A_{\mathrm{f}}\sqrt{\frac{2}{\rho}\Delta p}}{A}=\frac{C_{\mathrm{d}}A_{\mathrm{f}}\sqrt{\frac{2}{\rho}\frac{F}{A}}}{A} \tag{5-2}$$

式中　C_{d}——流量系数；

A_{f}——换向阀阀口节流面积，单位为 m^2；

ρ——油液密度，单位为 $\mathrm{kg/m}^3$；

F——外负载力，单位为 N。

位移

$$x=\int v\mathrm{d}t \tag{5-3}$$

5.1.2　仿真参数

假设某单作用液压缸主要仿真参数见表 5-1。

表 5-1　单作用液压缸主要仿真参数

参数	数值
单作用缸行程	0.25m
无杆腔活塞面积 A	$0.0019\mathrm{m}^2$
外负载力 F	200N
换向阀阀口节流面积 A_{f}	$50\times10^{-6}\mathrm{m}^2$
定量泵额定流量	56.4L/min
质量块的质量	4.5kg

5.1.3　Simulink 仿真

根据式（5-1）～式（5-3），该单作用液压缸 Simulink 仿真模型如图 5-2 所示。

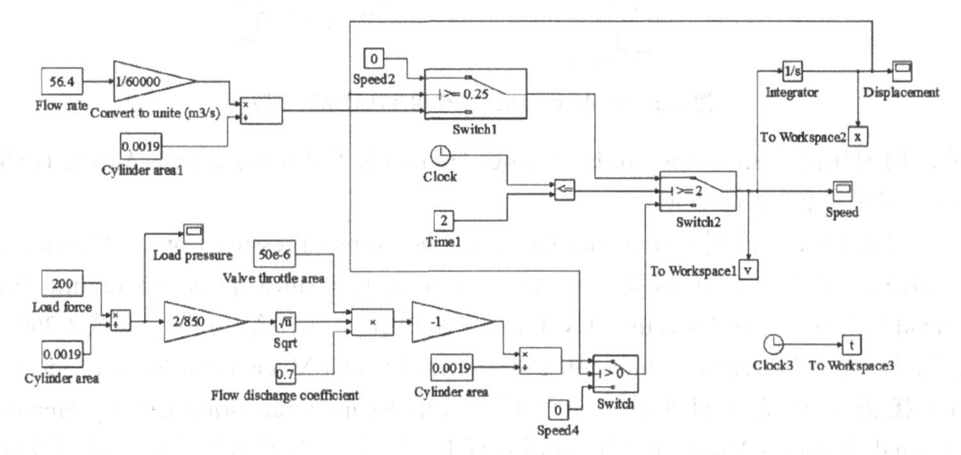

图 5-2　Simulink 单作用液压缸仿真模型

仿真时间设定为 4s，单作用液压缸速度曲线如图 5-3 所示，位移曲线如图 5-4 所示。

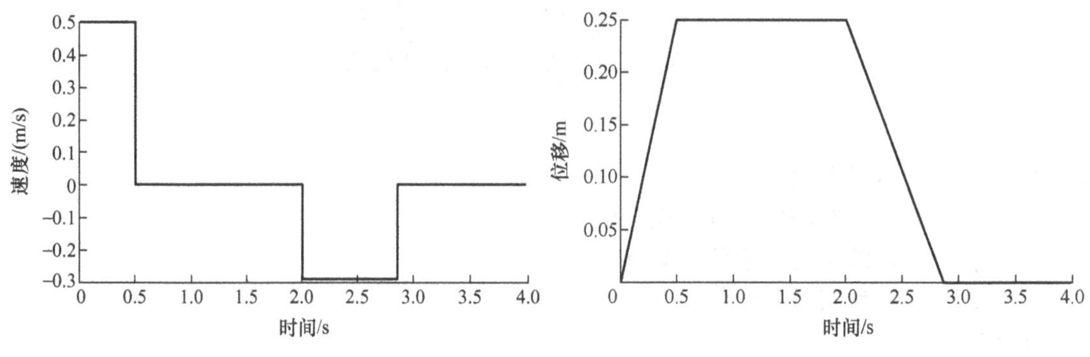

图 5-3 Simulink 单作用液压缸速度曲线 **图 5-4** Simulink 单作用液压缸位移曲线

5.1.4 SimHydraulics 仿真

该单作用液压缸 SimHydraulics 仿真模型如图 5-5 所示。

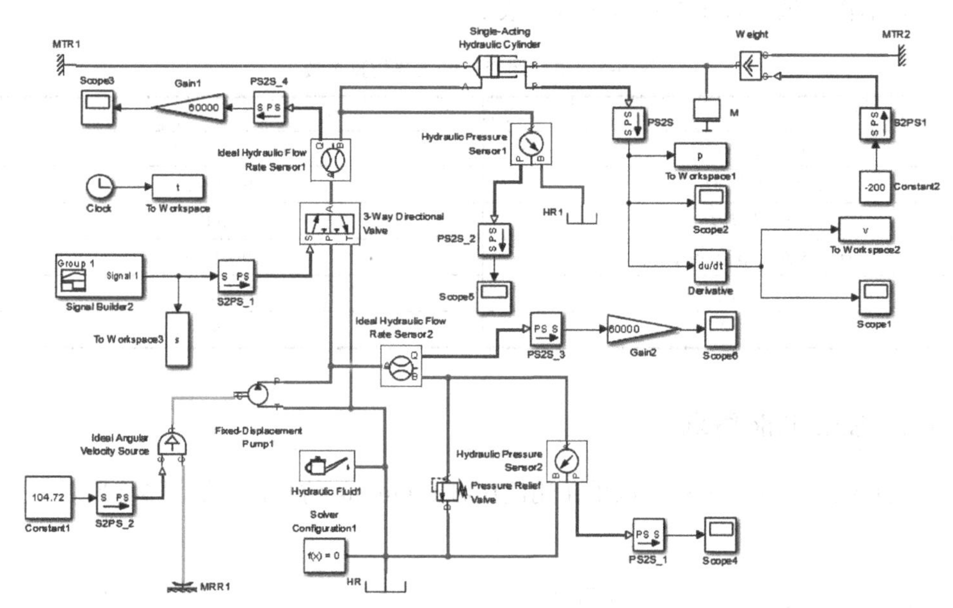

图 5-5 SimHydraulics 单作用液压缸仿真模型

单作用液压缸（Simscape\SimHydraulics\Hydraulic Cylinders\Single-Acting Hydraulic Cylinder）参数设置如图 5-6 所示。

定量泵出口接溢流阀（Simscape\SimHydraulics\Valves\Pressure Control Valves\Pressure Relief Valve），溢流阀输出端通过二位三通换向阀（Simscape\SimHydraulics\Valves\Directional Valves\3-Way Directional Valve）控制单作用液压缸动作。负载（200N）通过力源模块（Simscape\Foundation Library\Mechanical\Mechanical Sources\Ideal Force Source）接液压缸活塞杆 R 端。质量模块（Simscape\Foundation Library\Mechanical\Translational Elements\Mass）接液压缸活塞杆 R 端，表示考虑惯性负载，其参数设定为

4.5kg。单作用液压缸、重量模块的 C 端都与机械直线参考模块（Simscape\Foundation Library\Mechanical\Translational Elements\Mechanical Translational Reference）连接。

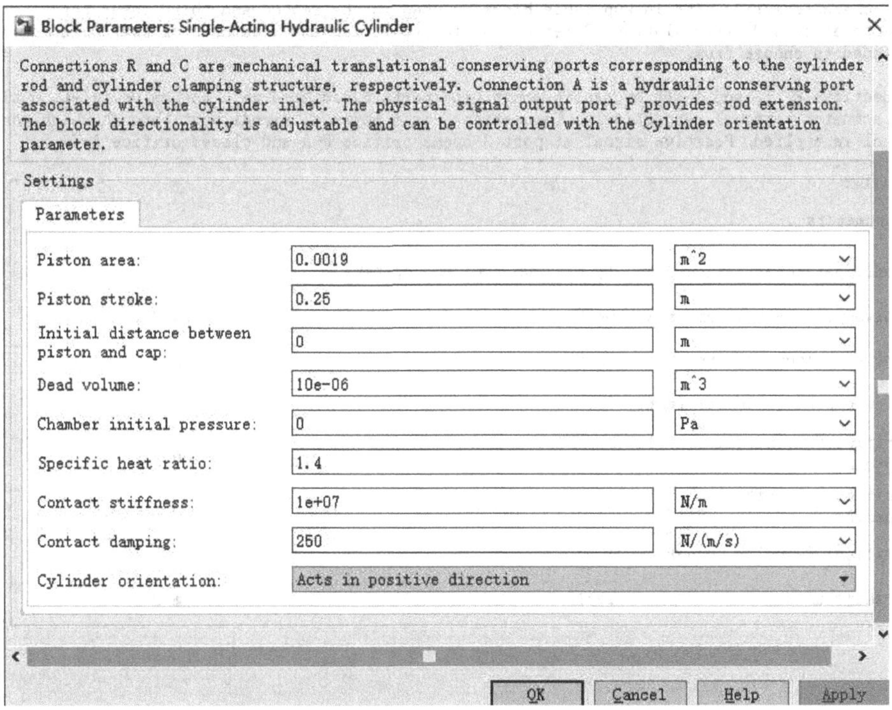

Block Parameters: Single-Acting Hydraulic Cylinder

Connections R and C are mechanical translational conserving ports corresponding to the cylinder rod and cylinder clamping structure, respectively. Connection A is a hydraulic conserving port associated with the cylinder inlet. The physical signal output port P provides rod extension. The block directionality is adjustable and can be controlled with the Cylinder orientation parameter.

Settings

Parameters

Piston area:	0.0019	m^2
Piston stroke:	0.25	m
Initial distance between piston and cap:	0	m
Dead volume:	10e-06	m^3
Chamber initial pressure:	0	Pa
Specific heat ratio:	1.4	
Contact stiffness:	1e+07	N/m
Contact damping:	250	N/(m/s)
Cylinder orientation:	Acts in positive direction	

OK　Cancel　Help　Apply

图 5-6　SimHydraulics 单作用液压缸参数设置

溢流阀参数设置如图 5-7 所示。

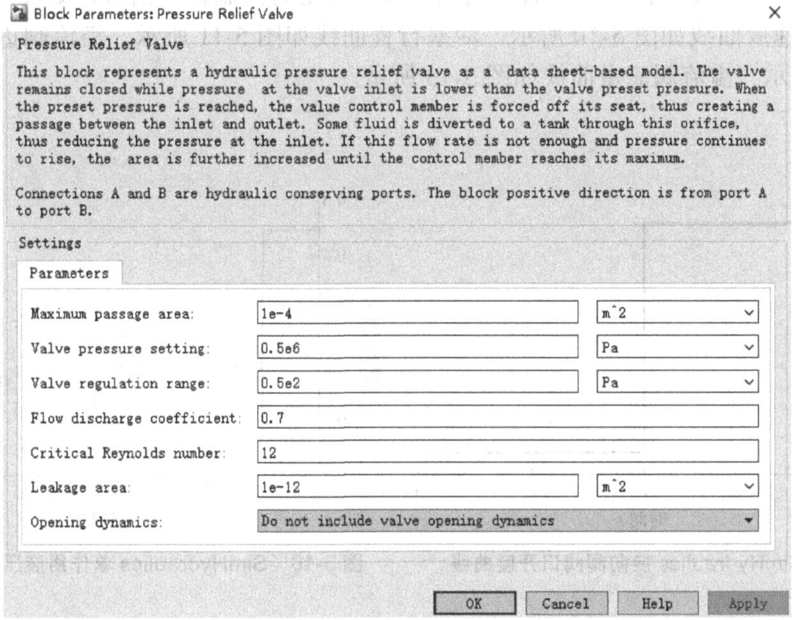

Block Parameters: Pressure Relief Valve

Pressure Relief Valve

This block represents a hydraulic pressure relief valve as a data sheet-based model. The valve remains closed while pressure at the valve inlet is lower than the valve preset pressure. When the preset pressure is reached, the value control member is forced off its seat, thus creating a passage between the inlet and outlet. Some fluid is diverted to a tank through this orifice, thus reducing the pressure at the inlet. If this flow rate is not enough and pressure continues to rise, the area is further increased until the control member reaches its maximum.

Connections A and B are hydraulic conserving ports. The block positive direction is from port A to port B.

Settings

Parameters

Maximum passage area:	1e-4	m^2
Valve pressure setting:	0.5e6	Pa
Valve regulation range:	0.5e2	Pa
Flow discharge coefficient:	0.7	
Critical Reynolds number:	12	
Leakage area:	1e-12	m^2
Opening dynamics:	Do not include valve opening dynamics	

OK　Cancel　Help　Apply

图 5-7　溢流阀参数设置

二位三通换向阀参数设置如图 5-8 所示。

Block Parameters: 3-Way Directional Valve

rate characteristics. The lookup table block is used in the second and third cases for interpolation and extrapolation. 3 methods of interpolation and 2 methods of extrapolation are provided to choose from.

Connections P, T, and A are hydraulic conserving ports associated with the valve inlet, outlet, and actuator terminal respectively. Connection S is a physical signal port through which control signal is applied. Positive signal at port S opens orifice P-A and closes orifice A-T.

Settings

Parameters

Model parameterization:	By maximum area and opening	
Valve passage maximum area:	5e-5	m^2
Valve maximum opening:	0.005	m
Flow discharge coefficient:	0.7	
Orifice P-A initial opening:	0	m
Orifice A-T initial opening:	0	m
Critical Reynolds number:	12	
Leakage area:	1e-12	m^2

OK Cancel Help Apply

图 5-8 二位三通换向阀参数设置

仿真时间设定为 4s，二位三通换向阀以阀口开度为控制输入信号，如图 5-9 所示，单作用液压缸速度曲线如图 5-10 所示，活塞行程曲线如图 5-11 所示，溢流阀进口压力曲线如图 5-12 所示，溢流阀流量曲线如图 5-13 所示。

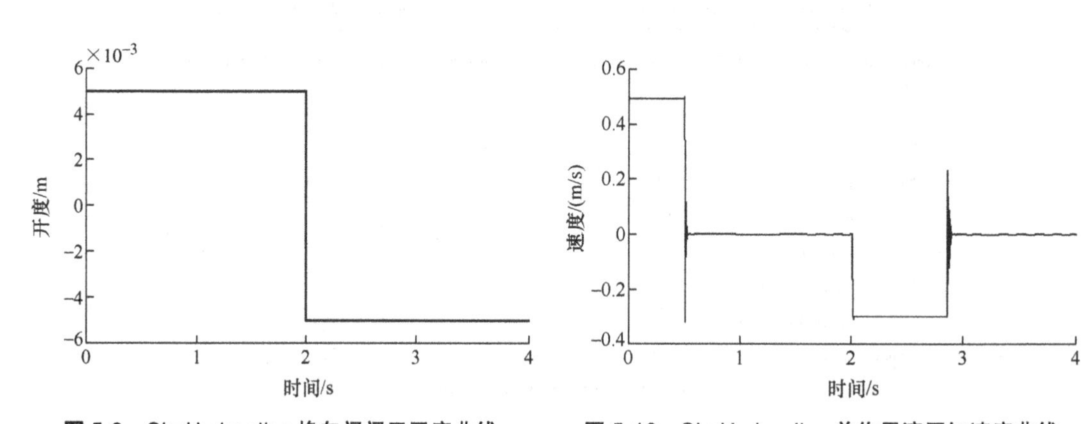

图 5-9 SimHydraulics **换向阀阀口开度曲线**

图 5-10 SimHydraulics **单作用液压缸速度曲线**

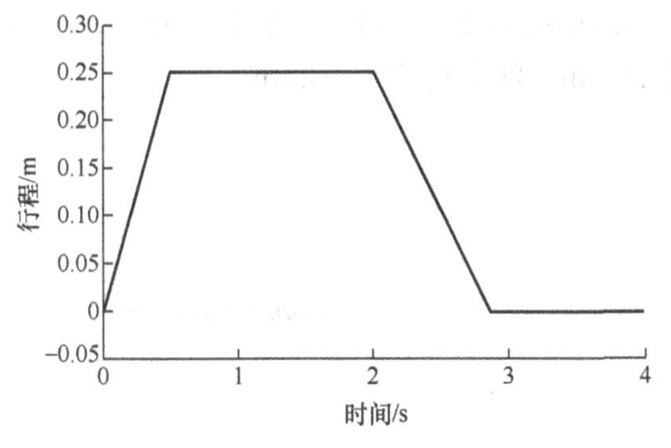

图 5-11　SimHydraulics 单作用液压缸活塞行程曲线

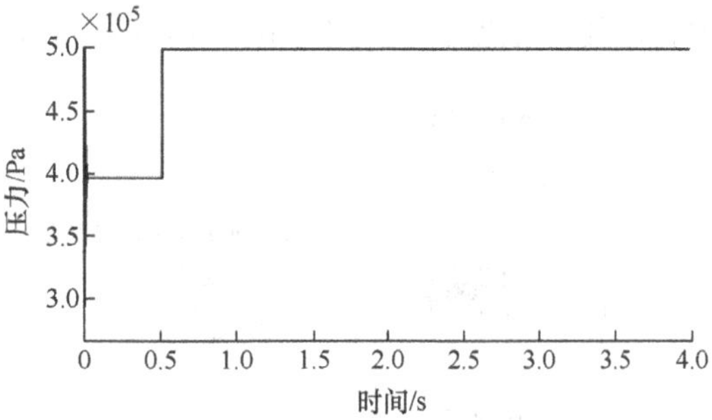

图 5-12　SimHydraulics 溢流阀进口压力曲线

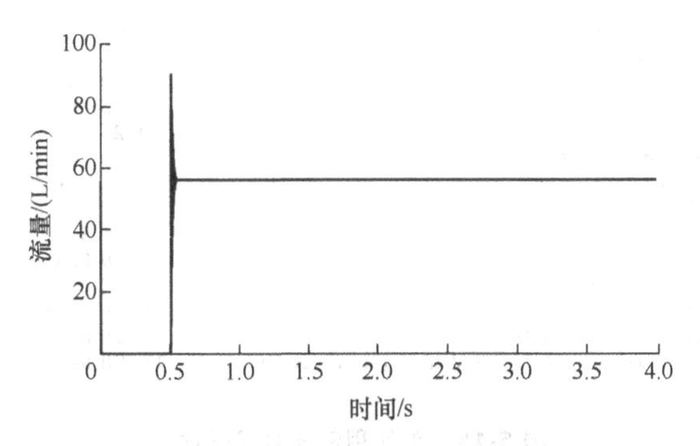

图 5-13　SimHydraulics 溢流阀流量曲线

5.1.5　AMESim 建模

该单作用液压缸 AMESim 仿真模型如图 5-14 所示。

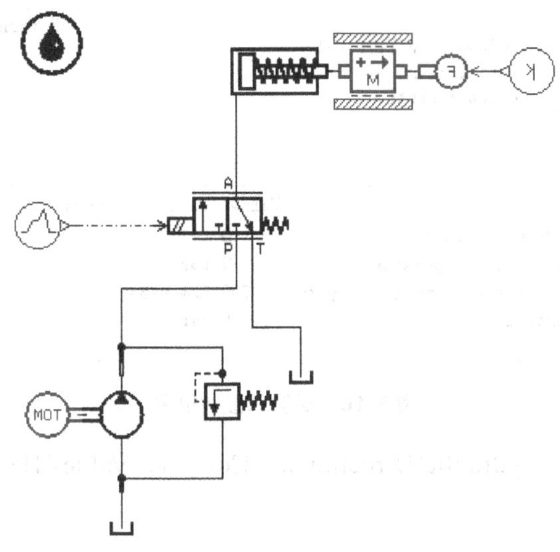

图 5-14　AMESim 单作用液压缸仿真模型

单作用液压缸（Hydraulic\Linear Actuators\actuator004）参数设置如图 5-15 所示，其中，液压缸活塞直径为 50mm，活塞杆直径为 25mm，活塞行程为 0.25m。

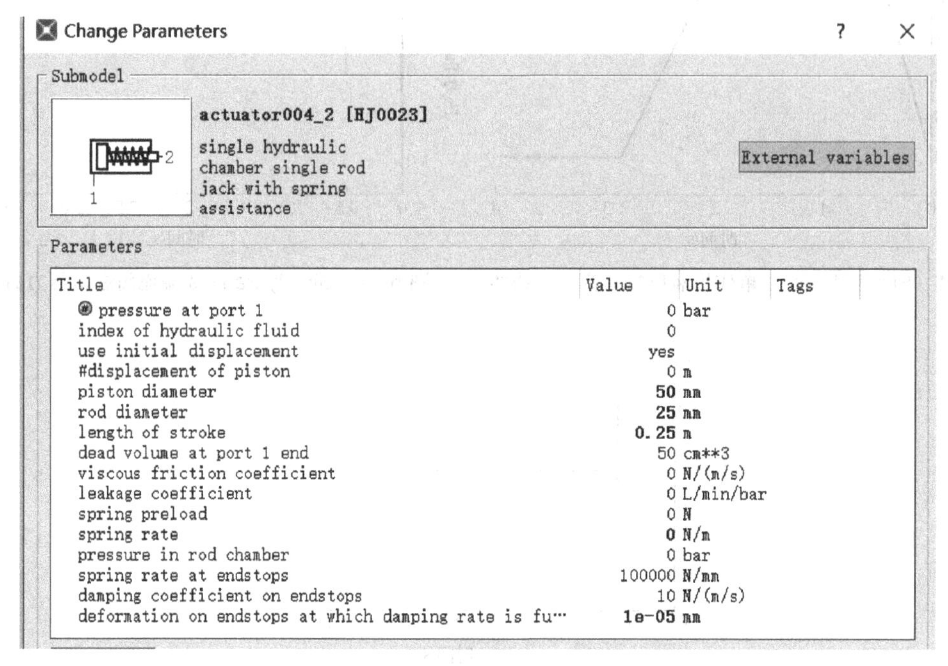

图 5-15 单作用液压缸参数设置

溢流阀（Hydraulic\Pressure, Control, Values\presscontrol01）参数设置如图 5-16 所示。

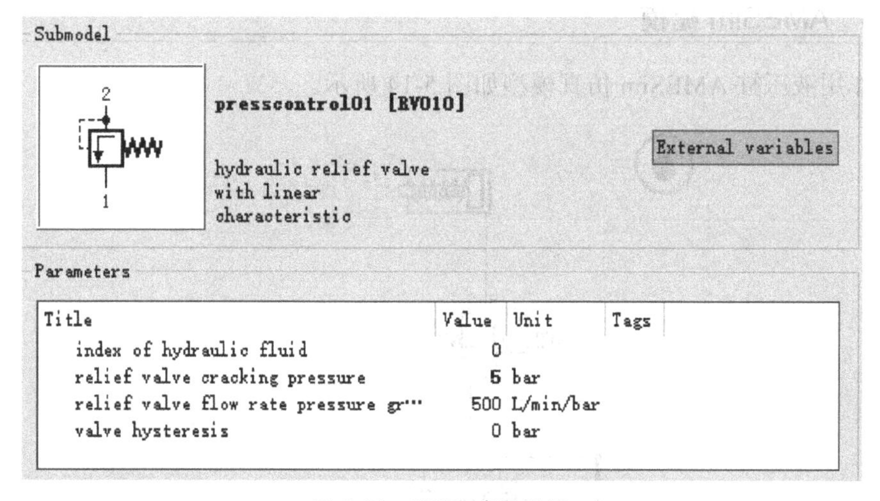

图 5-16 溢流阀参数设置

二位三通换向阀（Hydraulic\Directional, Control, Values\HSV23_02）参数设置如图 5-17 所示。

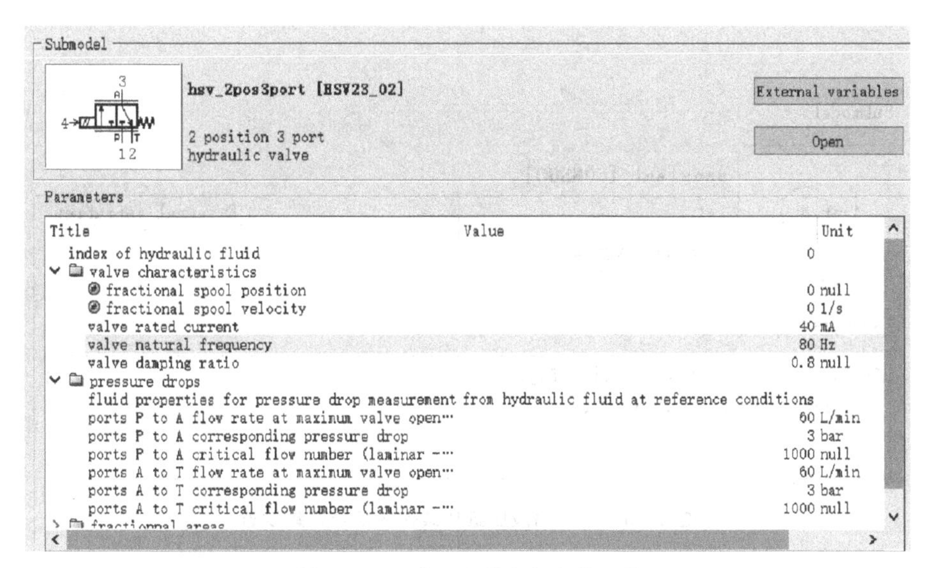

图 5-17　二位三通换向阀参数设置

二位三通换向阀输入信号如图 5-18 所示。

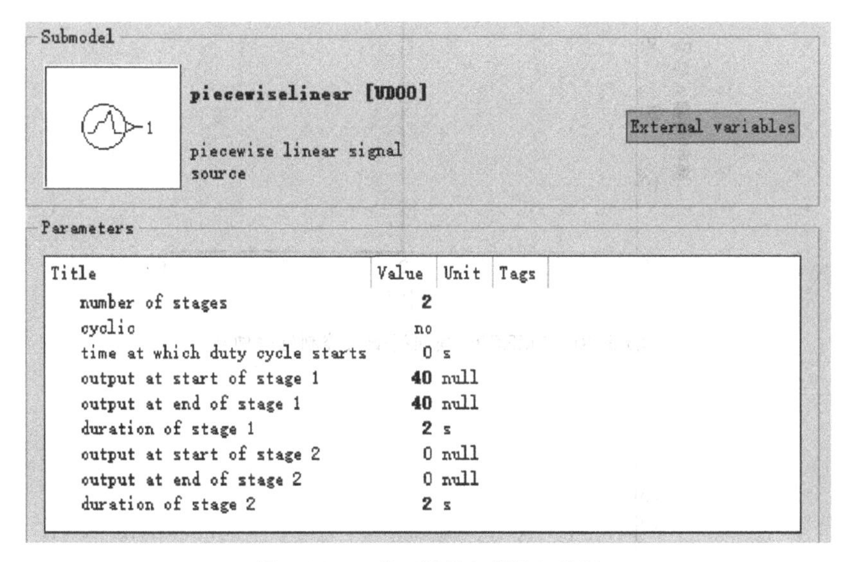

图 5-18　二位三通换向阀输入信号

单作用液压缸负载输入信号（Signal，Control\Sources，Sinks\constant）通过力信号转换模块（Mechanical\Translation\Sources，Sensors，Nodes\forcecon）、质量块（Mechanical\Translation\masses\mass_friction2port）施加于液压缸活塞杆，其参数设置如图 5-19 所示。

仿真时间设定为 4s，二位三通换向阀以电流为输入控制信号，如图 5-20 所示，单作用液压缸速度（即质量块速度）曲线如图 5-21 所示，位移曲线如图 5-22 所示，溢流阀进口压力曲线如图 5-23 所示，溢流阀流量曲线如图 5-24 所示。

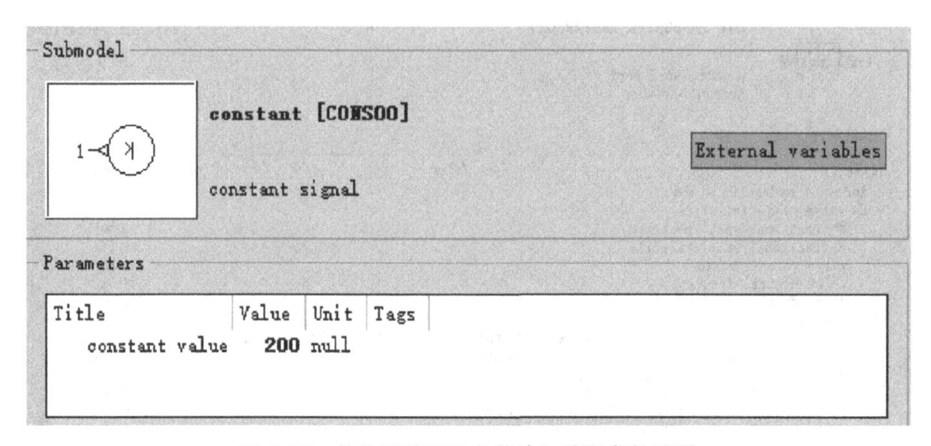

图 5-19 单作用液压缸负载输入信号参数设置

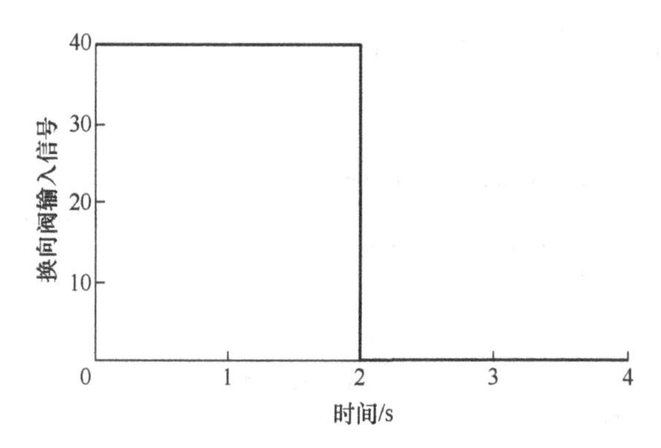

图 5-20 AMESim 换向阀输入控制信号曲线

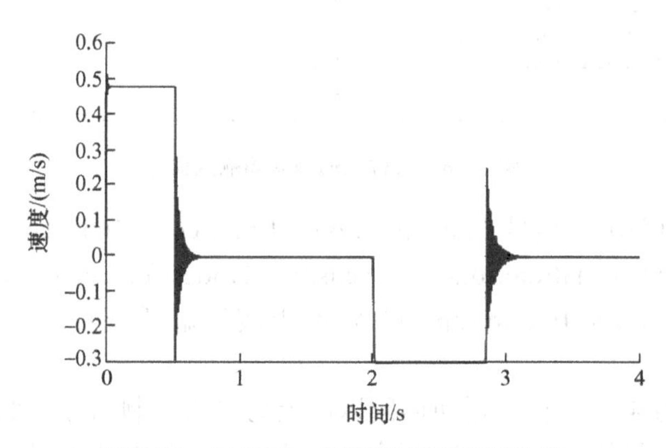

图 5-21 AMESim 单作用液压缸速度曲线

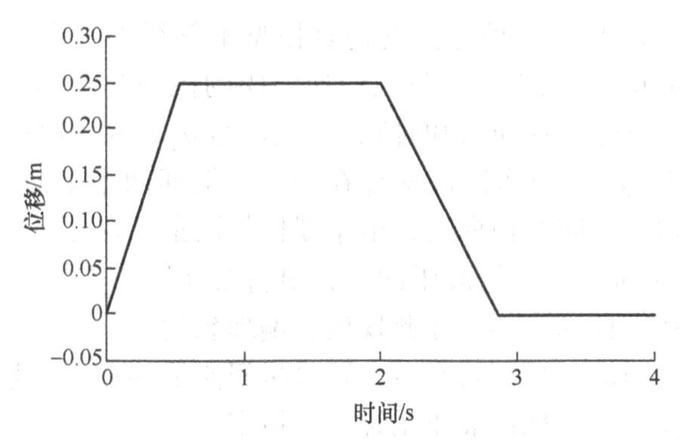

图 5-22　AMESim 单作用液压缸位移曲线

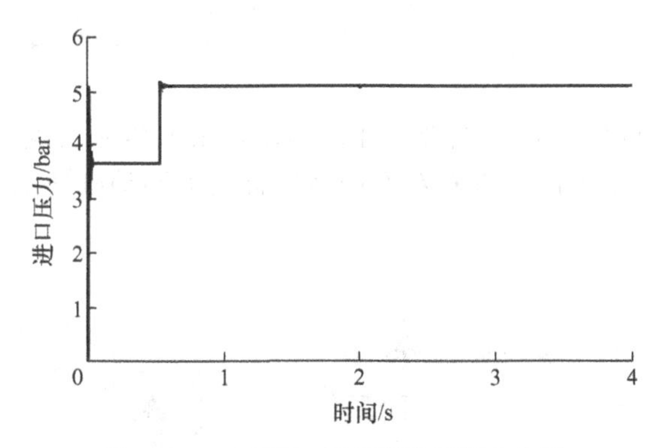

图 5-23　AMESim 溢流阀进口压力曲线

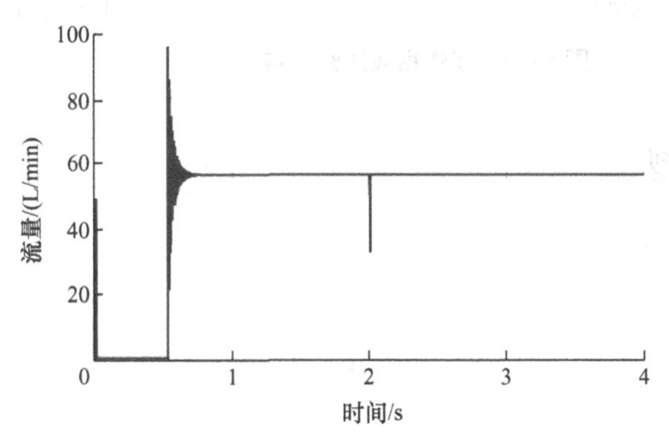

图 5-24　AMESim 溢流阀流量曲线

图 5-3、图 5-4、图 5-10、图 5-11、图 5-21、图 5-22 表明：0 ～ 0.5s 时，活塞杆以近似 0.495m/s 的速度伸出；第 0.5s 时，活塞杆达到最大行程，位移为 0.25m，活塞杆速度变为 0，位移维持在 0.25m，之后溢流阀开启溢流；第 2s 时，活塞杆在外负载作用下以近似 0.29m/s 的速度缩回，第 2.86s 时活塞杆全部缩回。

SimHydraulics 方法中，外负载作为阻力（与运动速度方向相反）时，取负值；作为拉力（与运动速度方向相同）时，取正值。AMESim 方法中，外负载作为阻力（与运动速度方向相反）时，取正值，作为拉力（与运动速度方向相同）时，取负值。

SimHydraulics、AMESim 两种方法的仿真模型中都添加了质量块，即考虑了惯性负载的影响。SimHydraulics 方法下，二位三通换向阀的控制输入信号直接给定了其阀口开度（阀芯位移），而 4.5 节比例换向阀的控制输入信号是电流，通过比例换向阀执行装置得到阀口开度（阀芯位移）。液压缸活塞杆在伸出、缩回两个阶段中突然启动和停止时，以及在换向阀突然开启、关闭和换向时，由于惯性等因素的存在，活塞杆速度存在明显的短时波动，表明此时受到了较大的液压冲击，更符合实际工况。而 Simulink 方法没有考虑惯性负载，液压缸活塞杆速度不存在此现象，偏理想化。

溢流阀在活塞杆达到最大行程时开启，开启瞬间流量存在一定超调，随后定量泵输出流量完全通过溢流阀溢流，并保持液压系统压力恒定。

5.2 双作用液压缸

双作用液压缸两个腔体中都有油液，往复运动均由液压来实现。双作用液压缸结构如图 5-25 所示，扫描右侧二维码可查看双作用液压缸的拆卸动画演示。

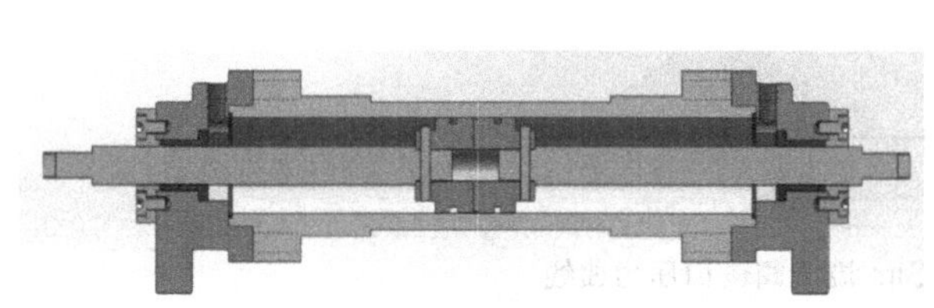

a) 剖视图

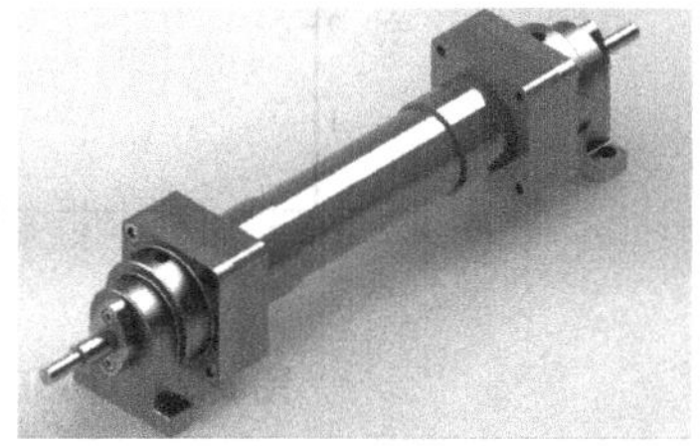

b) 外形图

图 5-25 双作用液压缸结构

5.2.1 数学模型

活塞杆伸缩速度

$$v = \frac{q}{A} \tag{5-4}$$

式中 v——速度，单位为 m/s；

q——流量，单位为 m^3/s；

A——活塞作用面积，单位为 m^2。

位移

$$x = \int v \mathrm{d}t \tag{5-5}$$

5.2.2　仿真参数

假设某双作用液压缸主要仿真参数见表 5-2。

表 5-2　双作用液压缸主要仿真参数

参数	数值
双作用液压缸行程	0.25m
无杆腔活塞面积	$0.0019m^2$
有杆腔活塞作用面积	$0.001425m^2$
定量泵额定流量	56.4L/min
质量块的质量	4.5kg

5.2.3　Simulink 仿真

根据式（5-4）和式（5-5），该双作用液压缸 Simulink 仿真模型如图 5-26 所示。

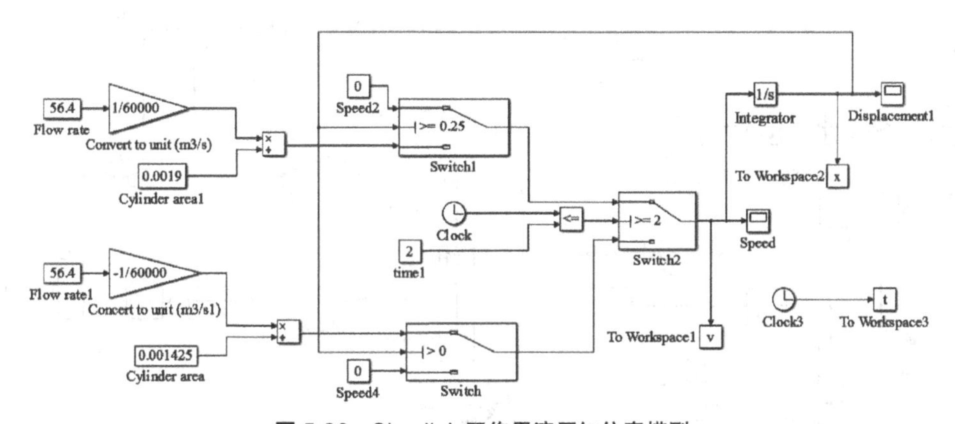

图 5-26　Simulink 双作用液压缸仿真模型

仿真时间设定为 3s，双作用液压缸活塞杆速度曲线如图 5-27 所示，位移曲线如图 5-28 所示。

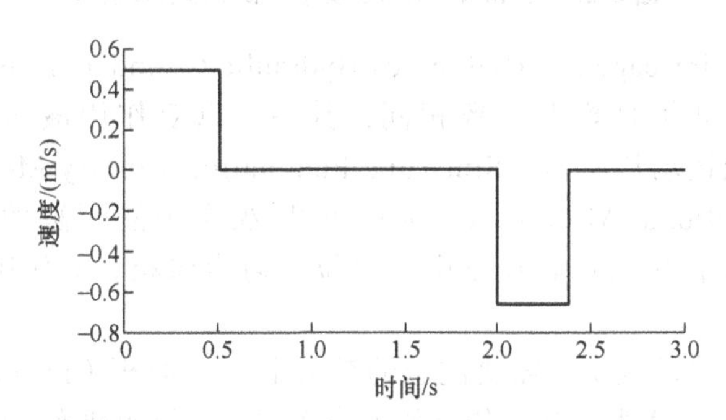

图 5-27　Simulink 双作用液压缸活塞杆速度曲线

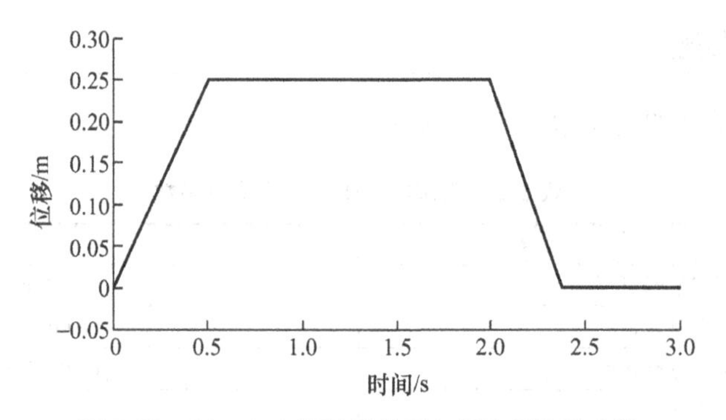

图 5-28 Simulink 双作用液压缸活塞杆位移曲线

5.2.4 SimHydraulics 仿真

该双作用液压缸 SimHydraulic 仿真模型如图 5-29 所示。

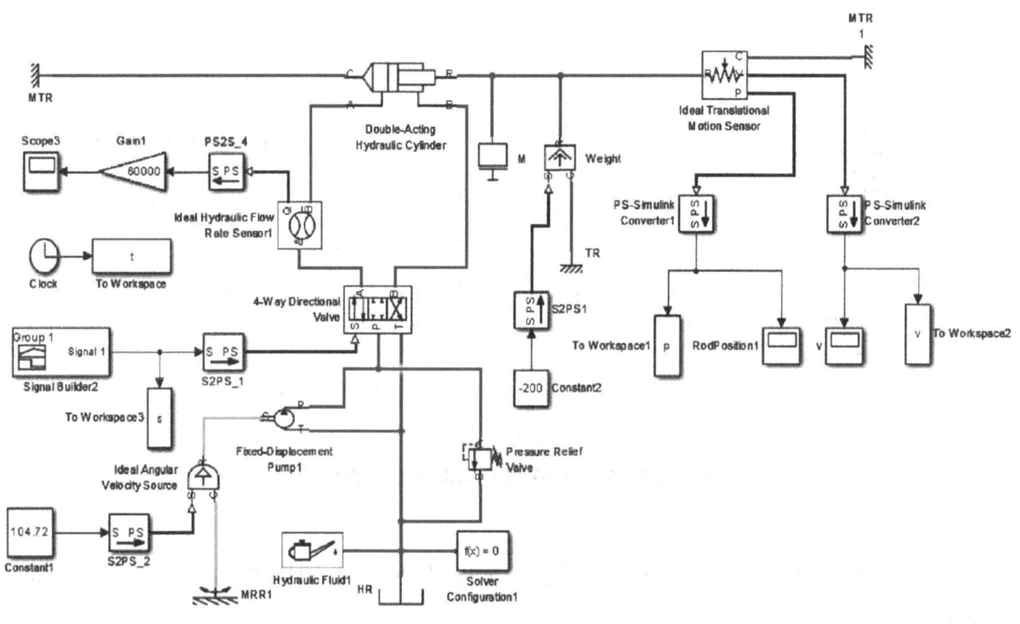

图 5-29 SimHydraulics 双作用液压缸仿真模型

双作用液压缸（Simscape\SimHydraulics\Hydraulic Cylinders\Double-Acting Hydraulic Cylinder）与单作用缸仿真模型大致相同，其中，以双作用液压缸替换单作用液压缸，R 端接理想直线运动传感器（Simscape\Foundation Library\Mechanical\Mechanical Sensors\Ideal Translational Motion Sensor），可测双作用液压缸的位移和速度；以三位四通换向阀替换单作用液压缸模型中的二位三通换向阀。双作用液压缸参数设置如图 5-30 所示。

双作用液压缸参数设置中，需要注意的是 A 腔活塞面积（Piston area A）、B 腔活塞面积（Piston area B）为 A 腔、B 腔的有效工作面积。三位四通换向阀参数设置如图 5-31 所示。

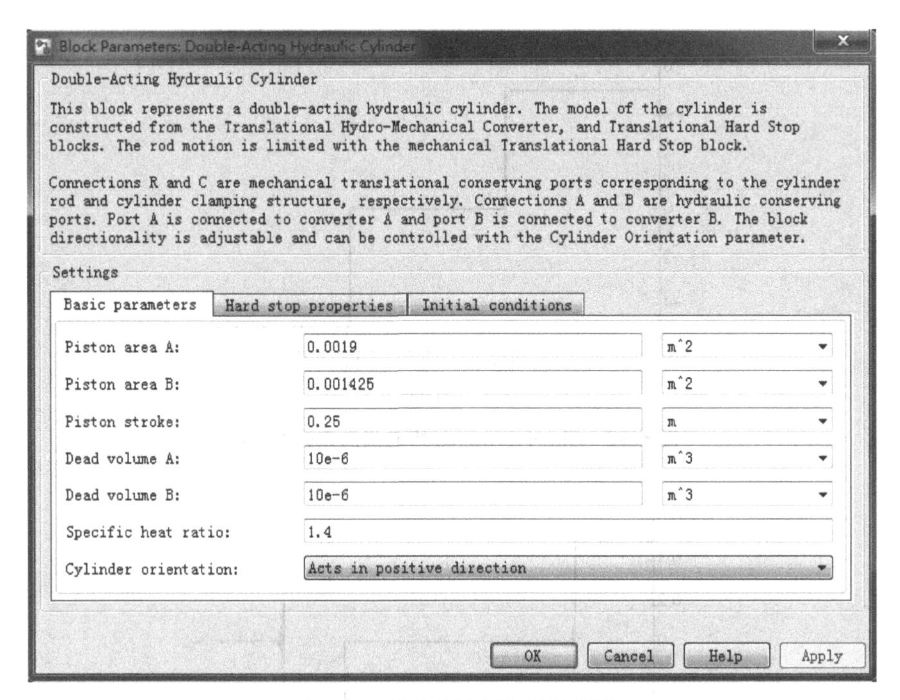

图 5-30 双作用液压缸参数设置

Block Parameters: 4-Way Directional Valve

4-Way Directional Valve

The block simulates the basic option of the 4-way directional continuous valve as a data-sheet-based model. To parameterize the block, 3 options are available: (1) by maximum area and control member stroke, (2) by the table of valve area vs. control member displacement, and (3) by the pressure-flow rate characteristics. The lookup table block is used in the second and third cases for interpolation and extrapolation. 3 methods of interpolation and 2 methods of extrapolation are provided to choose from.

Connections P, T, A, and B are hydraulic conserving ports associated with the valve inlet, outlet, and actuator terminals, respectively. Connection S is a physical signal port through which control signal is applied. Positive signal at port S opens orifices P-A and B-T and closes orifices P-B and A-T.

Settings

Basic parameters | Initial openings

Model parameterization: By maximum area and opening

Valve passage maximum area: 5e-5 m^2

Valve maximum opening: 0.005 m

Flow discharge coefficient: 0.7

Critical Reynolds number: 12

Leakage area: 1e-12 m^2

OK Cancel Help Apply

图 5-31 三位四通换向阀参数设置

仿真时间设定为 3s，三位四通换向阀以阀口开度为控制输入信号，如图 5-32 所示，双作用液压缸速度曲线如图 5-33 所示，位移曲线如图 5-34 所示。

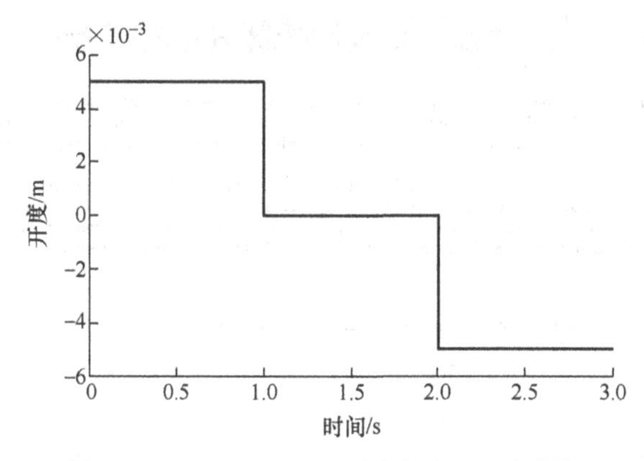

图 5-32 SimHydraulics 换向阀阀口开度曲线

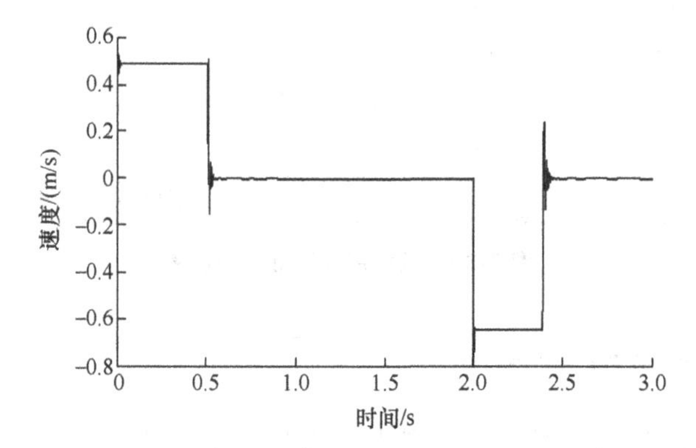

图 5-33 SimHydraulics 双作用液压缸速度曲线

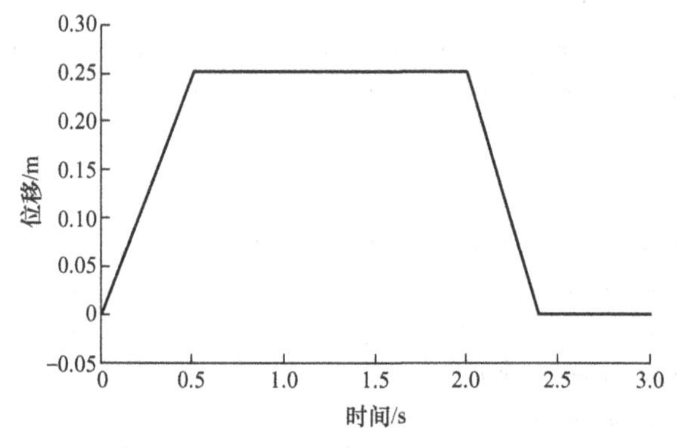

图 5-34 SimHydraulics 双作用液压缸位移曲线

5.2.5 AMESim 建模

该双作用液压缸 AMESim 仿真模型如图 5-35 所示。

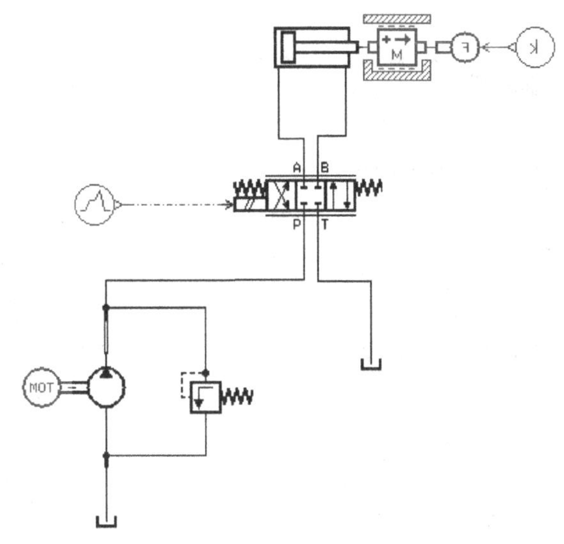

图 5-35　AMESim 双作用液压缸仿真模型

双作用液压缸（Hydraulic\Linear Actuators\actuator001）与单作用液压缸仿真模型大致相同，其中，以双作用液压缸替换单作用液压缸，以三位四通换向阀替换二位三通换向阀。双作用液压缸参数设置如图 5-36 所示。

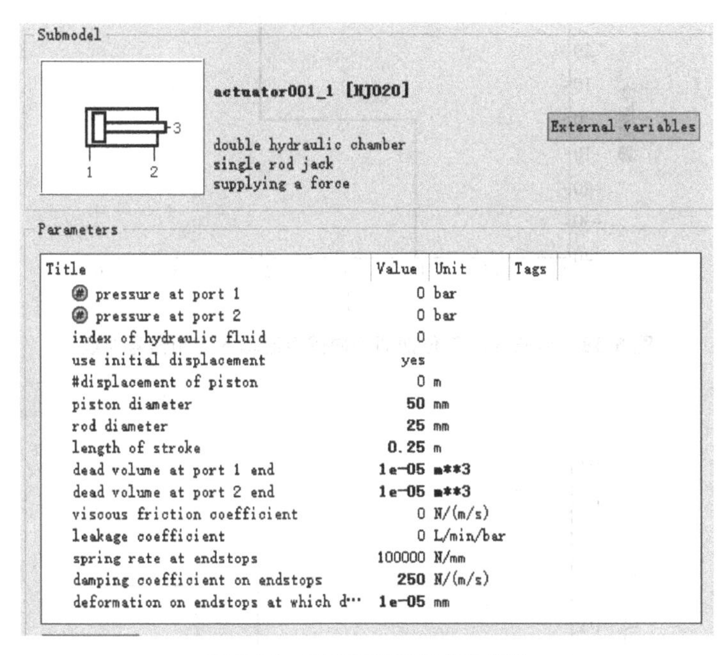

图 5-36　双作用液压缸参数设置

三位四通换向阀参数设置如图 5-37 所示。

仿真时间设定为 3s，三位四通换向阀以电流为输入控制信号，如图 5-38 所示，双作用液压缸速度曲线如图 5-39 所示，位移曲线如图 5-40 所示。

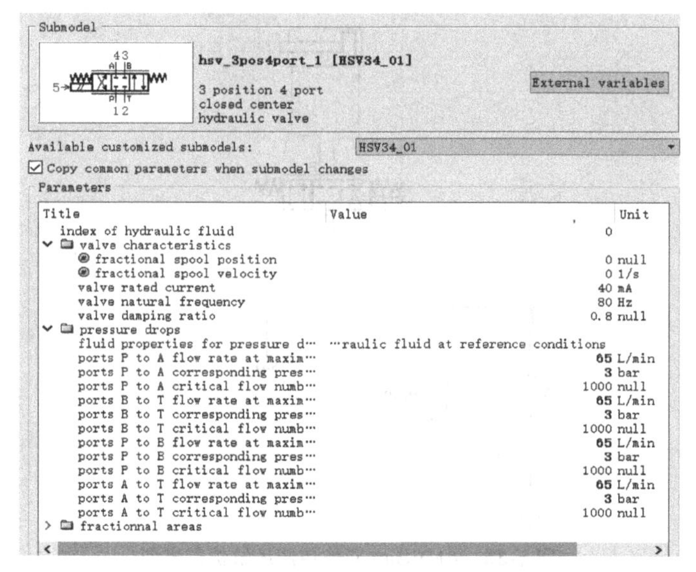

图 5-37 三位四通换向阀参数设置

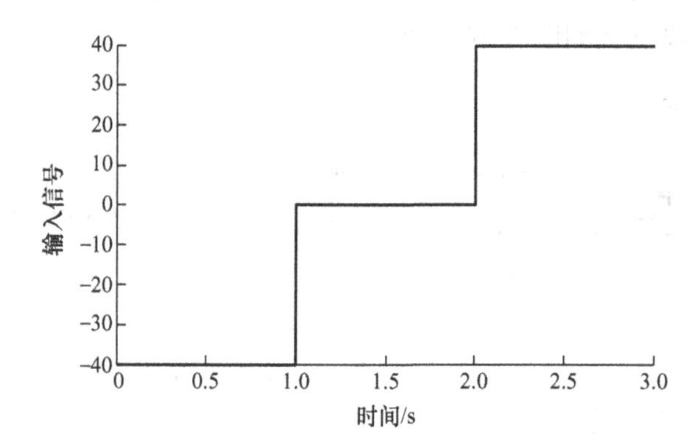

图 5-38 AMESim 三位四通换向阀电流输入控制信号曲线

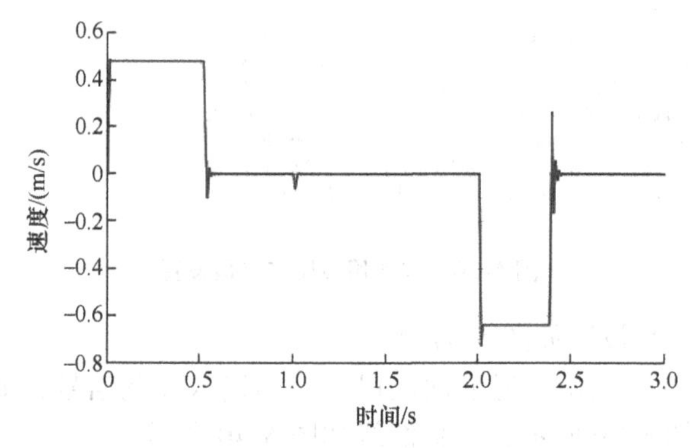

图 5-39 AMESim 双作用液压缸速度曲线

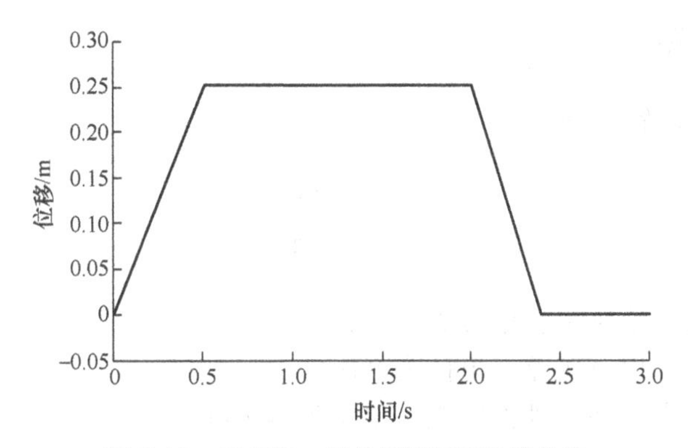

图 5-40　AMESim 双作用液压缸位移曲线

图 5-27、图 5-28、图 5-33、图 5-34、图 5-39、图 5-40 表明：0 ～ 0.5s 时，活塞杆以近似 0.495m/s 的速度伸出；第 0.5s 时，活塞杆达到最大行程，位移为 0.25m，活塞杆速度变为 0，位移维持在 0.25m ；第 2s 时，活塞杆以近似 0.66m/s 的速度缩回，第 2.38s 时全部缩回。

Simulink、SimHydraulics、AMESim 三种方法中，双作用液压缸和单作用液压缸活塞杆伸出速度基本一致，而缩回速度却是单作用液压缸的两倍以上，这是因为活塞杆缩回时，双作用液压缸活塞杆受到了外负载和油液的双重作用。在 SimHydraulics 方法中，三位四通换向阀控制输入信号直接给定了阀口开度（阀芯位移），而 4.5 节中的比例换向阀控制输入信号是电流，通过比例换向阀执行转置得到阀口开度（阀芯位移）。考虑 SimHydraulics、AMESim 两种方法中采用的求解器算法是不同的，速度曲线有细微差异。

5.3 定量马达

液压马达与液压泵具有相反的能量转换功能，两者结构并无本质上的区别。与定量泵类似，排量不可调节的液压马达为定量马达。叶片定量马达结构如图 5-41 所示，扫描右侧二维码可查看定量马达的拆卸动画演示。

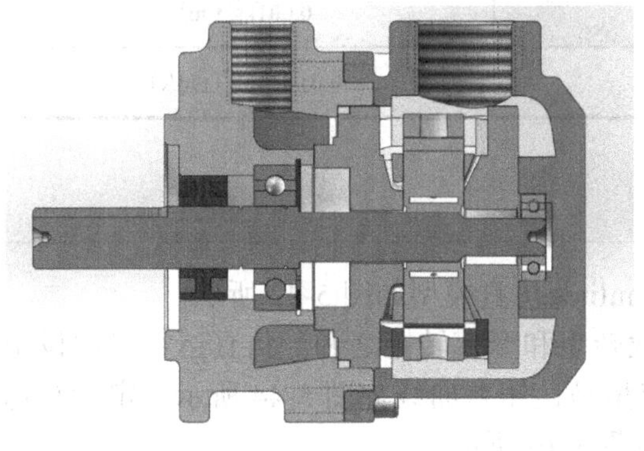

a) 剖视图

b) 外形图

图 5-41　定量马达结构

5.3.1 数学模型

液压马达平均理论转矩为

$$T_{\mathrm{i}}=\frac{Vp}{2\pi} \tag{5-6}$$

式中 V——马达的理论排量，单位为 m^3/r；

p——马达的进出口压差，单位为 Pa；

T_{i}——马达输出的平均理论转矩，单位为 N·m。

马达的转速为

$$n=\frac{60q}{V} \tag{5-7}$$

式中 n——马达的平均转速，单位为 r/min；

q——马达的理论流量，单位为 m^3/s。

5.3.2 仿真参数

假设某定量马达主要仿真参数见表 5-3。

表 5-3 定量马达主要仿真参数

参数	数值
排量 V	56.4cc/rev
额定转速	1000r/min
外负载转矩	40N·m
摩擦转矩	40N·m
转动惯量	0.001kg·m^2
黏性阻尼系数	0.01N·m/（rad/s）

5.3.3 Simulink 仿真

根据式（5-6）和式（5-7），该定量马达 Simulink 仿真模型如图 5-42 所示。

在图 5-42 所示模型中，负载转矩为外负载转矩和摩擦转矩之和。仿真运行时间设定为 10s，定量马达流量曲线如图 5-43 所示，定量马达压差曲线如图 5-44 所示，定量马达转速曲线如图 5-45 所示，定量马达转矩曲线如图 5-46 所示。

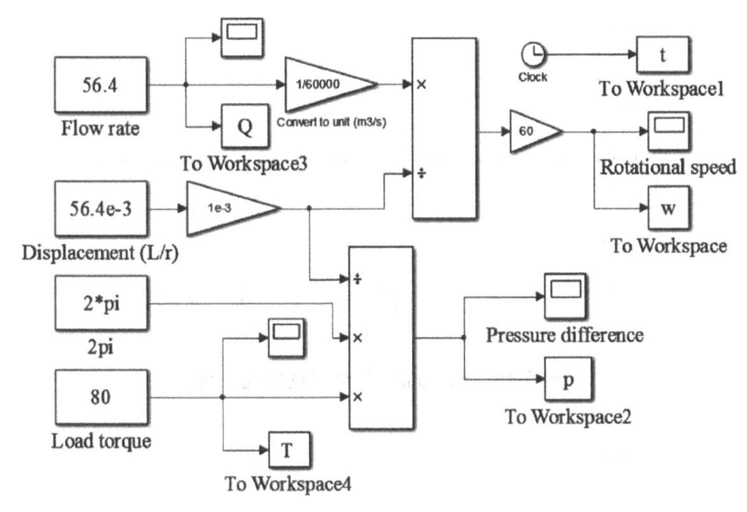

图 5-42　Simulink 定量马达仿真模型

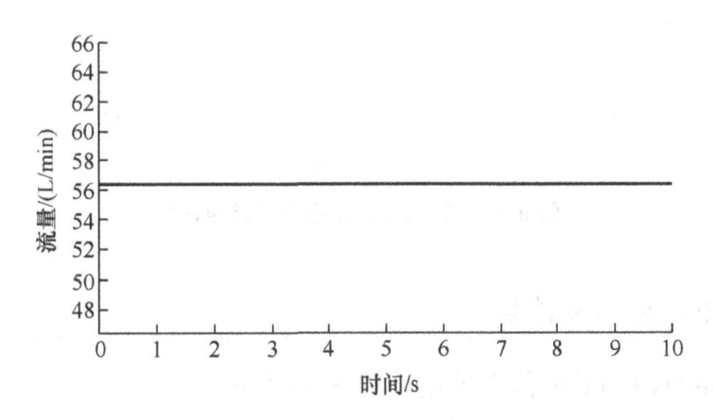

图 5-43　Simulink 定量马达流量曲线

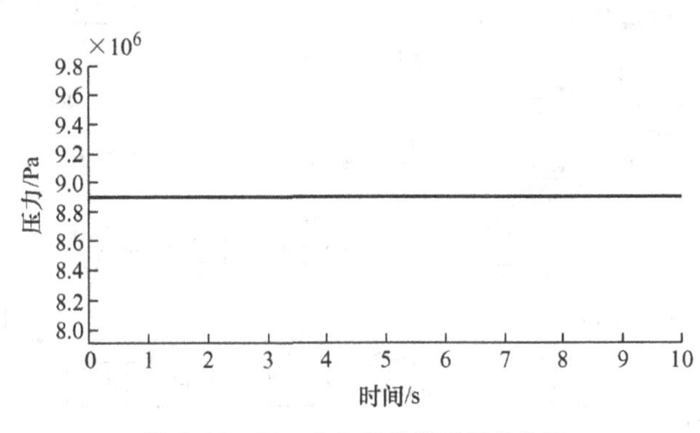

图 5-44　Simulink 定量马达压差曲线

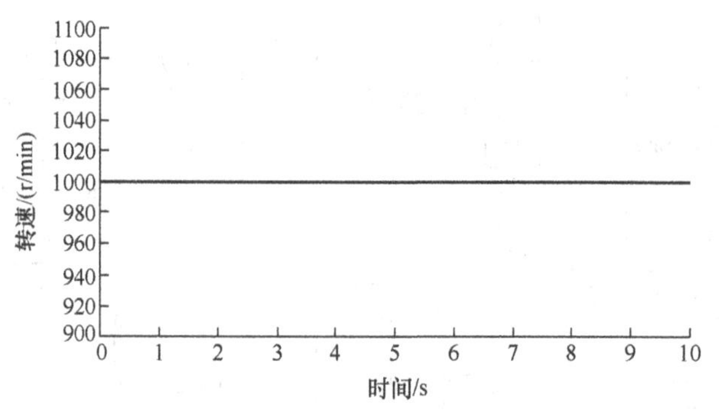

图 5-45　Simulink 定量马达转速曲线

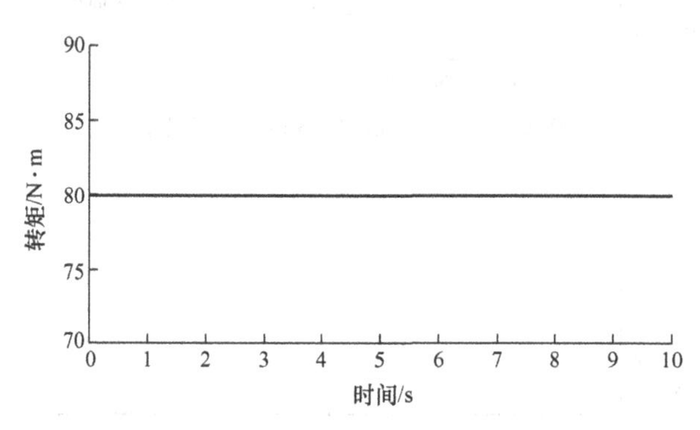

图 5-46　Simulink 定量马达转矩曲线

5.3.4　SimHydraulics 仿真

该定量马达 SimHydraulics 仿真模型如图 5-47 所示。

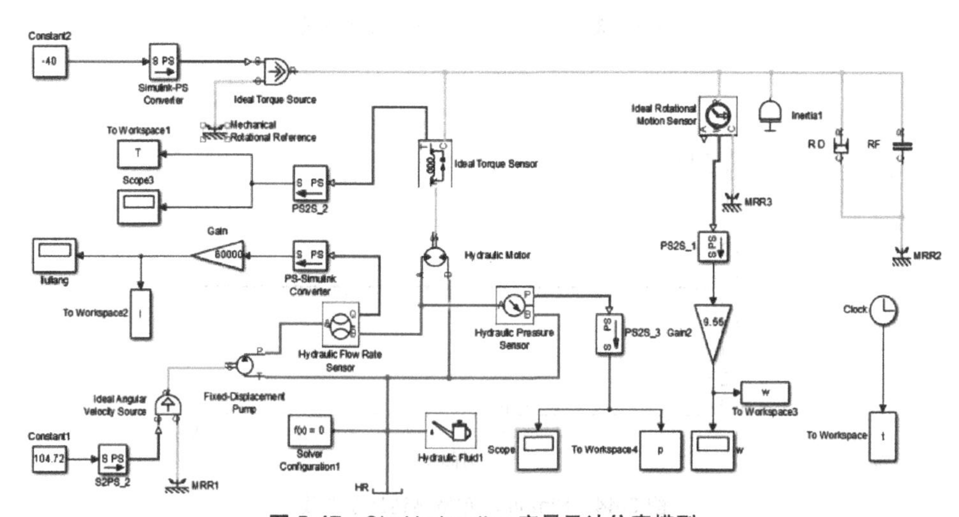

图 5-47　SimHydraulics 定量马达仿真模型

定量马达（Simscape\SimHydraulics\Pumps and Motors\Hydraulic Motor）参数设置如图 5-48 所示。

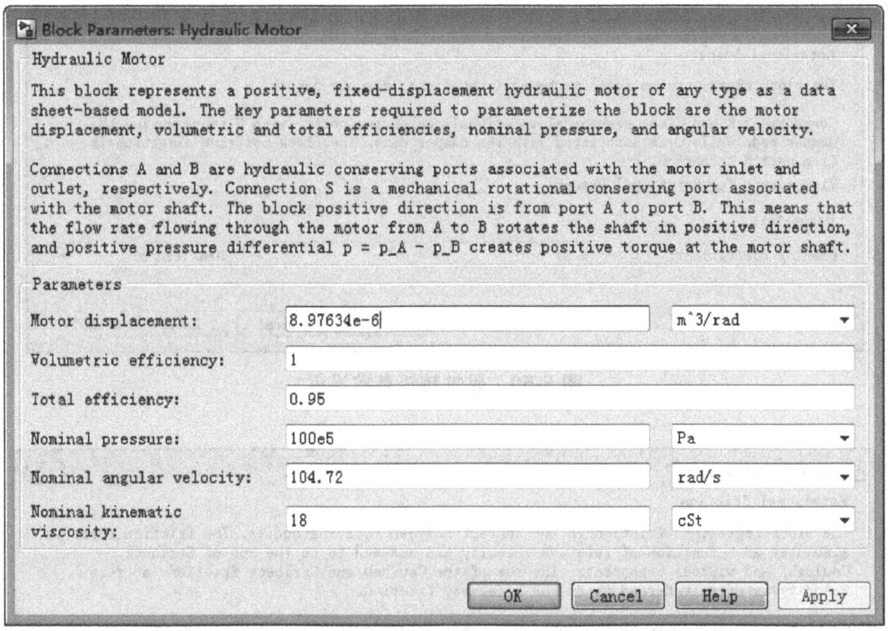

Block Parameters: Hydraulic Motor

Hydraulic Motor

This block represents a positive, fixed-displacement hydraulic motor of any type as a data sheet-based model. The key parameters required to parameterize the block are the motor displacement, volumetric and total efficiencies, nominal pressure, and angular velocity.

Connections A and B are hydraulic conserving ports associated with the motor inlet and outlet, respectively. Connection S is a mechanical rotational conserving port associated with the motor shaft. The block positive direction is from port A to port B. This means that the flow rate flowing through the motor from A to B rotates the shaft in positive direction, and positive pressure differential p = p_A - p_B creates positive torque at the motor shaft.

Parameters

Motor displacement: 8.97634e-6 m^3/rad

Volumetric efficiency: 1

Total efficiency: 0.95

Nominal pressure: 100e5 Pa

Nominal angular velocity: 104.72 rad/s

Nominal kinematic viscosity: 18 cSt

OK Cancel Help Apply

图 5-48　定量马达参数设置

定量马达仿真模型负载转矩考虑惯性、黏性、摩擦和外负载力。惯性转矩（Simscape\Foundation Library\Mechanical\Rotational Elements\Inertia）参数设置如图 5-49 所示，黏性转矩（Simscape\Foundation Library\Mechanical\Rotational Elements\Rotational Damper）参数设置如图 5-50 所示，摩擦转矩（Simscape\Foundation Library\Mechanical\Rotational Elements\Rotational Friction）参数设置如图 5-51 所示。惯性转矩、黏性转矩、摩擦转矩连接理想转动运动传感器（Simscape\Foundation Library\Mechanical\Mechanical Sensors\Ideal Rotational Motion Sensor)，外负载转矩 [为常值模块（–40）] 连接理想转矩源（Simscape\Foundation Library\Mechanical\Mechanical Sources\Ideal Torque Source)，二者再共同通过理想转矩传感器（Simscape\Foundation Library\Mechanical\Mechanical Sensors\Ideal Torque Sensor）施加于定量马达 R 端。

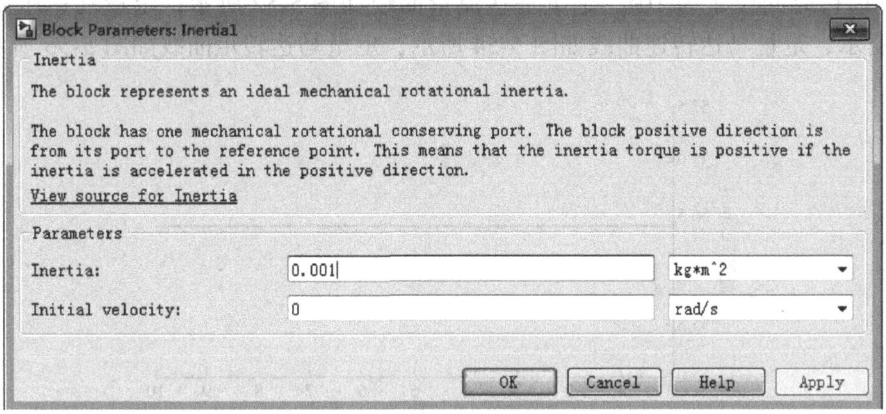

Block Parameters: Inertia1

Inertia

The block represents an ideal mechanical rotational inertia.

The block has one mechanical rotational conserving port. The block positive direction is from its port to the reference point. This means that the inertia torque is positive if the inertia is accelerated in the positive direction.

View source for Inertia

Parameters

Inertia: 0.001 kg*m^2

Initial velocity: 0 rad/s

OK Cancel Help Apply

图 5-49　惯性转矩参数设置

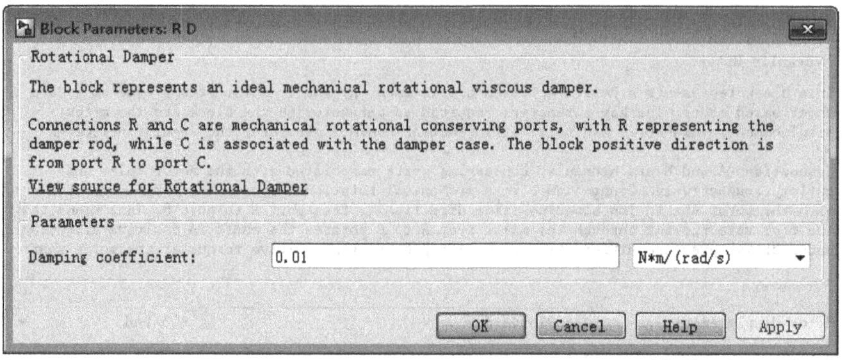

Block Parameters: R D

Rotational Damper

The block represents an ideal mechanical rotational viscous damper.

Connections R and C are mechanical rotational conserving ports, with R representing the damper rod, while C is associated with the damper case. The block positive direction is from port R to port C.

View source for Rotational Damper

Parameters

Damping coefficient: 0.01 N*m/(rad/s)

OK Cancel Help Apply

图 5-50 黏性转矩参数设置

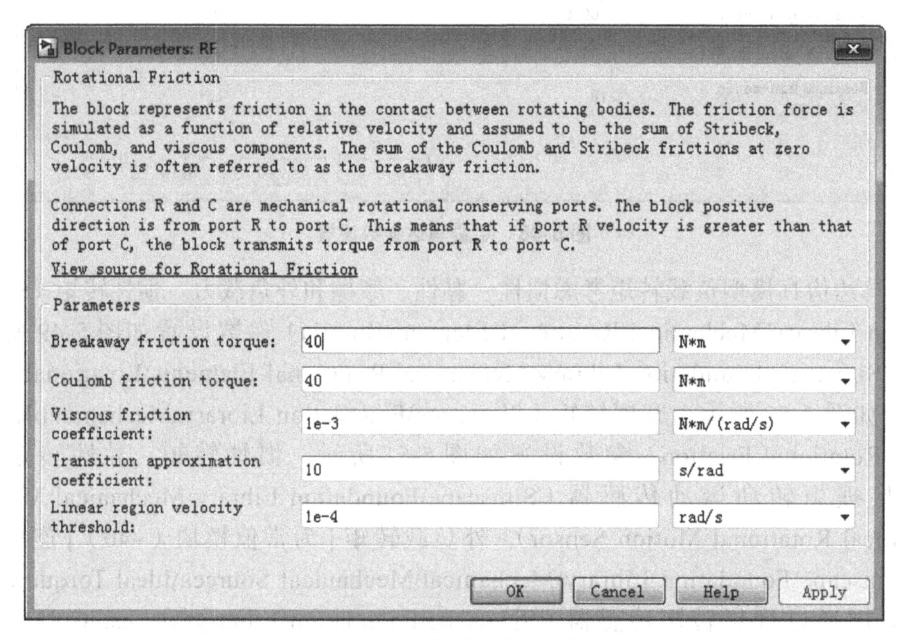

图 5-51 摩擦转矩参数设置

仿真运行时间设定为 10s，定量马达流量曲线如图 5-52 所示，定量马达压差曲线如图 5-53 所示，定量马达转速曲线如图 5-54 所示，定量马达转矩曲线如图 5-55 所示。

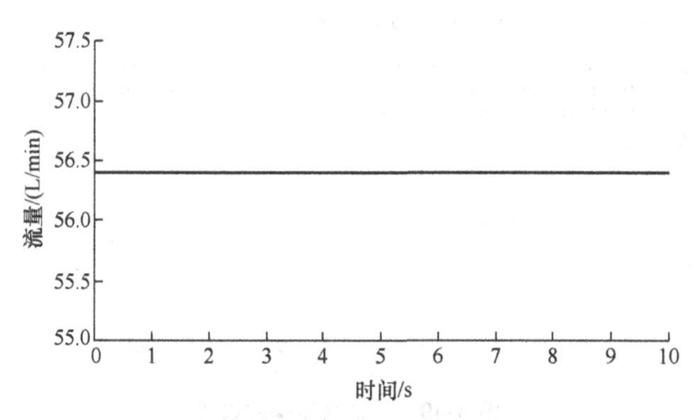

图 5-52 SimHydraulics 定量马达流量曲线

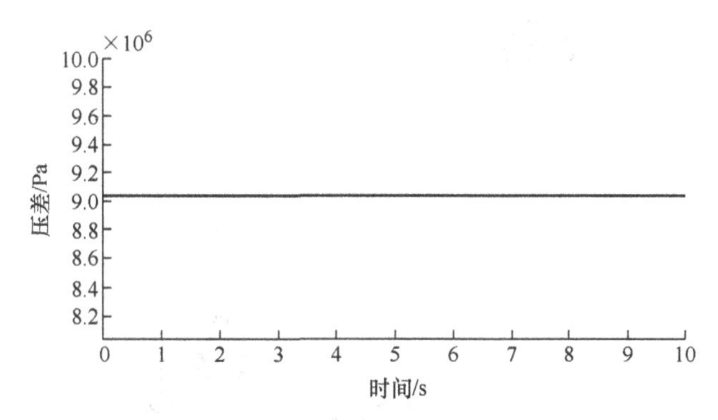

图 5-53　SimHydraulics 定量马达压差曲线

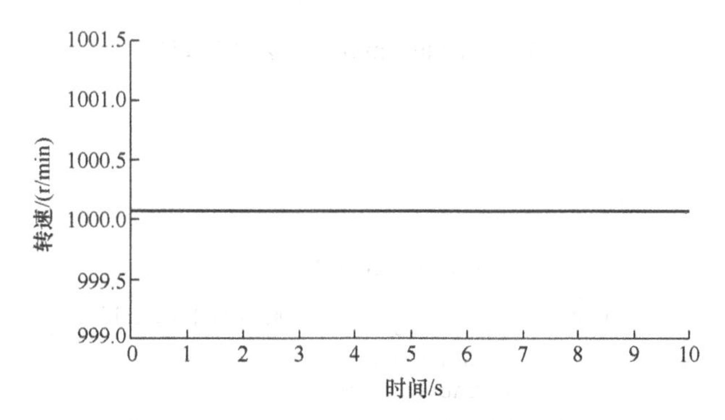

图 5-54　SimHydraulics 定量马达转速曲线

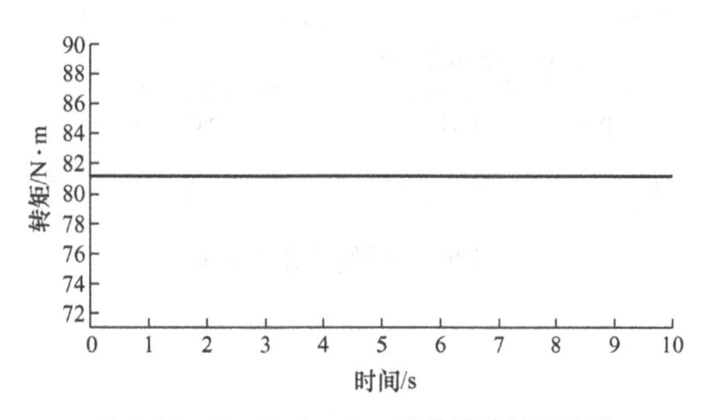

图 5-55　SimHydraulics 定量马达转矩曲线

5.3.5　AMESim 建模

该定量马达 AMESim 仿真模型如图 5-56 所示。

定量马达（Hydraulic\Pumps，Motors\motor2）参数设置如图 5-57 所示。

定量马达负载由外负载转矩常值信号（Singnal，Control\Sources，Sinks\constant）通过转矩转换模块（Mechanical\Rotation\Sources，Sensors，Nodes\torquecon）、双轴旋转载荷（Mechanical\Rotation\Intreia\rotaryload2ports）施加于定量马达输出端。

常值信号参数设置如图 5-58 所示。

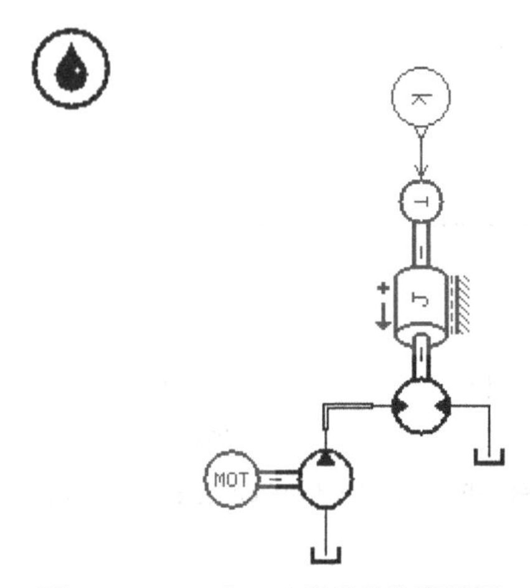

图 5-56 AMESim 定量马达仿真模型

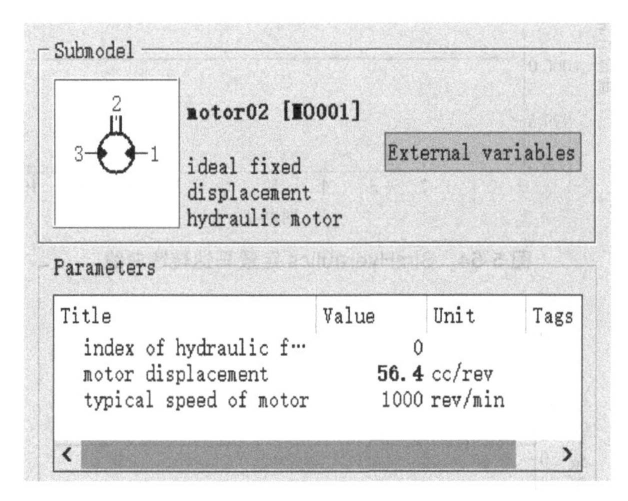

图 5-57 定量马达参数设置

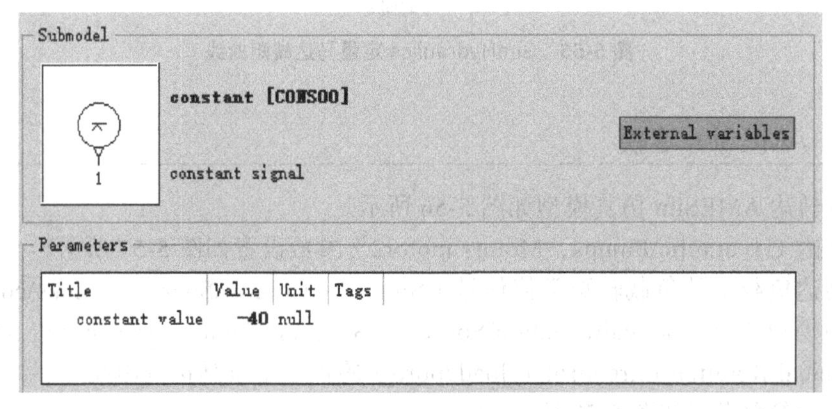

图 5-58 常值信号参数设置

双轴旋转载荷参数设置如图 5-59 所示。

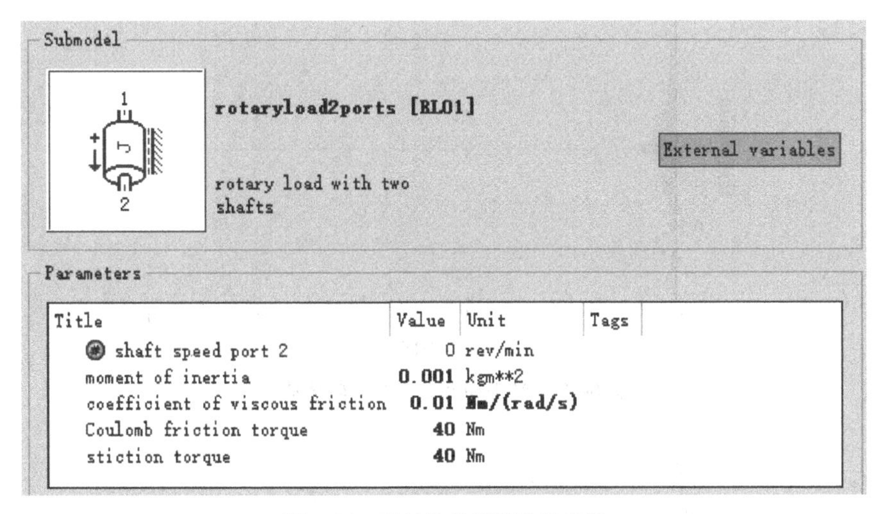

图 5-59 双轴旋转载荷参数设置

仿真运行时间设定为 10s，定量马达流量曲线如图 5-60 所示，定量马达压差曲线如图 5-61 所示，定量马达转速曲线如图 5-62 所示，定量马达转矩曲线如图 5-63 所示。

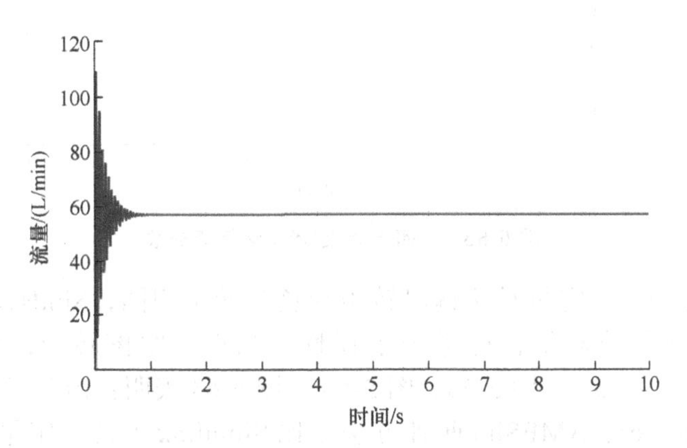

图 5-60 AMESim 定量马达流量曲线

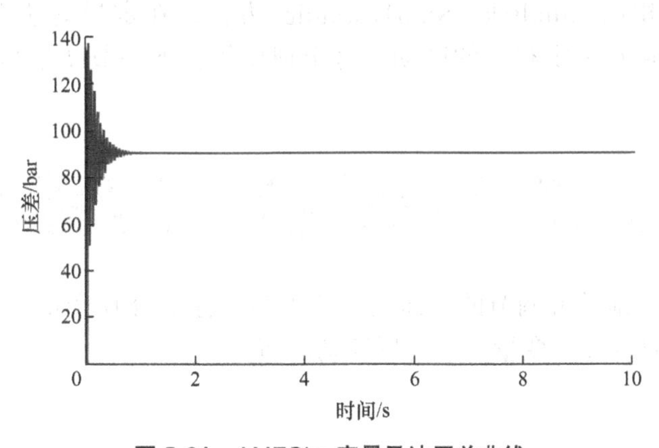

图 5-61 AMESim 定量马达压差曲线

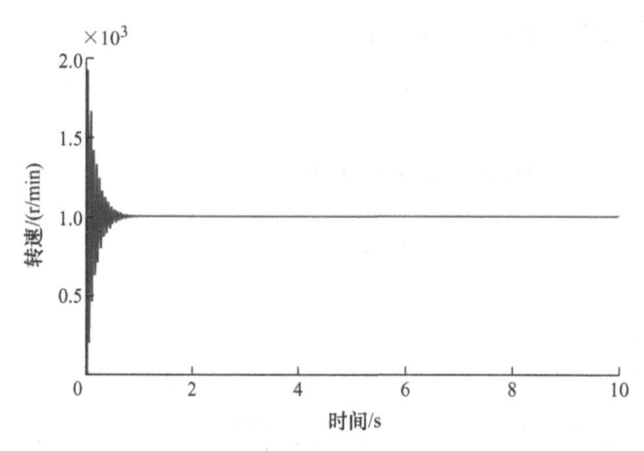

图 5-62 AMESim 定量马达转速曲线

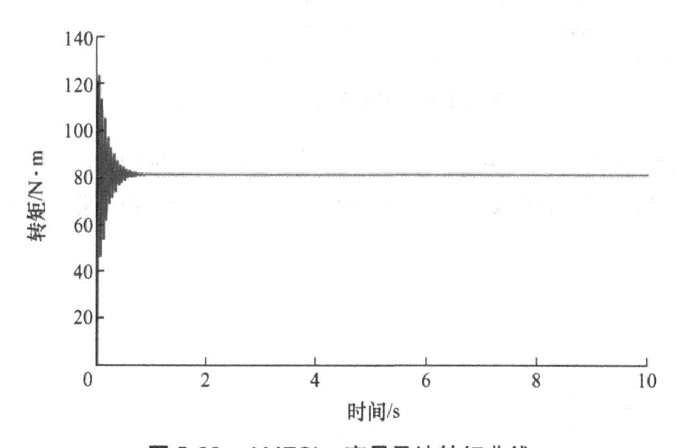

图 5-63 AMESim 定量马达转矩曲线

在 Simulink 方法中，定量马达输出转矩和负载转矩相同，SimHydraulics、AMESim 两种方法中除了外负载转矩，还考虑了惯性、黏性、摩擦转矩，更符合真实工况。图 5-43 ～图 5-46、图 5-52 ～图 5-55、图 5-60 ～图 5-63 表明：由于考虑了惯性负载、黏性负载，SimHydraulics、AMESim 两种方法相比 Simulink 方法，定量马达压差、转速、转矩数值更大。

AMESim 方法相比 Simulink、SimHydraulics 方法，在定量马达启动的瞬间，流量、压差、转速、转矩存在一定程度的脉动，这个现象将在下一节变量马达建模仿真中详细分析。

5.4 变量马达

与变量泵类似，排量可调节的液压马达为变量马达。叶片变量马达结构如图 5-64 所示，扫描右侧二维码可查看变量马达的拆卸动画演示。

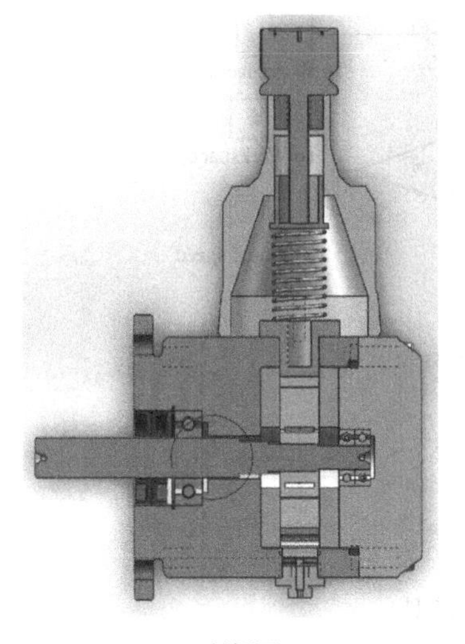

a) 剖视图

b) 外形图

图 5-64　变量马达结构

5.4.1　数学模型

变量马达与定量马达工作原理基本一致，主要区别是式（5-6）、式（5-7）中的排量是可变的。

5.4.2　仿真参数

假设某变量马达主要仿真参数见表 5-4。

表 5-4　变量马达主要仿真参数

参数	数值
额定排量	56.4cc/rev
额定转速	2000r/min
外负载转矩	40N·m
摩擦转矩	40N·m
转动惯量	0.001kg·m^2
黏性阻尼系数	0.01N·m/（rad/s）

5.4.3　Simulink 仿真

根据式（5-6）和式（5-7），该变量马达 Simulink 仿真模型如图 5-65 所示。

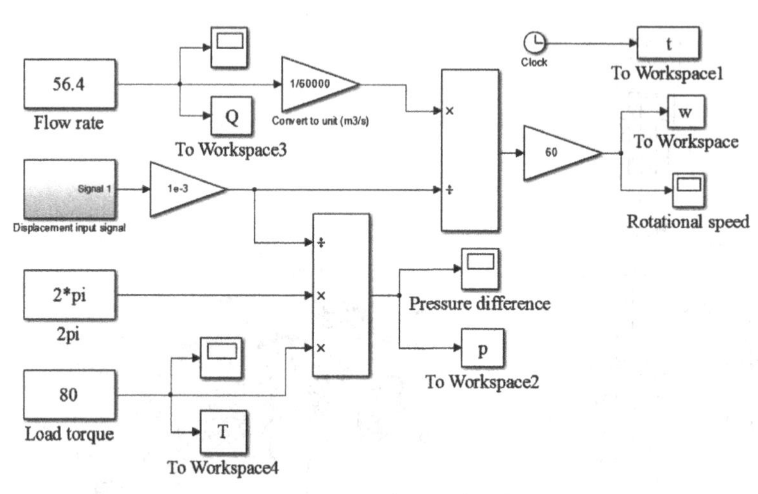

图 5-65 Simulink 变量马达仿真模型

仿真运行时间设定为 6s，变量马达排量曲线如图 5-66 所示，变量马达流量曲线如图 5-67 所示，变量马达压差曲线如图 5-68 所示，变量马达转速曲线如图 5-69 所示，变量马达转矩曲线如图 5-70 所示。

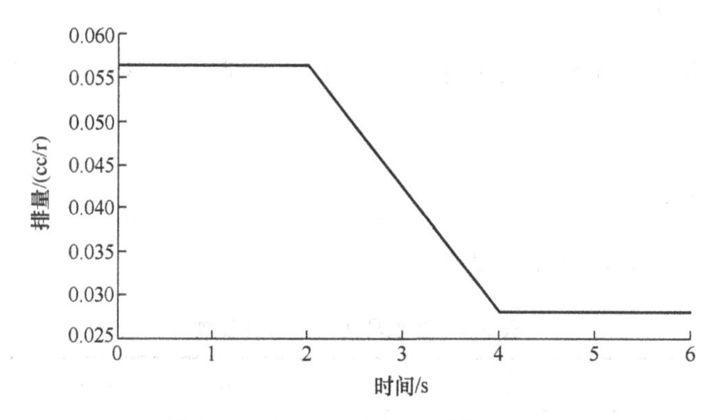

图 5-66 Simulink 变量马达排量曲线

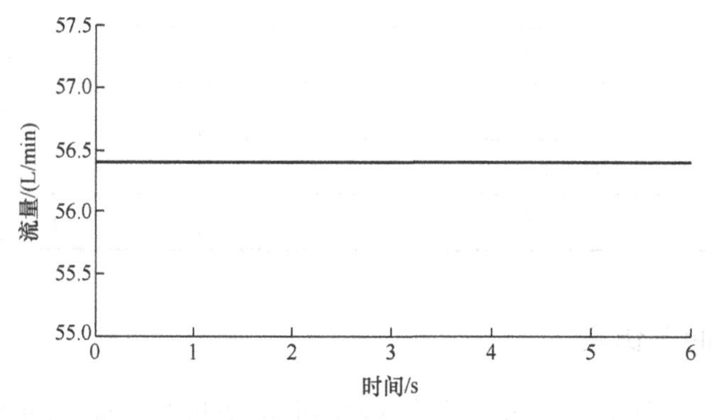

图 5-67 Simulink 变量马达流量曲线

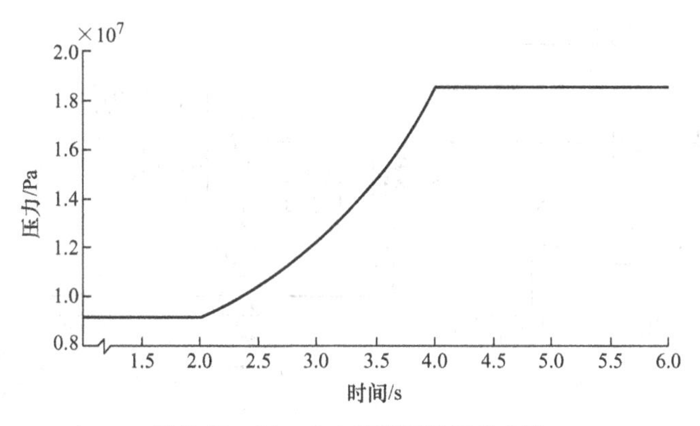

图 5-68　Simulink 变量马达压差曲线

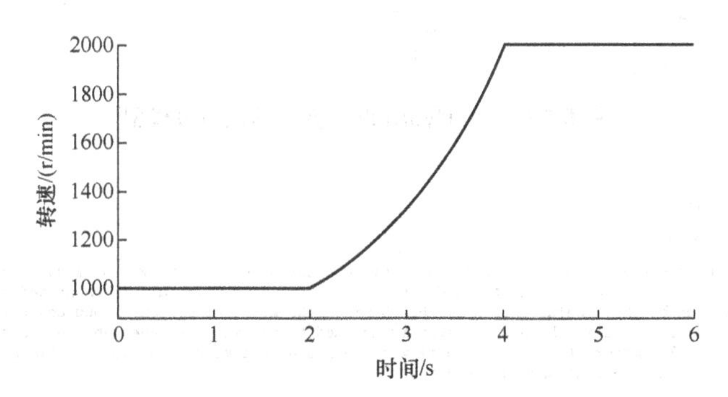

图 5-69　Simulink 变量马达转速曲线

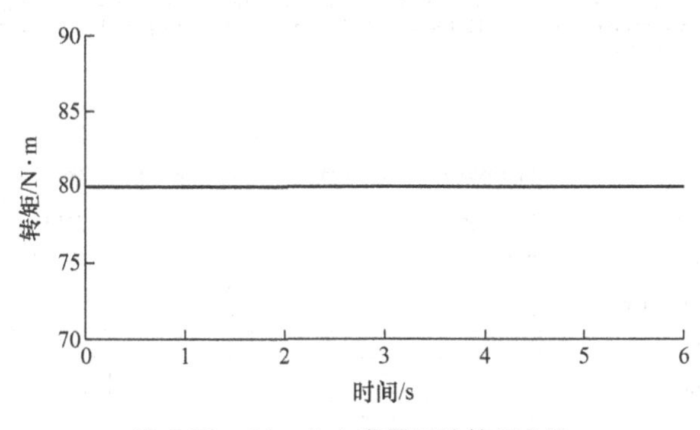

图 5-70　Simulink 变量马达转矩曲线

5.4.4　SimHydraulics 仿真

该变量马达 SimHydraulics 仿真模型如图 5-71 所示。

变量马达与定量马达仿真模型中的压力源、负载等仿真条件一致，变量马达（Simscape\SimHydraulics\Pumps and Motors\Variable-Displacement）参数设置如图 5-72 所示。

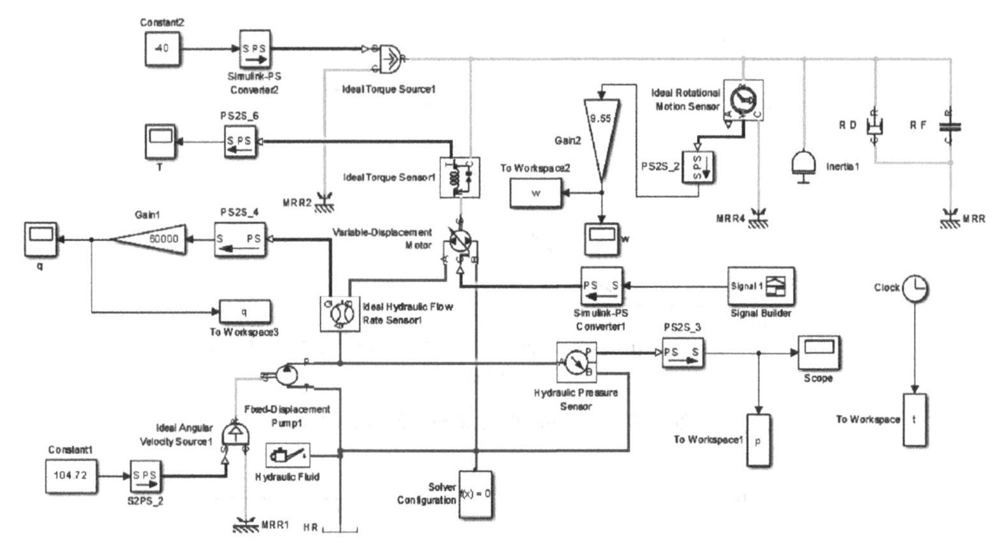

图 5-71　SimHydraulics 变量马达仿真模型

Block Parameters: Variable-Displacement Motor

Variable-Displacement Motor

This block represents a variable-displacement bidirectional motor of any type as a data sheet-based model. The model can be parameterized either by the motor maximum displacement and control member stroke, or by the tabulated relationship between the motor displacement and control member position. In the first case, the displacement is assumed to be linearly dependent on control member position. The motor efficiency is determined based on volumetric and total efficiencies, nominal pressure, and nominal angular velocity.

Connections A and B are hydraulic conserving ports associated with the motor inlet and outlet, respectively. Connection S is a mechanical rotational conserving port associated with the motor driving shaft. Connection C is a physical signal port that controls motor displacement. The block positive direction is from port A to port B. This means that the motor rotates its shaft in the globally assigned positive direction if the fluid flows from port A to port B and a positive signal is applied to port C.

Settings

Parameters

Displacement specification:	By maximum displacement and control member stroke	
Maximum displacement:	8.97634e-6	m^3/rad
Maximum stroke:	0.005	m
Volumetric efficiency:	1	
Total efficiency:	1	
Nominal pressure:	1e7	Pa
Nominal angular velocity:	188	rad/s
Nominal kinematic viscosity:	18000	cSt
Nominal fluid density:	850	kg/m^3

OK　Cancel　Help　Apply

图 5-72　变量马达参数设置

仿真运行时间设定为 6s，变量马达控制输入信号曲线如图 5-73 所示，变量马达流量曲线如图 5-74 所示，变量马达压差曲线如图 5-75 所示，变量马达转速曲线如图 5-76 所示，变量马达转矩曲线如图 5-77 所示。

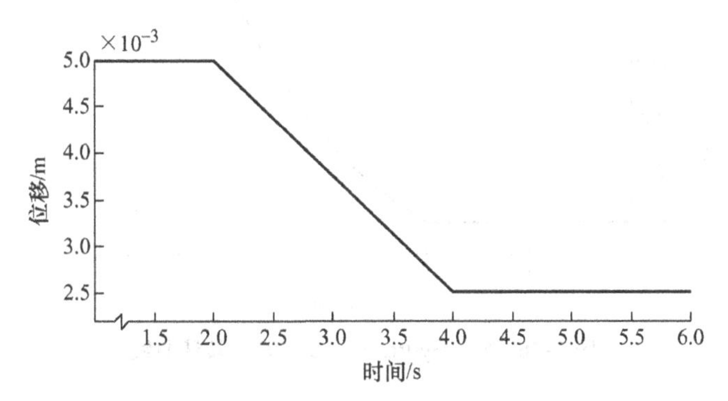

图 5-73　SimHydraulics 变量马达控制输入信号曲线

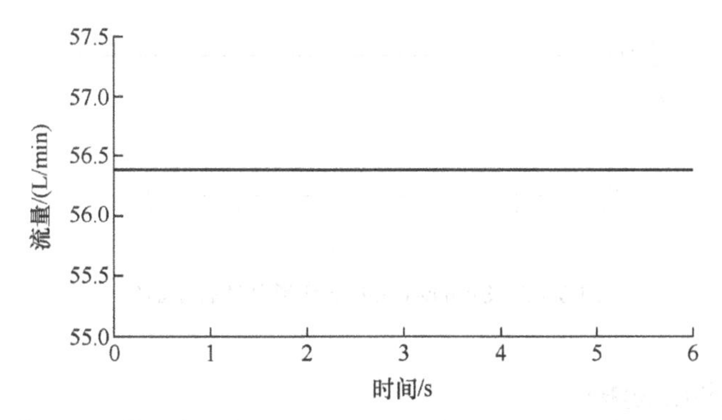

图 5-74　SimHydraulics 变量马达流量曲线

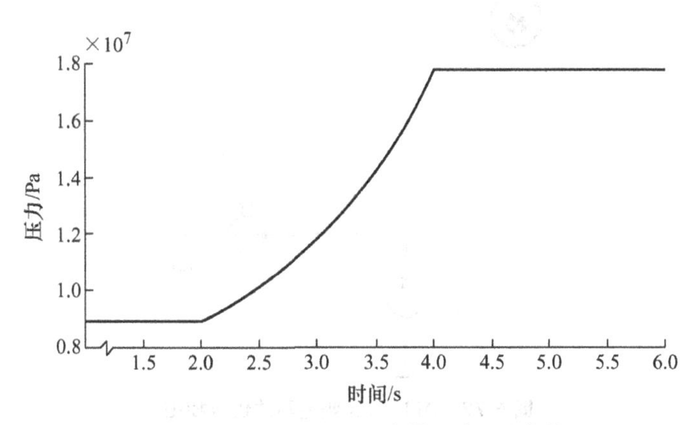

图 5-75　SimHydraulics 变量马达压差曲线

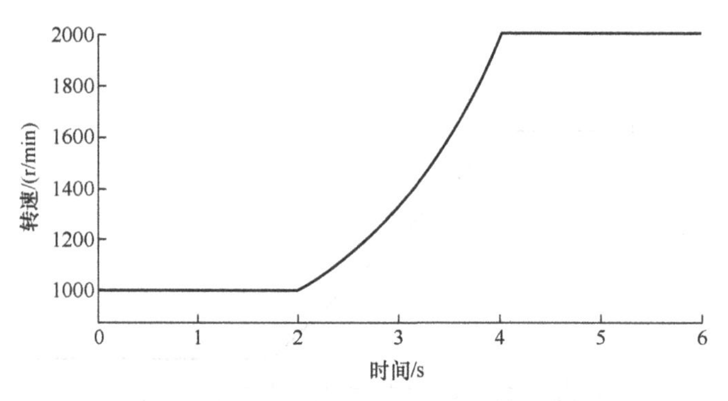

图 5-76 SimHydraulics 变量马达转速曲线

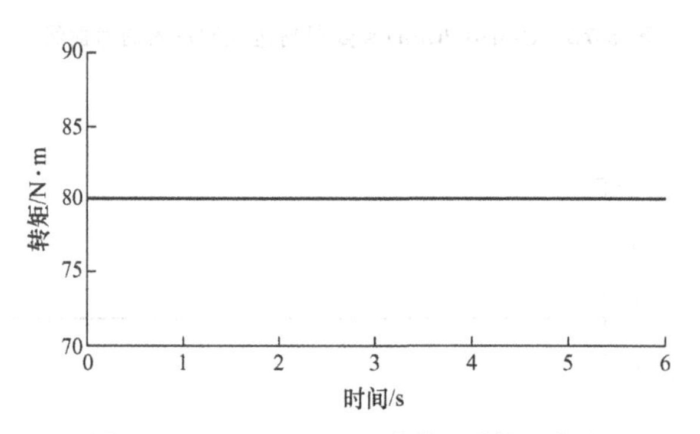

图 5-77 SimHydraulics 变量马达转矩曲线

5.4.5 AMESim 建模

该变量马达 AMESim 仿真模型如图 5-78 所示。

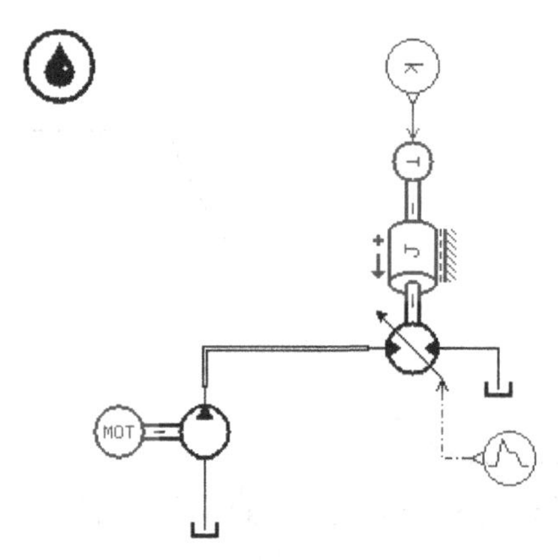

图 5-78 AMESim 变量马达仿真模型

与 SimHydraulics 仿真模型一样，变量马达（Hydraulic\Pumps，Motors\motor4）与定量马达 AMESim 仿真模型中的压力源、负载等仿真条件一致，变量马达参数设置如图 5-79 所示。

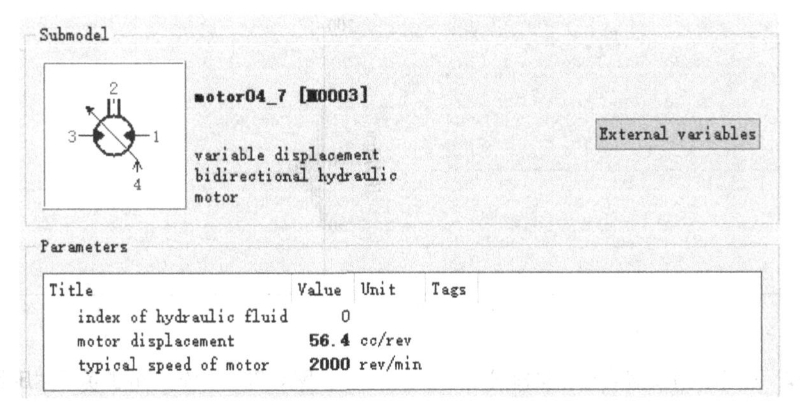

图 5-79　变量马达参数设置

变量马达控制输入信号参数设置如图 5-80 所示。

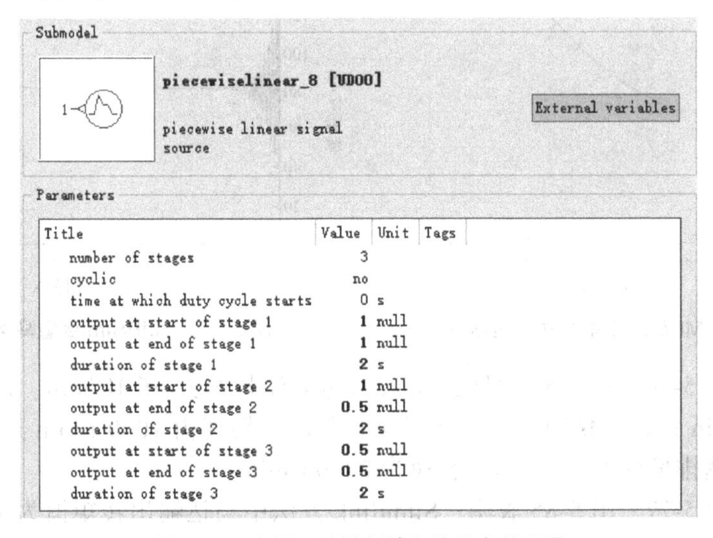

图 5-80　变量马达控制输入信号参数设置

仿真运行时间设定为 6s，变量马达控制输入信号曲线如图 5-81 所示，变量马达流量曲线如图 5-82 所示，变量马达压差曲线如图 5-83 所示，变量马达转速曲线如图 5-84 所示，变量马达转矩曲线如图 5-85 所示。

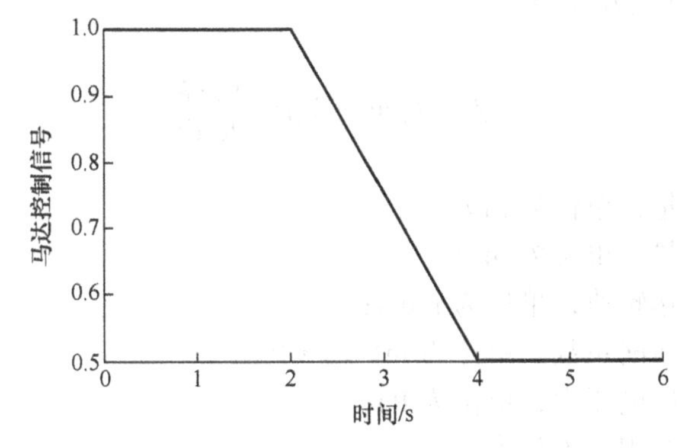

图 5-81　AMESim 变量马达控制输入信号曲线

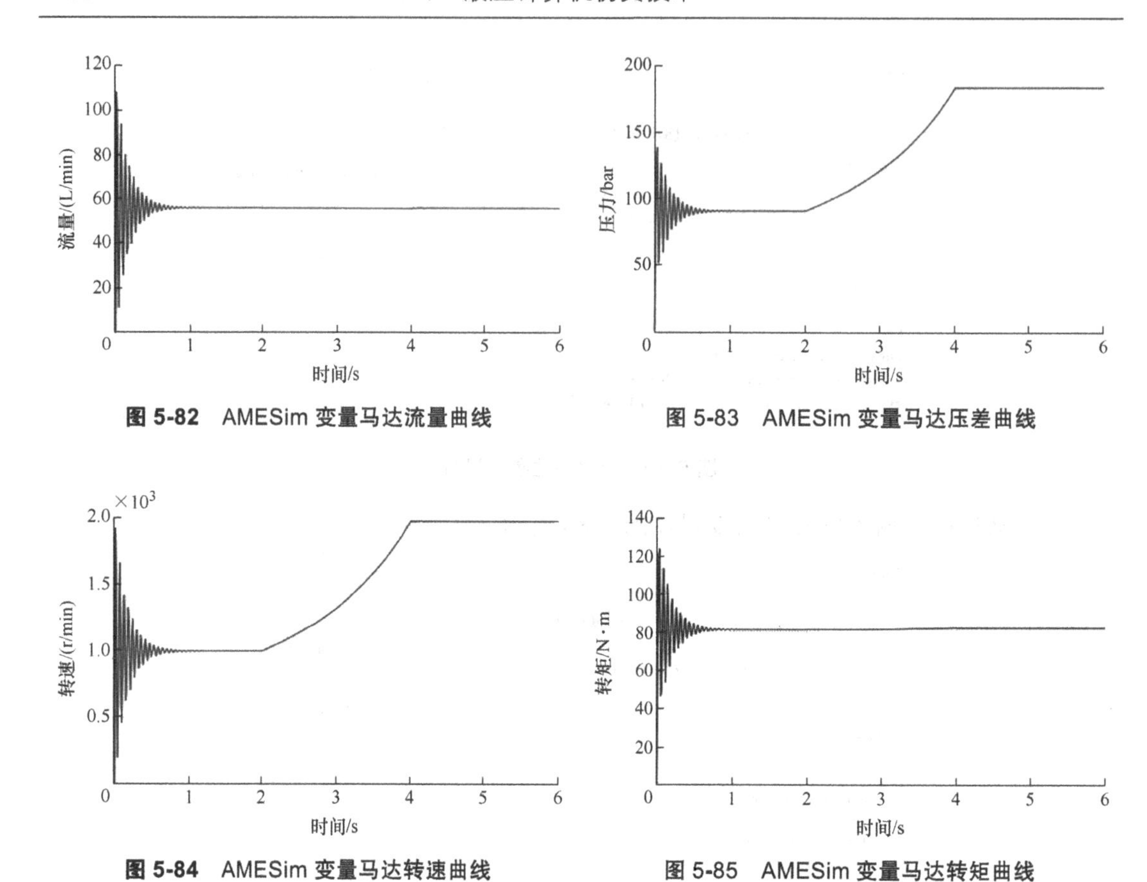

图 5-82 AMESim 变量马达流量曲线

图 5-83 AMESim 变量马达压差曲线

图 5-84 AMESim 变量马达转速曲线

图 5-85 AMESim 变量马达转矩曲线

图 5-69、图 5-76、图 5-84 表明：输入马达的流量恒为 56.4L/min，1 ～ 2s 时，马达转速为 1000r/min；2 ～ 4s 时，马达排量逐渐下降，转速由 1000 r/min 升到 2000 r/min；4 ～ 6s 时，马达排量约为 28.2cc/r，转速为 2000 r/min。

图 5-70、图 5-77、图 5-85 表明：Simulink 方法中马达输出转矩恒为给定的负载转矩 80N • m，偏理想化；在 SimHydraulics、AMESim 两种方法中，由于惯性负载、黏性负载的作用，变量马达数值要比 Simulink 方法略大。

上述 Simulink 方法都是以时域内的静态方程来建模仿真的，下面以变量马达在复域内的传递函数进行建模仿真。

变量马达流量连续性方程为

$$Q_{\mathrm{m}} = V_{\mathrm{m}}\omega_{\mathrm{m}} + C_{\mathrm{t}}p + \frac{V_0}{K}\frac{\mathrm{d}p}{\mathrm{d}t} \tag{5-8}$$

式中 Q_{m}——马达流量，单位为 $\mathrm{m^3/s}$；

V_{m}——马达排量，单位为 $\mathrm{m^3/rad}$；

ω_{m}——变量马达转速，单位为 rad/s；

C_{t}——回路总泄漏系数，单位为 $\mathrm{m^3}$/（s • Pa)；

p——回路高压侧压力，单位为 Pa；

V_0——回路总容积，单位为 $\mathrm{m^3}$；

K ——油液的有效体积弹性模量，单位为 $\mathrm{N \cdot m^{-2}}$。

拉氏变换后得

$$Q_{\mathrm{m}} = V_{\mathrm{m}}\omega_{\mathrm{m}}(s) + C_{\mathrm{t}}p(s) + \frac{V_0}{K}p(s)s \tag{5-9}$$

变量马达力矩平衡方程为

$$V_{\mathrm{m}}p = J_{\mathrm{m}}\frac{\mathrm{d}\omega_{\mathrm{m}}}{\mathrm{d}t} + B_{\mathrm{m}}\omega_{\mathrm{m}} + T_{\mathrm{L}} \tag{5-10}$$

式中　J_{m}——液压马达轴上的等效转动惯量，单位为 $\mathrm{kg \cdot m^2}$；

B_{m}——黏性阻尼系数，单位为 $\mathrm{N \cdot s/m}$；

T_{L}——外负载转矩，单位为 $\mathrm{N \cdot m}$。

拉氏变换后得

$$V_{\mathrm{m}}p(s) = J_{\mathrm{M}}s\omega_{\mathrm{m}}(s) + B_{\mathrm{m}}\omega_{\mathrm{m}}(s) + T_{\mathrm{L}}(s) \tag{5-11}$$

联立式（5-9）、式（5-11）得变量马达框图，如图 5-86 所示。

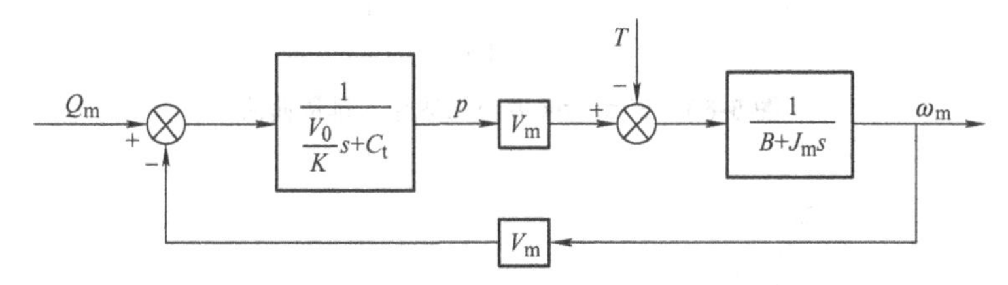

图 5-86　变量马达框图

变量马达主要仿真参数见表 5-5。

表 5-5　变量马达主要仿真参数

参数	数值
外负载转矩 T	$80\mathrm{N \cdot m}$
额定流量	56.4L/min
等效转动惯量 J_{m}	$0.001\mathrm{kg \cdot m^2}$
黏性阻尼系数 B	$0.01\mathrm{N \cdot s/m}$
回路总泄漏系数 C_{t}	$1 \times 10^{-13}\mathrm{m^3/(s \cdot Pa)}$
有效体积弹性模量 K	$7 \times 10^8\mathrm{N \cdot m^{-2}}$
回路总容积 V_0	$9.1 \times 10^{-4}\mathrm{m^3}$

Simulink 变量马达传递函数仿真模型如图 5-87 所示。

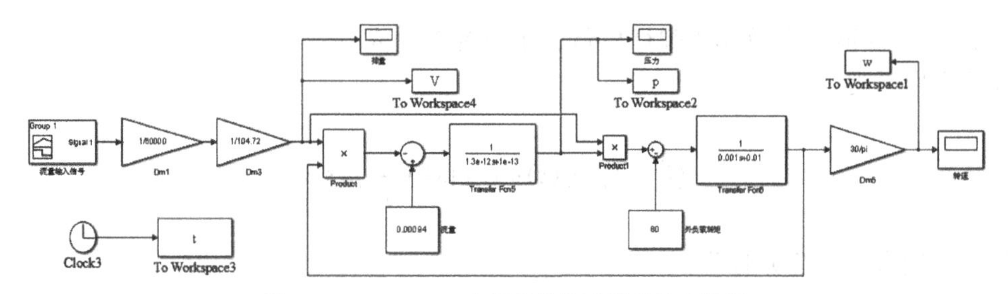

图 5-87　Simulink 变量马达传递函数仿真模型

仿真运行时间设定为 6s，变量马达输入排量曲线如图 5-88 所示，变量马达进出口压差曲线如图 5-89 所示，变量马达转速曲线如图 5-90 所示。

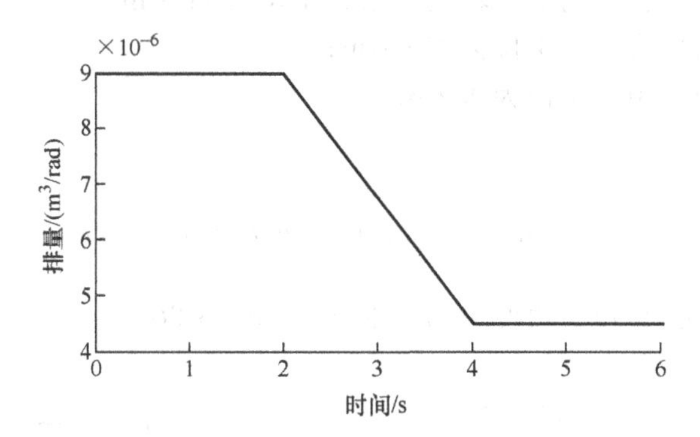

图 5-88　Simulink 变量马达输入排量曲线

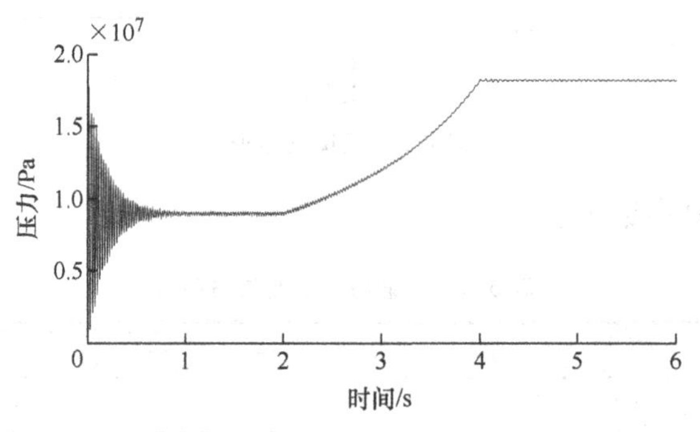

图 5-89　Simulink 变量马达进出口压差曲线

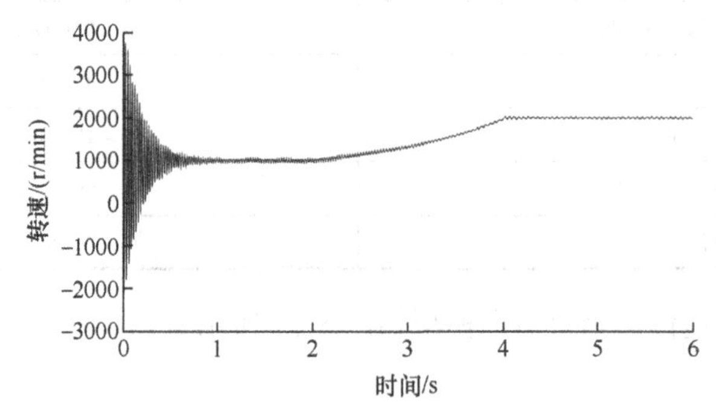

图 5-90　Simulink 变量马达转速曲线

图 5-83、图 5-84、图 5-89、图 5-90 表明：变量马达 Simulink 传递函数仿真和 AMESim 仿真基本一致。和定量马达仿真类似，变量马达在启动瞬间，流量、压差、转速、转矩存在一定程度的脉动。这是因为 Simulink 传递函数仿真和 AMESim 仿真中，马达的启动工况是转速、压力均由 0 上升到设定值的，转速变化较大，而 SimHydraulics 仿真模型中，转速是由设定值开始启动仿真的，转速变化较小。

另外，当系统达到稳态时，转速为 1000r/min（104rad/s），转速的加速度为 0，由式（5-10）可知，马达此时输出转矩为

$$V_{\mathrm{m}}p = (0.01 \times 104 + 80)\mathrm{N \cdot m} = 81.04\mathrm{N \cdot m}$$

转速为 2000r/min（188rad/s）时，转速的加速度为 0，由式（5-10）可知，马达此时输出转矩为

$$V_{\mathrm{m}}p = (0.01 \times 188 + 80)\mathrm{N \cdot m} = 81.88\mathrm{N \cdot m}$$

习　题

1. 熟悉和掌握 SimHydraulics 液压泵和马达元件库。
2. 熟悉和掌握 AMESim 液压泵和马达元件库。

第 6 章 液压辅件建模仿真

液压系统辅件包括蓄能器、滤油器、密封件、油箱、热交换器、管路等。这些元件从液压传动的工作原理来看是起辅助作用的，但它们对液压元件和系统的正常工作、工作效率、使用寿命等影响极大。

6.1 蓄能器

蓄能器是液压系统中的一种能量储存装置，能够将系统中的能量转变为压缩能或位能储存起来，当系统需要时，又将压缩能或位能转变为液压能释放出来，重新补供给系统。气囊式蓄能器结构如图 6-1 所示，扫描右侧二维码可查看气囊式蓄能器的拆卸动画演示。

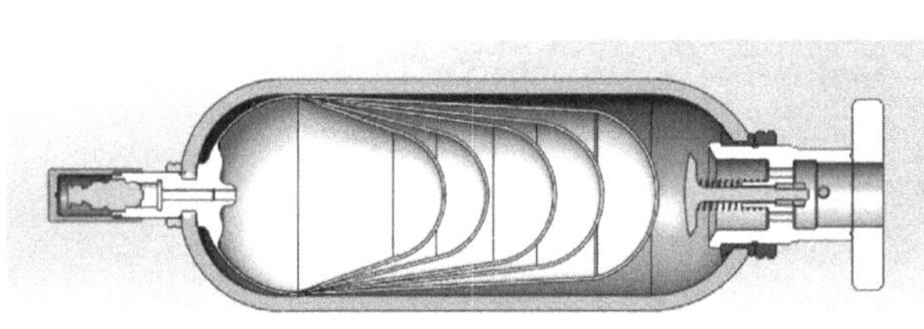

a) 剖视图

b) 外形图

图 6-1　气囊式蓄能器结构

6.1.1　数学模型

对于蓄能器，根据气体定律有

$$p_0V_0^{1.4}=p_1V_1^{1.4}=p_2V_2^{1.4}=\text{const} \tag{6-1}$$

式中　p_0、p_1、p_2——气囊式蓄能器的气体压力，单位为 Pa；

V_0、V_1、V_2——对应压力值为 p_0、p_1、p_2 时的气体体积，单位为 m^3。

6.1.2　仿真参数

假设某气囊式蓄能器主要仿真参数见表 6-1。

表 6-1　气囊式蓄能器主要仿真参数

参数	数值
初始充气压力 p_0	1×10^6Pa
初始容积 V_0	8L

6.1.3　Simulink 仿真

根据式（6-1），该蓄能器 Simulink 仿真模型如图 6-2 所示。

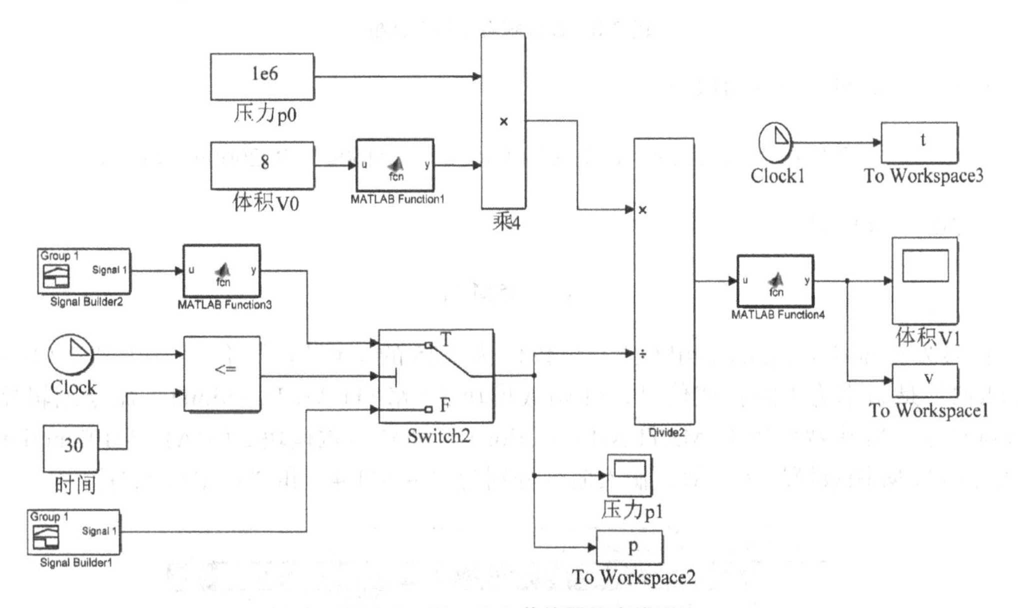

图 6-2　Simulink 蓄能器仿真模型

仿真时间设定为 40s，蓄能器工作压力通过二次型拟合方法得到：“t1”为时间采样值，“p1”为工作压力采样值，在 MATLAB 命令窗口输入如下指令。

```
>> t1=[0,2,5,7,10,12,15,18,20,23,25,30];
p1=[1*10^6,1.27*10^6,1.85*10^6,2.41*10^6,3.54*10^6,4.44*10^6,
5.73*10^6,6.6*10^6,6.95*10^6,7.21*10^6,7.28*10^6,7.35*10^6];
>> cftool
```

打开 MATLAB 曲线拟合工具对话框，结果如图 6-3 所示。

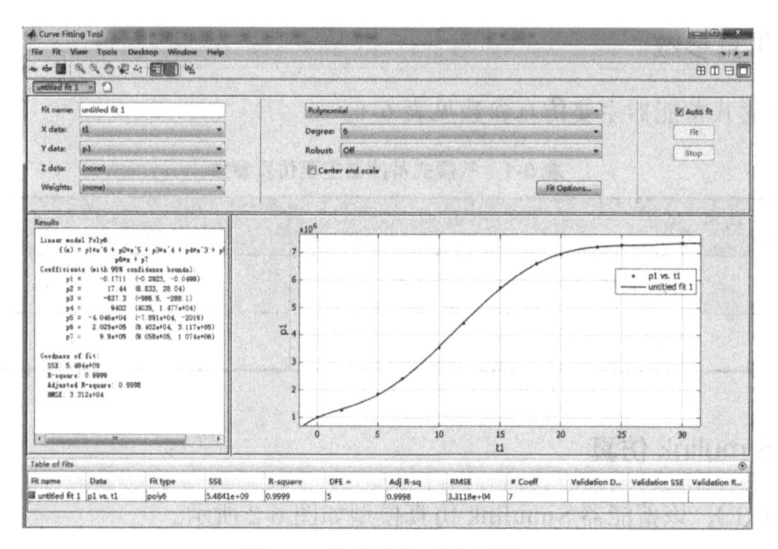

图 6-3 曲线拟合工具对话框

在 0 ～ 30s 间，拟合函数为

$$y = -0.1711u^6 + 17.44u^5 - 637.3u^4 + 9402u^3 - 40460u^2 + 202900u + 990000 \qquad (6\text{-}2)$$

在 30s ～ 40s 间

$$y=7.35\text{MPa}$$

信号发生器 1（Signal Builder1）是数值为 7.35 的恒值信号，信号发生器 2（Signal Builder2）是斜率为 1 的斜坡信号，M 函数模块 3（MATLAB Function3）命令编辑器如图 6-4 所示。M 函数模块 1（MATLAB Function1）和 M 函数模块 2（MATLAB Function2）输入界面与 M 函数模块 3 类似，输入命令分别为“y=u^1.4”和“y=u^(1/1.4)”。

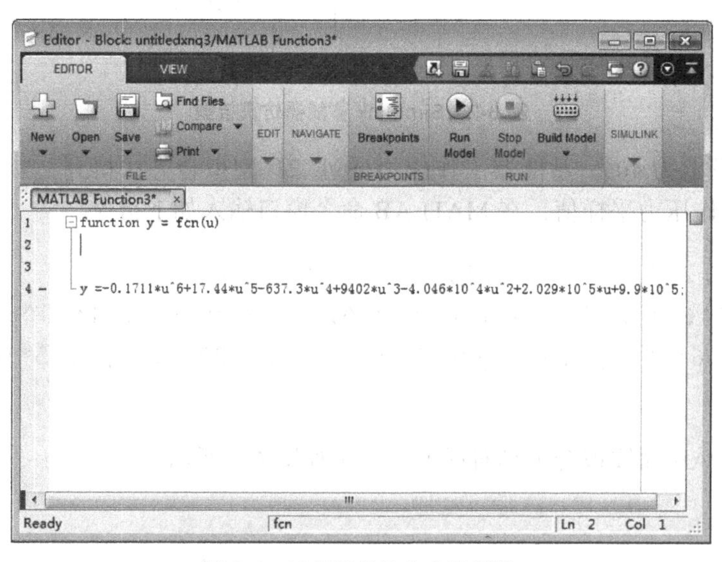

图 6-4 M 函数模块命令编辑器

仿真时间设定为 40s，运行得到蓄能器气体压力曲线如图 6-5 所示，气体体积变化曲线如图 6-6 所示，气体体积 – 压力曲线 6-7 所示。

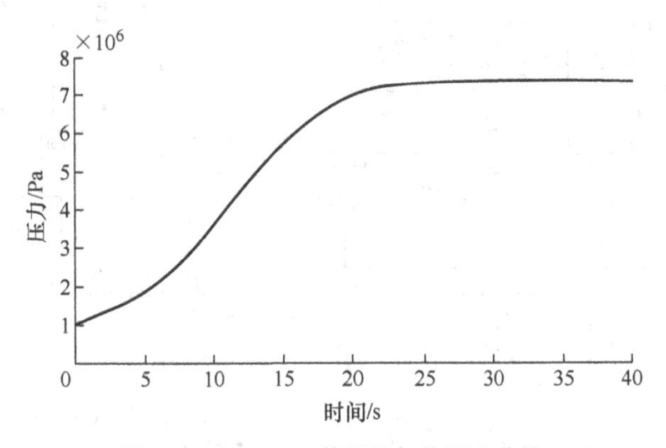

图 6-5　Simulink 蓄能器气体压力曲线

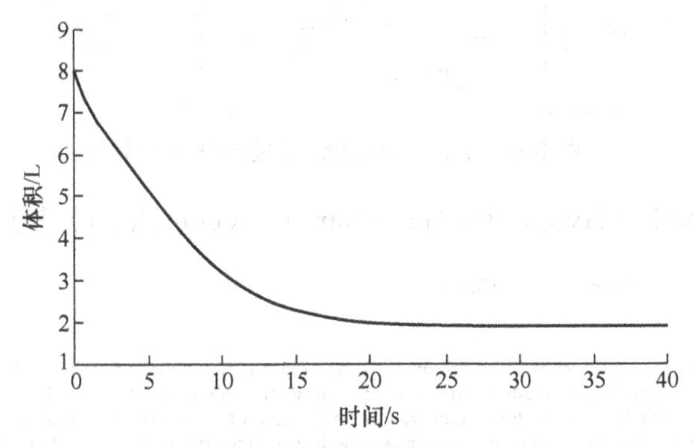

图 6-6　Simulink 蓄能器气体体积变化曲线

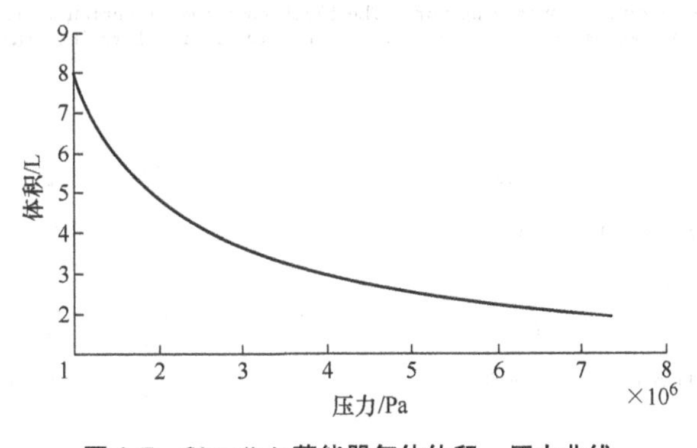

图 6-7　Simulink 蓄能器气体体积 – 压力曲线

6.1.4　SimHydraulics 仿真

该蓄能器 SimHydraulics 仿真模型如图 6-8 所示。

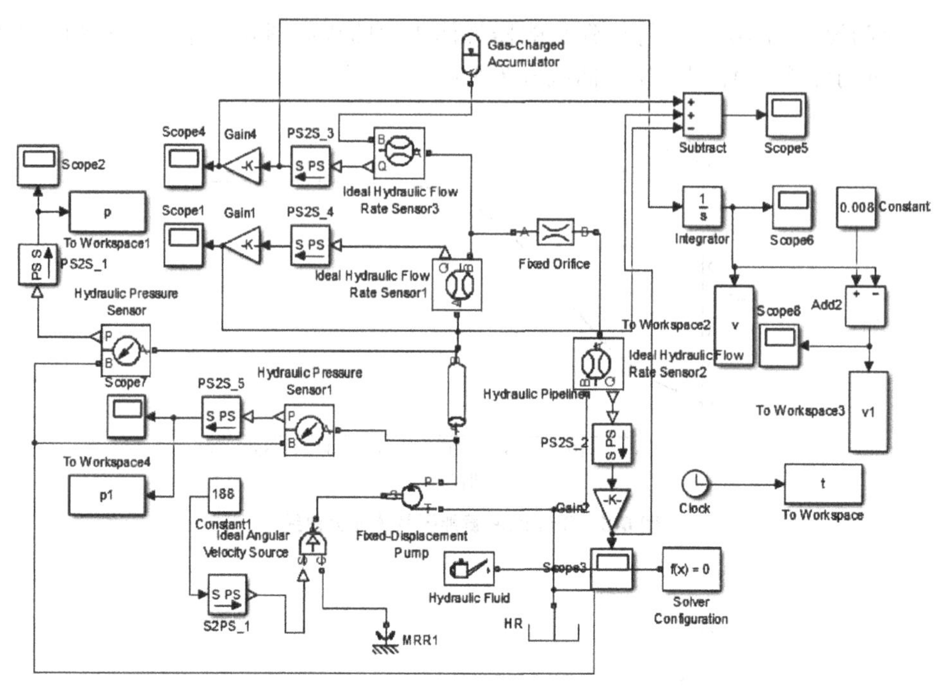

图 6-8　SimHydraulics 蓄能器仿真模型

蓄能器（Simscape\SimHydraulics\Gas-Charged Accumulator）参数设置如图 6-9 所示。

Block Parameters: Gas-Charged Accumulator

Gas-Charged Accumulator

This block represents a gas-charged accumulator as a data sheet-based model. The accumulator consists of a precharged gas chamber and a fluid chamber connected to a hydraulic system. The chambers are separated by a bladder, piston, or any kind of elastic diaphragm. As pressure at the accumulator inlet becomes higher than the precharge pressure, fluid enters the accumulator and compresses the gas, thus storing hydraulic energy. A decrease in the fluid pressure causes the gas to decompress and discharge stored fluid into the system.

The block has one hydraulic conserving port. The block positive direction is from its port into the accumulator. This means that the flow rate is positive if it flows into the accumulator.

Settings

Parameters

Capacity:	8e-3	m^3
Preload pressure (gauge):	10e5	Pa
Specific heat ratio:	1.4	
Initial volume:	0	m^3
Structural compliance:	1e-13	m^3/Pa

OK　Cancel　Help　Apply

图 6-9　蓄能器参数设置

泵出口流量等于蓄能器入口流量与固定节流孔的流量之和，固定节流口（Simscape\SimHydraulics\Orifices\Fixed Orifice）参数设置如图 6-10 所示。

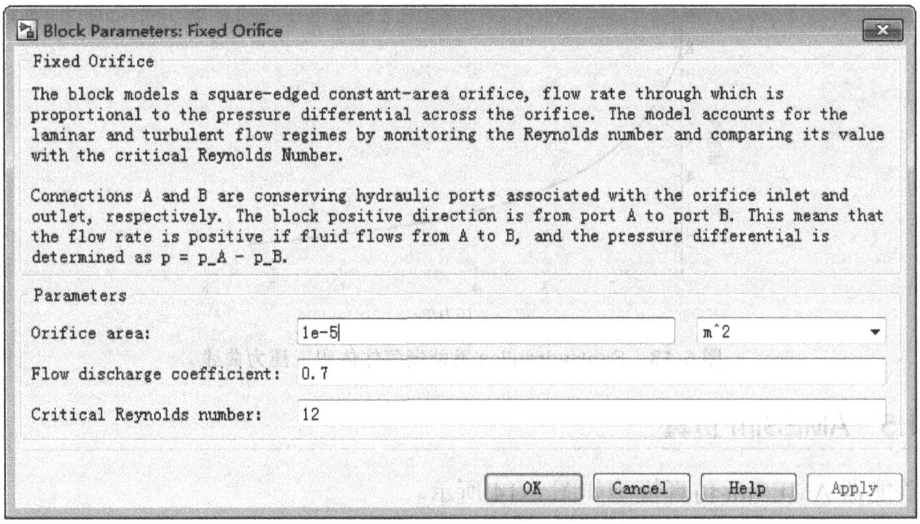

Block Parameters: Fixed Orifice

Fixed Orifice

The block models a square-edged constant-area orifice, flow rate through which is proportional to the pressure differential across the orifice. The model accounts for the laminar and turbulent flow regimes by monitoring the Reynolds number and comparing its value with the critical Reynolds Number.

Connections A and B are conserving hydraulic ports associated with the orifice inlet and outlet, respectively. The block positive direction is from port A to port B. This means that the flow rate is positive if fluid flows from A to B, and the pressure differential is determined as p = p_A - p_B.

Parameters

Orifice area: 1e-5　m^2

Flow discharge coefficient: 0.7

Critical Reynolds number: 12

OK　Cancel　Help　Apply

图 6-10　固定节流口参数设置

仿真时间设定为 40s，运行得到蓄能器气体压力曲线如图 6-11 所示，气体体积变化曲线如图 6-12 所示，气体体积 – 压力曲线如图 6-13 所示。

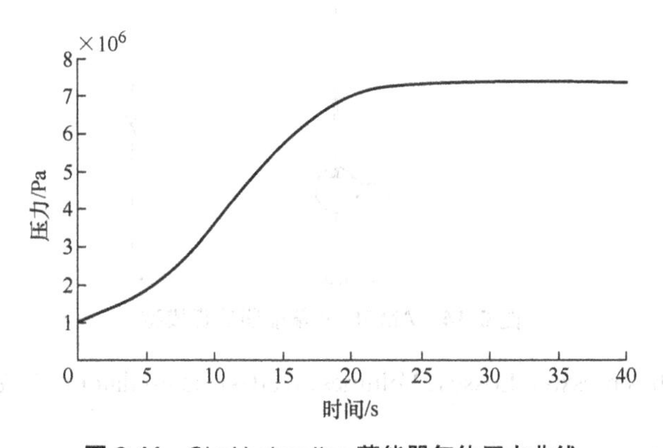

图 6-11　SimHydraulics 蓄能器气体压力曲线

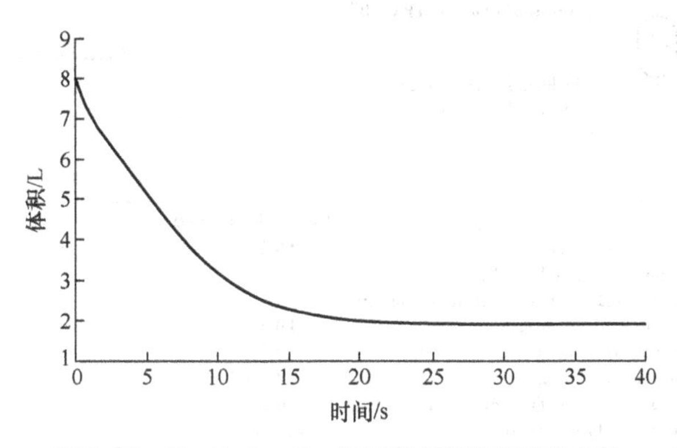

图 6-12　SimHydraulics 蓄能器气体体积变化曲线

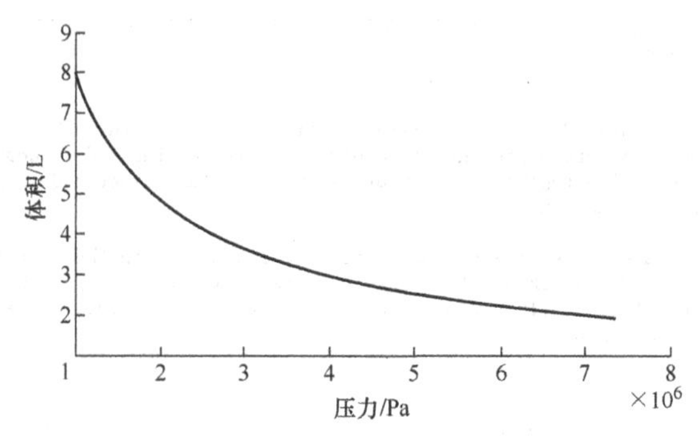

图 6-13　SimHydraulics 蓄能器气体体积－压力曲线

6.1.5　AMESim 仿真

该蓄能器 AMESim 仿真模型如图 6-14 所示。

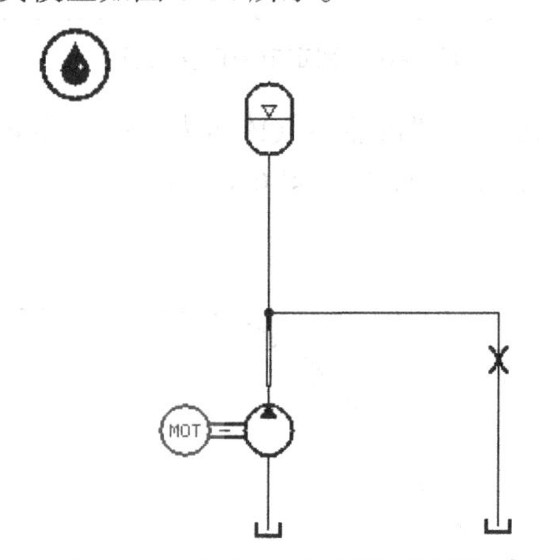

图 6-14　AMESim 蓄能器仿真模型

蓄能器（Hydraulics\pressure Losses, Volumes, Nodes\accumulator）参数设置如图 6-15 所示。

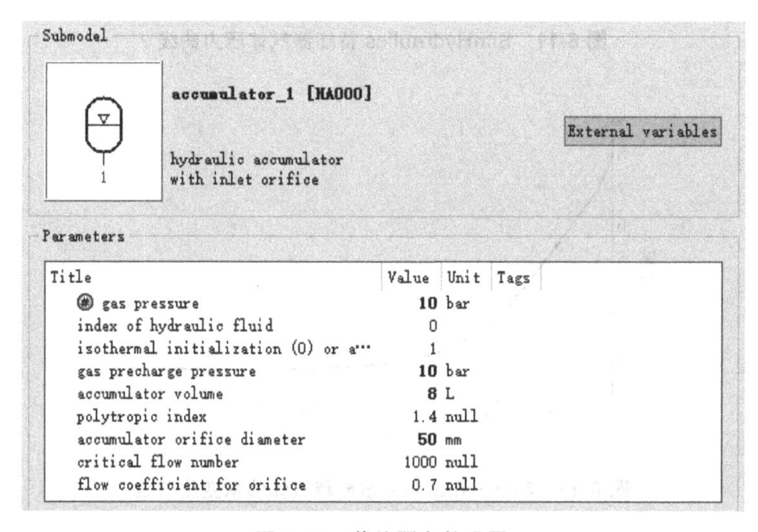
Submodel

accumulator_1 [HA000]

hydraulic accumulator
with inlet orifice

External variables

Parameters

Title	Value	Unit	Tags
gas pressure	10	bar	
index of hydraulic fluid	0		
isothermal initialization (0) or a···	1		
gas precharge pressure	10	bar	
accumulator volume	8	L	
polytropic index	1.4	null	
accumulator orifice diameter	50	mm	
critical flow number	1000	null	
flow coefficient for orifice	0.7	null	

图 6-15　蓄能器参数设置

节流口（Hydraulic\pressure Losses，Volumes，Nodes\flowcontrol01）参数设置如图 6-16 所示。

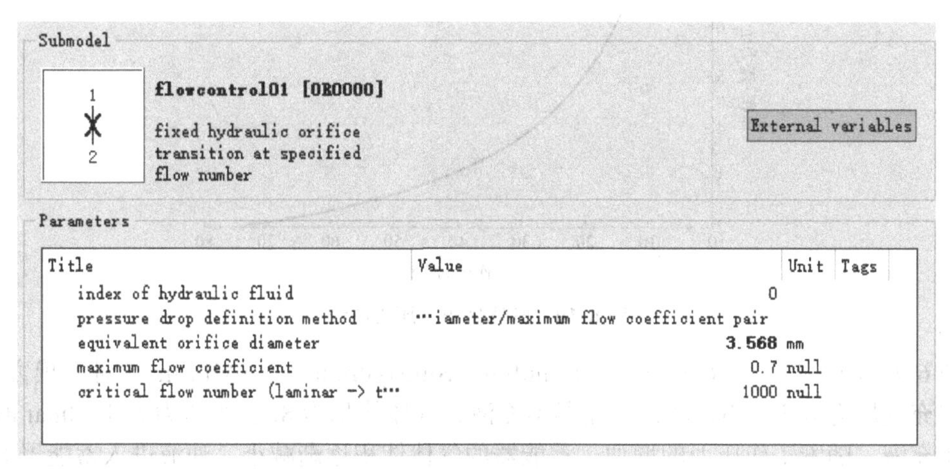

图 6-16　节流口参数设置

仿真时间设定为 40s，运行得到蓄能器气体压力曲线如图 6-17 所示，气体体积变化曲线如图 6-18 所示，气体体积 - 压力曲线 6-19 所示。

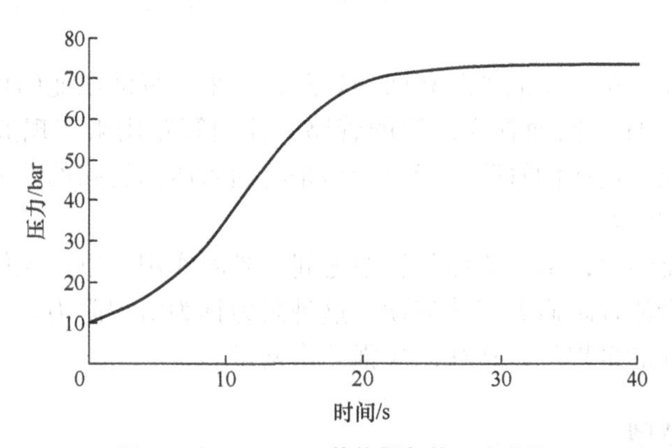

图 6-17　AMESim 蓄能器气体压力曲线

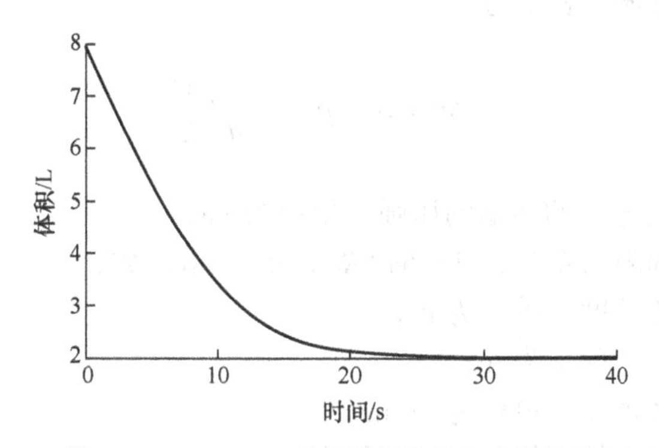

图 6-18　AMESim 蓄能器气体体积变化曲线

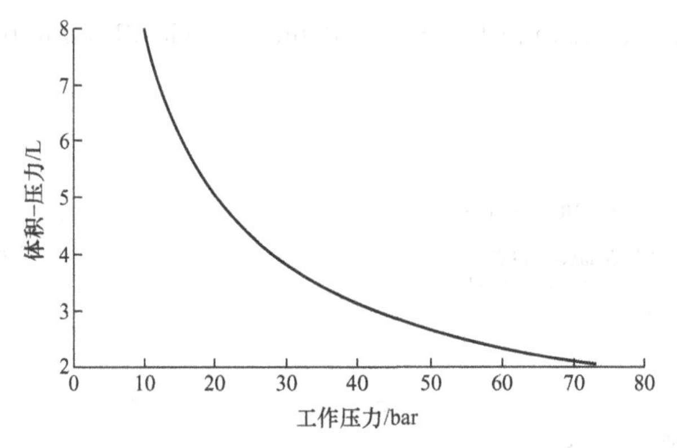

图 6-19 气体体积 - 压力曲线

图 6-7、图 6-13、图 6-19 表明：Simulink、SimHydraulics、AMESim 三种建模方法下，蓄能器充气压力低于 10bar 时，蓄能器不充液，气体体积为 8L；当压力大于 10bar 时蓄能器开始充液，随着工作压力的增加，蓄能器的气体体积逐渐减小，油液进入蓄能器的体积增加；当工作压力达到 75bar 时，蓄能器的气体体积为 2L。

6.2 管路

主管路包括吸油管路、压油管路和回油管路，用来实现液压能的传递。泄油管路是将液压元件的泄漏油液导入回油管或油箱的管路。控制管路用来实现液压元件的控制或调节，也包括与检测仪表连接的管路。旁道管路是将通入压油管路的部分或全部压力油通过旁路直接引回油箱的管路。

流体在管道中流动时，由于流体与管壁之间有黏附作用，以及流体质点与流体质点之间存在内摩擦力，沿流程阻碍着流体流动，这种阻力称为沿程阻力。为克服沿程阻力而损耗的机械能称为沿程能量损失，往往以压强差来衡量。

6.2.1 数学模型

圆形管路沿程压强损失表示为

$$\Delta p = p_1 - p_2 = \lambda \frac{L}{d}\frac{\rho v^2}{2} \tag{6-3}$$

式中 p_1、p_2 ——管长为 L 的两端的压强，单位为 Pa；

λ ——沿程阻力系数，$\lambda = 64 / Re$，Re 为雷诺数；

L ——管道长度，单位为 m；

d ——管径，单位为 m；

ρ ——油液密度，单位为 kg/m³；

v ——管路中的平均速度，单位为 m/s。

6.2.2　仿真参数

假设某管路主要仿真参数见表 6-2。

表 6-2　管路主要仿真参数

参数	数值
雷诺数 *Re*	935.76
管道长度 *L*	1m
管径 *d*	0.01m
油液密度 ρ	855.11kg/m^3
管路中的平均速度 *v*	12m/s

6.2.3　Simulink 仿真

根据式（6-3），该管路 Simulink 仿真模型如图 6-20 所示。

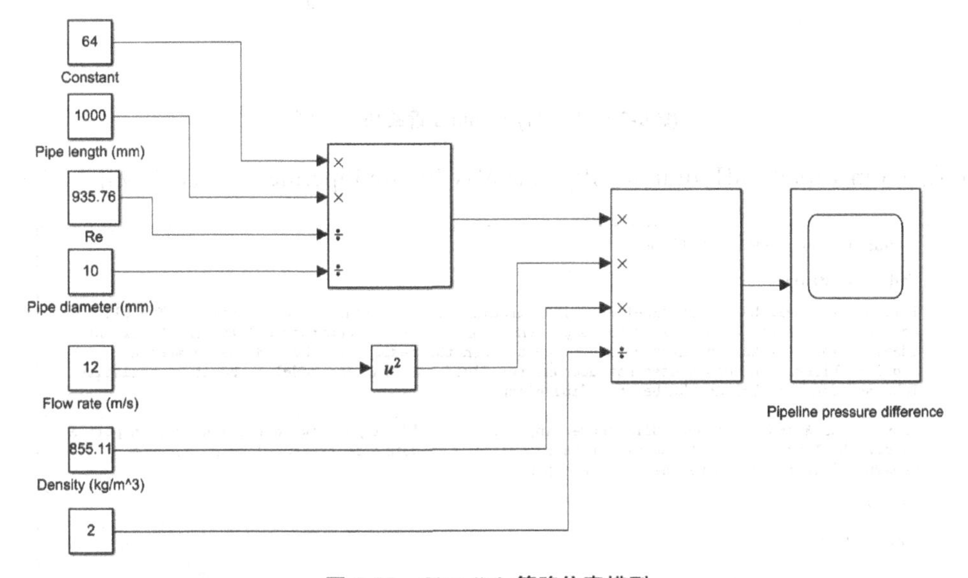

图 6-20　Simulink 管路仿真模型

仿真运行时间设定为 6s，管路压差曲线如图 6-21 所示。

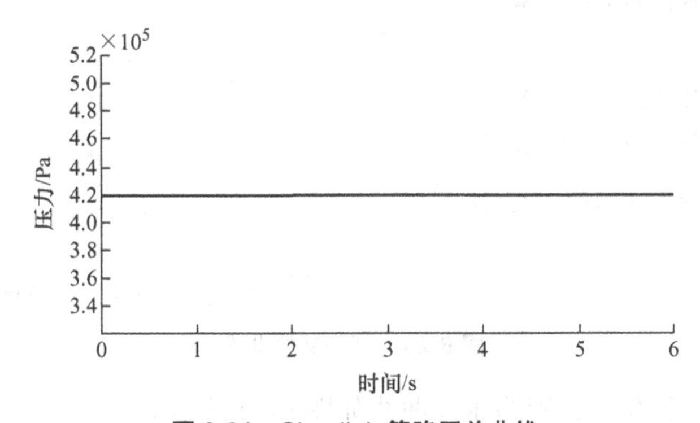

图 6-21　Simulink 管路压差曲线

6.2.4 Simhydraulics 仿真

该管路 SimHydraulics 仿真模型如图 6-22 所示。

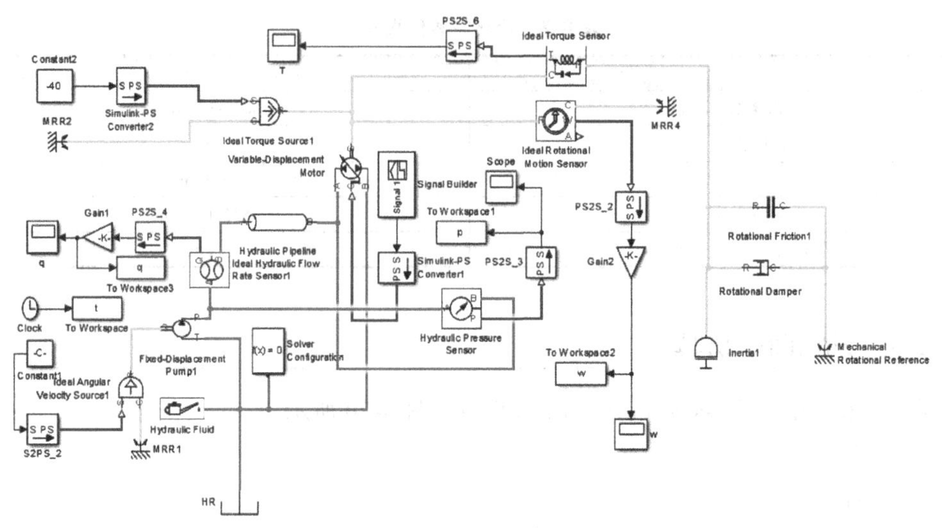

图 6-22 SimHydraulics 管路仿真模型

管路（Simscape\SimHydraulics\Pipelines\Hydraulic Pipeline）参数设置如图 6-23 所示。

Block Parameters: Hydraulic Pipeline

Hydraulic Pipeline

This block models hydraulic pipelines with circular and noncircular cross sections. The block accounts for friction loss along the pipe length and for fluid compressibility, and by extent of idealization it takes an intermediate place between the Resistive Tube and the Segmented Pipeline blocks. The block does not account for fluid inertia. The model is built of Resistive Tube and Constant Volume Chamber building blocks.

Connections A and B are hydraulic conserving ports. The block positive direction is from port A to port B. This means that the flow rate is positive if fluid flows from A to B, and the pressure loss is determined as p = p_A - p_B.

Settings

Parameters

Pipe cross section type:	Circular	
Pipe internal diameter:	10	mm
Geometrical shape factor:	64	
Pipe length:	1	m
Aggregate equivalent length of local resistances:	0	m
Internal surface roughness height:	1e-5	m
Laminar flow upper margin:	935.76	

OK Cancel Help Apply

图 6-23 管路参数设置

仿真运行时间设定为 6s，管路压差曲线如图 6-24 所示。

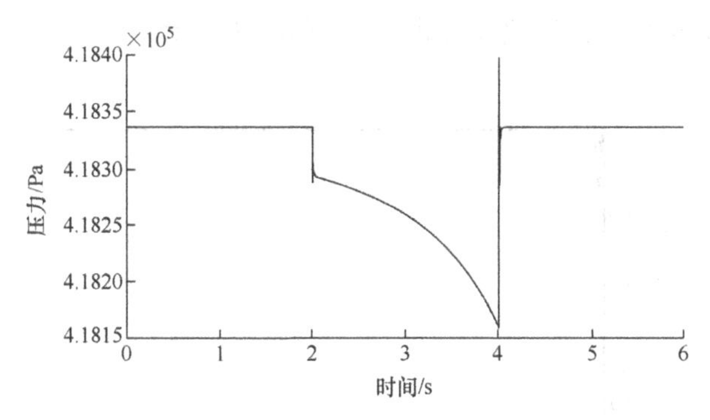

图 6-24　SimHydraulics 管路压差曲线

6.2.5　AMESim 仿真

该管路 AMESim 仿真模型如图 6-25 所示。

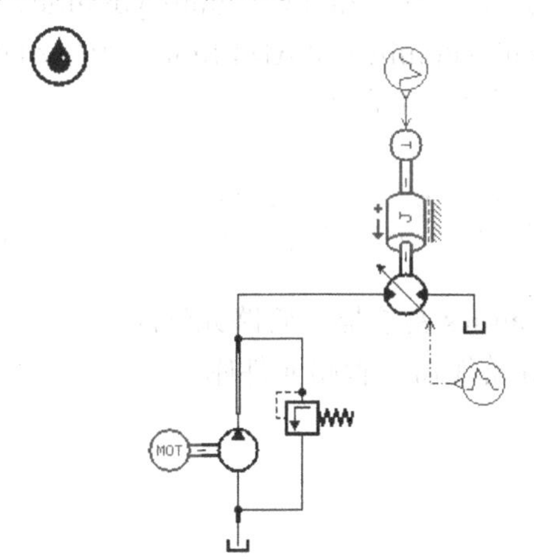

图 6-25　AMESim 管路仿真模型

管路参数设置如图 6-26 所示。

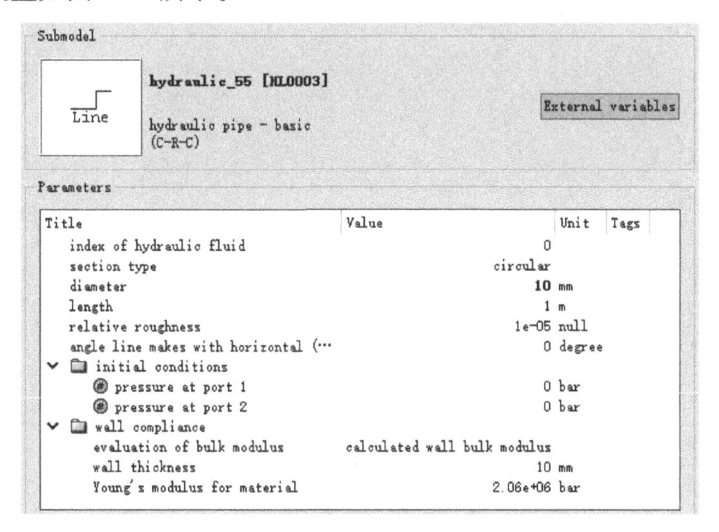

图 6-26　管路参数设置

仿真运行时间设定为6s，管路压差曲线如图 6-27 所示。

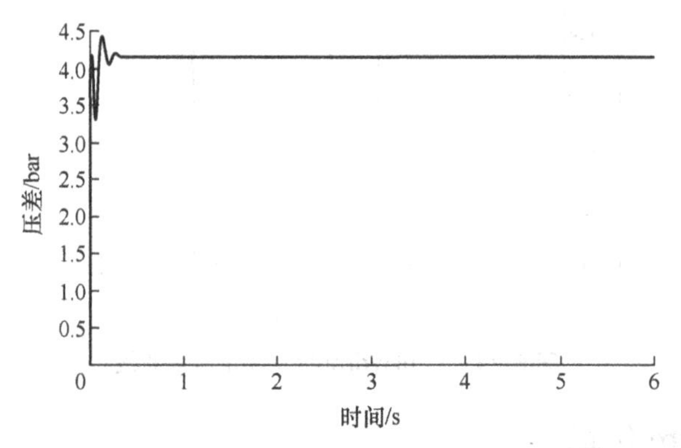

图 6-27　AMESim 管路压差曲线

图 6-21、图 6-24、图 6-27 表明：Simulink、SimHydraulics、AMESim 三种建模方法下，管路压差近似为 4.2bar，SimHydraulics 和 AMESim 是半主动建模方法，考虑了非线性因素的影响，所以仿真曲线并不是一条直线。

习　题

1. 熟悉和掌握 SimHydraulics 蓄能器、管路元件库。
2. 熟悉和掌握 AMESim 蓄能器、管路元件库。

第7章 典型液压回路建模仿真

液压基本回路是指那些为实现特定功能，由一些液压元件和管路按一定方式组成的油路结构。液压基本回路是液压系统的核心，无论多么复杂的液压系统都是由一个或多个基本回路组成的。前述章节对液压元件的建模仿真介绍实际上已经包含了对压力回路、调速回路、方向控制回路等的仿真分析，本章重点对其他典型基本回路，如增压回路、卸荷回路、保压回路、平衡回路进行建模仿真分析。

典型液压回路具体实现形式并不唯一，本章对各典型回路选取一种常见形式进行建模仿真。液压元件和系统愈复杂，描述其特性的，无论是静态还是动态的数学模型也愈复杂，Simulink 方法局限性也愈明显。因此，本章对典型液压回路的建模仿真将只考虑 SimHydraulics、AMESim 两种方法，不再考虑 Simulink 方法。

7.1 调速回路

第 5 章对液压执行原件（液压缸、液压马达）进行建模仿真，实际上已经对节流、容积调速回路完成了分析讨论。本节选取定量泵 - 调速阀调速回路进行建模仿真分析。

7.1.1 SimHydraulics 仿真

一种调速回路的 SimHydraulics 仿真模型如图 7-1 所示。

调速阀参数设置如图 7-2 所示。

调速阀中节流阀前后压差设定为 0.5MPa，仿真时间设定为 10s，施加 0 ～ −1000N 的外负载斜坡输入信号，如图 7-3 所示，调速阀输入压力曲线如图 7-4 所示，调速阀输出压力曲线如图 7-5 所示，调速阀输出流量曲线如图 7-6 所示。

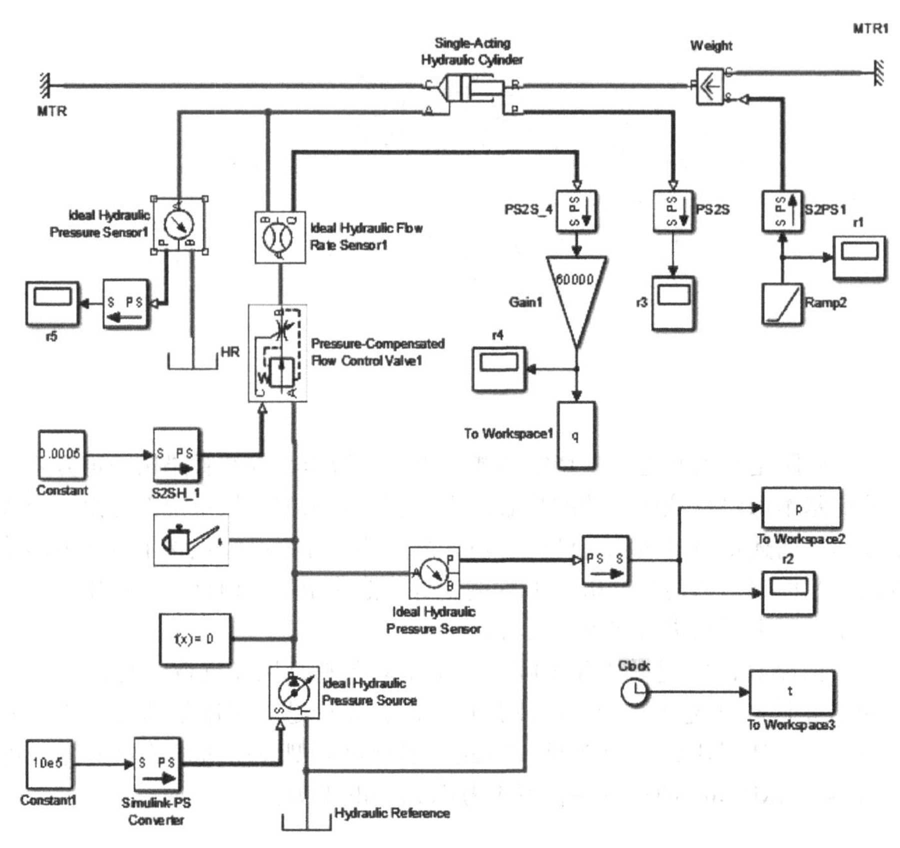

图 7-1　SimHydraulics 调速回路仿真模型

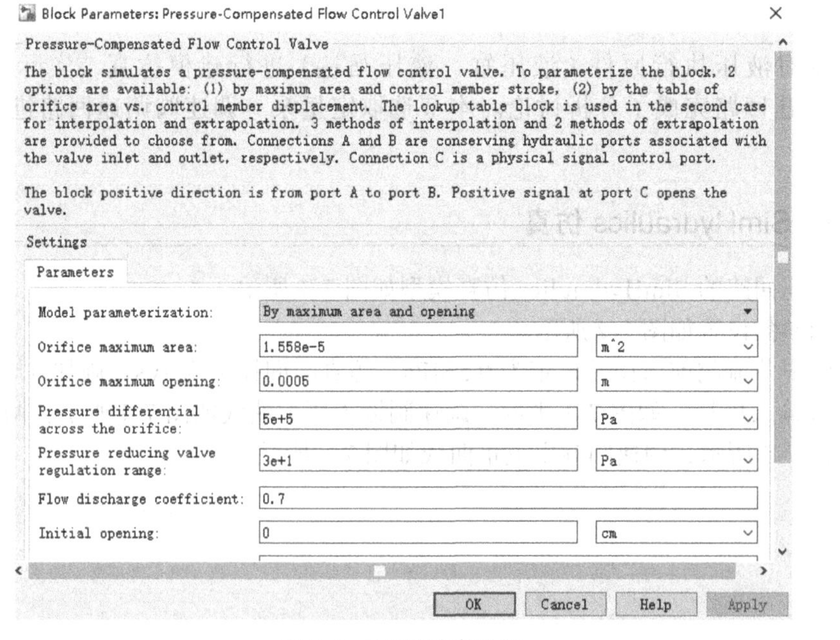

图 7-2　调速阀参数设置

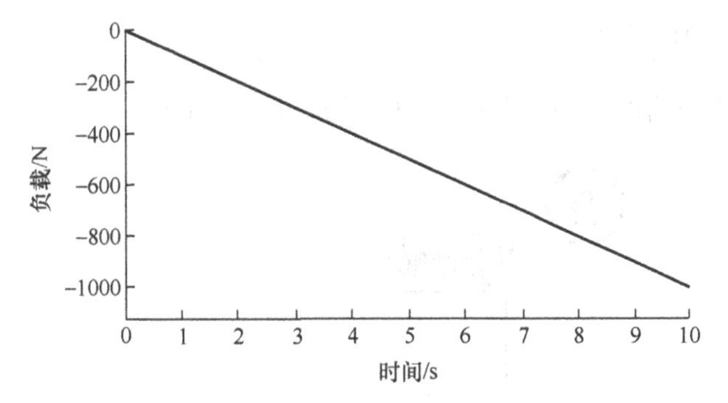

图 7-3　SimHydraulics 外负载斜坡输入信号曲线

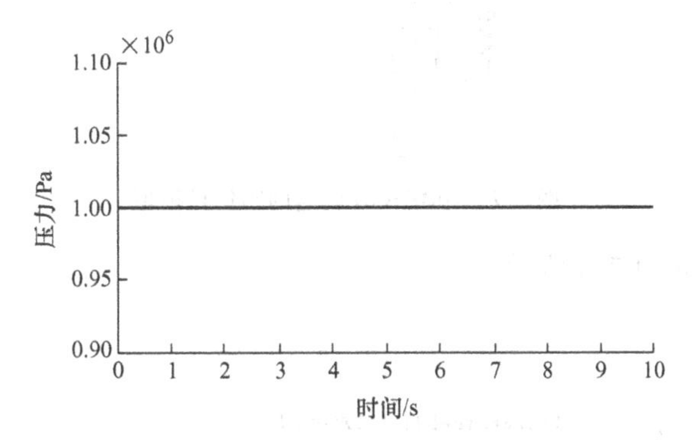

图 7-4　SimHydraulics 调速阀输入压力曲线

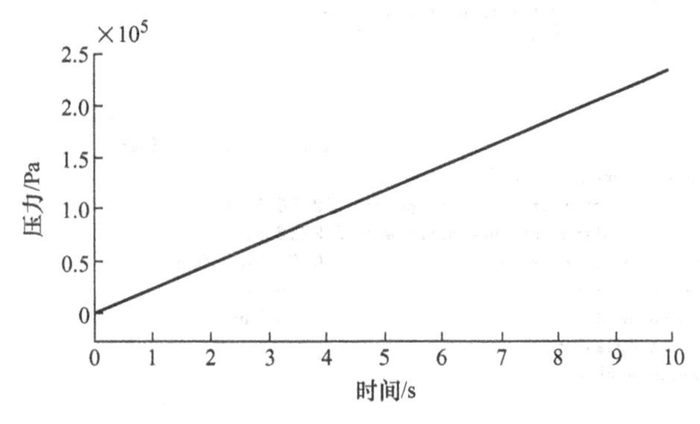

图 7-5　SimHydraulics 调速阀输出压力曲线

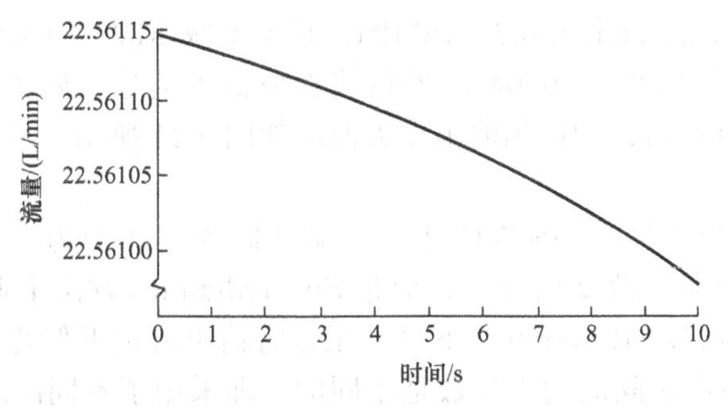

图 7-6　SimHydraulics 调速阀输出流量曲线

7.1.2 AMESim 仿真

图 7-1 所示调速回路的 AMESim 仿真模型如图 7-7 所示。

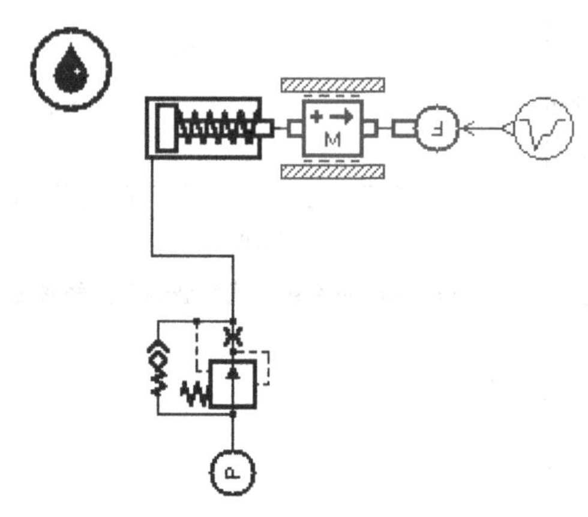

图 7-7 AMESim 调速回路仿真模型

调速阀参数设置如图 7-8 所示。

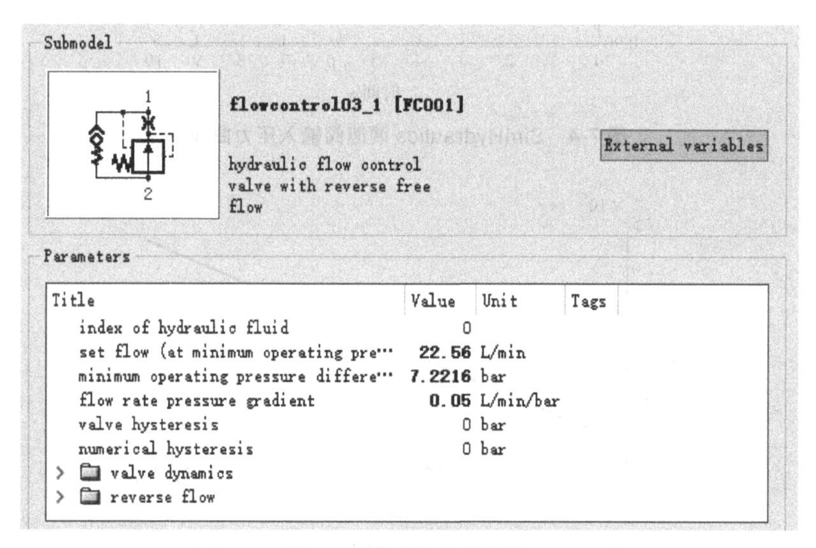

图 7-8 调速阀参数设置

调速阀最小工作压差设定为 0.72216MPa，是定差减压阀和节流阀设定压差之和。仿真时间设定为 10s，施加 0 ～ 1000N 的外负载斜坡输入信号，如图 7-9 所示，调速阀输入压力曲线如图 7-10 所示，调速阀输出压力曲线如图 7-11 所示，调速阀输出流量曲线如图 7-12 所示。

图 7-3 ～图 7-6 和图 7-9 ～图 7-12 表明，调速阀入口压力为恒定值 1MPa 不变，调速阀出口压力随外负载的改变而改变，但是 SimHydraulics 方法下调速阀输出流量近似维持 22.56L/min 不变，AMESim 方法下最小压差时输出流量近似达到 22.56L/min，这主要是因为两个软件中调速阀的输入参数是不同的，即采用了不同的求解算法，如图 7-2、图 7-8 所示。

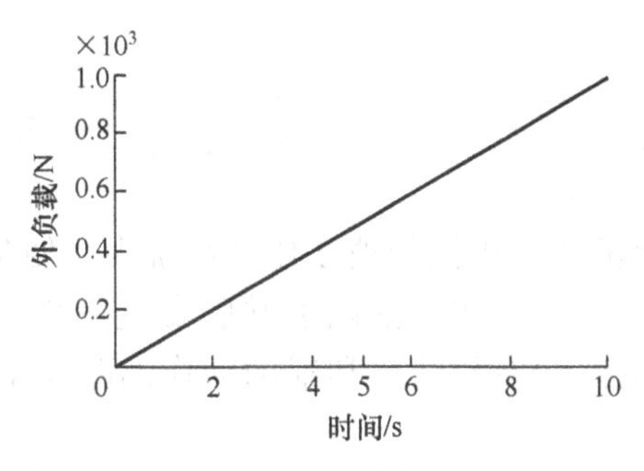

图 7-9　AMESim 外负载斜坡输入信号曲线

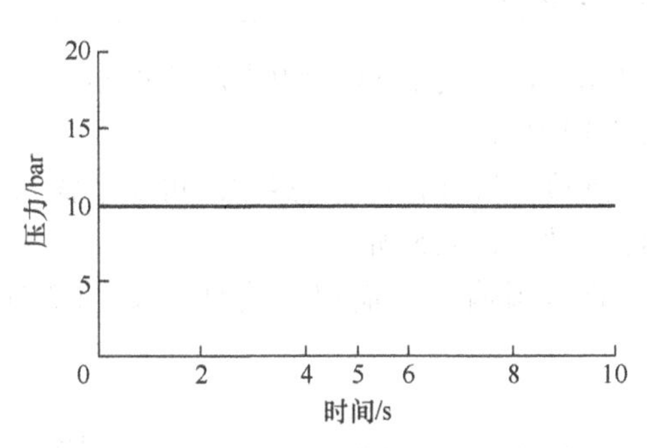

图 7-10　AMESim 调速阀输入压力曲线

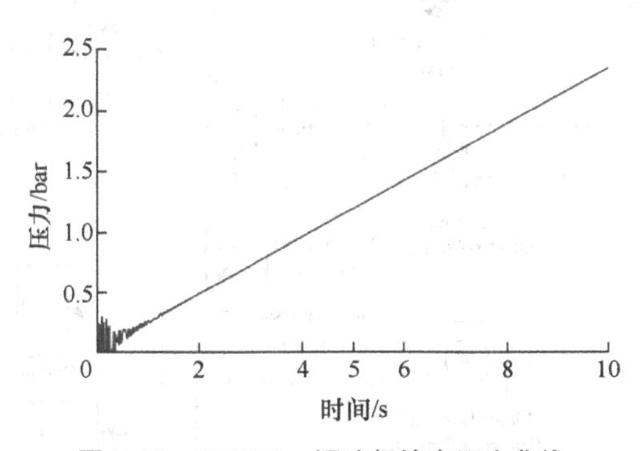

图 7-11　AMESim 调速阀输出压力曲线

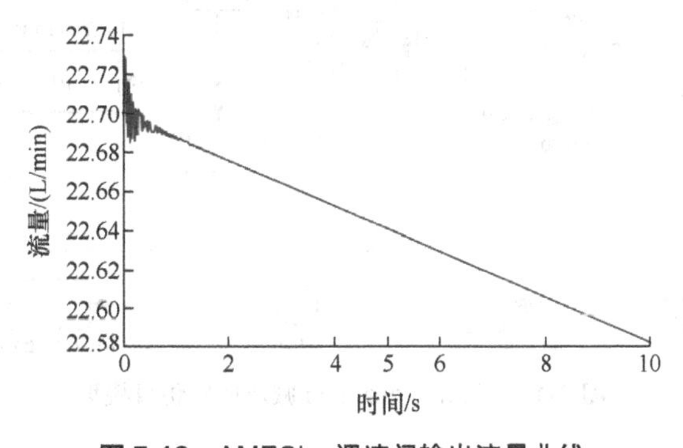

图 7-12　AMESim 调速阀输出流量曲线

7.2 减压回路

减压回路的功能是在单液压泵供油的液压传动系统中，使某一部分油路获得比主油路工作压力还要低的稳定压力。通常在主油路上并联安装一个减压阀来实现。例如，控制油路、润滑油路，工件的定位、夹紧油路和辅助动作油路的工作压力常低于主油路工作压力。

7.2.1 SimHydraulics 仿真

一种减压回路的 SimHydraulics 仿真模型如图 7-13 所示。

减压阀参数设置如图 7-14 所示。

定量泵出口压力由溢流阀调定，信号发生器输出可变节流口开度控制信号，用以调定两个可变节流口的节流面积，如图 7-15 所示。

仿真时间设定为 6s，减压阀输入、输出压力曲线如图 7-16 所示，输出流量曲线如图 7-17 所示。

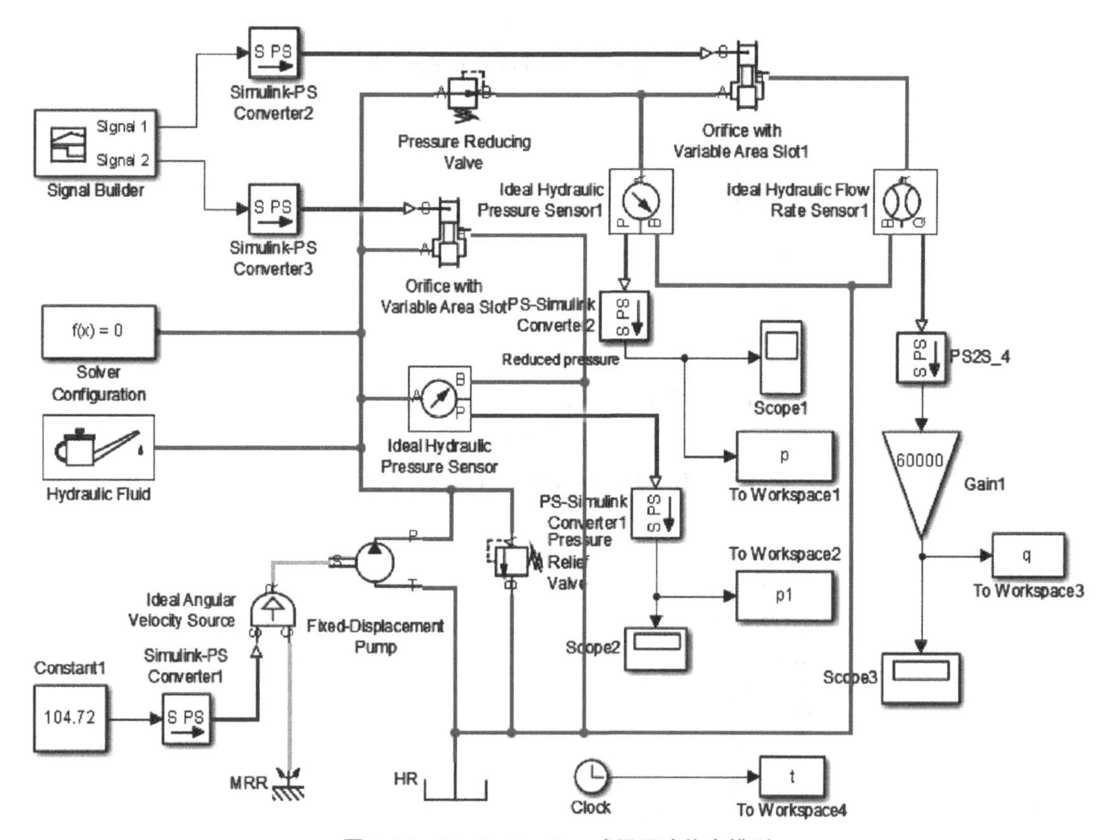

图 7-13 SimHydraulics 减压回路仿真模型

Block Parameters: Pressure Reducing Valve

Pressure Reducing Valve

This block represents a hydraulic pressure-reducing valve as a data sheet-based model. The valve controls downstream pressure and remains fully opened as long as the pressure is lower than the preset level. When the preset pressure is reached, the value control member is forced off the stop, thus reducing the passage between the inlet and outlet. The block is built as a structural model based of the Pressure Compensator block.

Connections A and B are hydraulic conserving ports associated with the valve inlet and outlet. The block positive direction is from port A to port B.

Settings

Parameters

Maximum passage area:	1e-04	m^2
Valve pressure setting:	2e+06	Pa
Valve regulation range:	1.5e+04	Pa
Flow discharge coefficient:	0.7	
Critical Reynolds number:	12	
Leakage area:	1e-12	m^2
Opening dynamics:	Do not include valve opening dynamics	

OK　Cancel　Help　Apply

图 7-14　减压阀参数设置

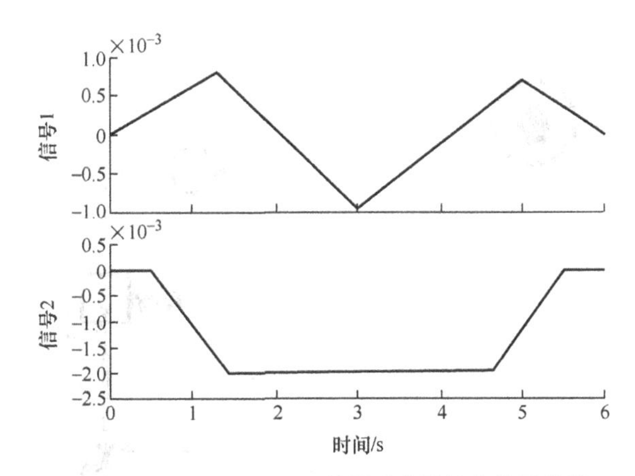

图 7-15　SimHydraulics **信号发生器输出信号曲线**

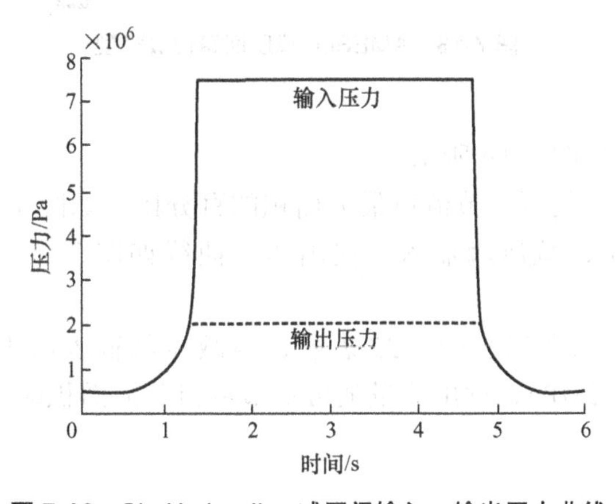

图 7-16　SimHydraulics **减压阀输入、输出压力曲线**

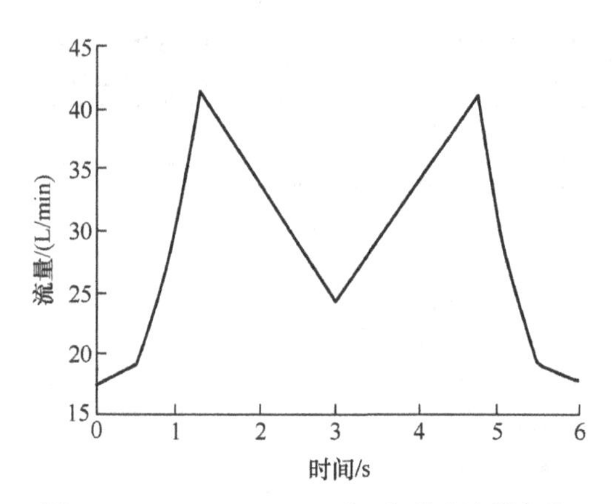

图 7-17　SimHydraulics 减压阀输出流量曲线

7.2.2　AMESim 仿真

图 7-13 所示减压回路 AMESim 仿真模型如图 7-18 所示。

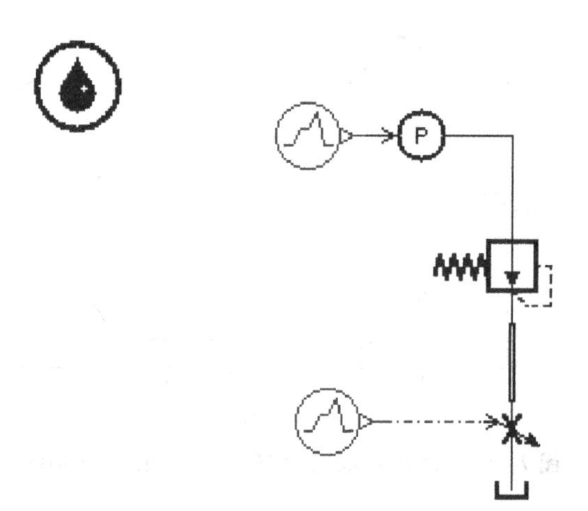

图 7-18　AMESim 减压回路仿真模型

减压阀的参数设置如图 7-19 所示。

可变节流口输入信号是可变节流口最大面积的百分比，如图 7-20 所示。

仿真时间设定为 6s，减压阀输入、输出压力曲线如图 7-21 所示，输出流量曲线如图 7-22 所示。

图 7-16、图 7-17、图 7-21、图 7-22 表明，当减压阀输入压力超过设定值 2MPa 时，其输出压力维持恒定值 2MPa，输出流量随可变节流口节流面积改变而改变。

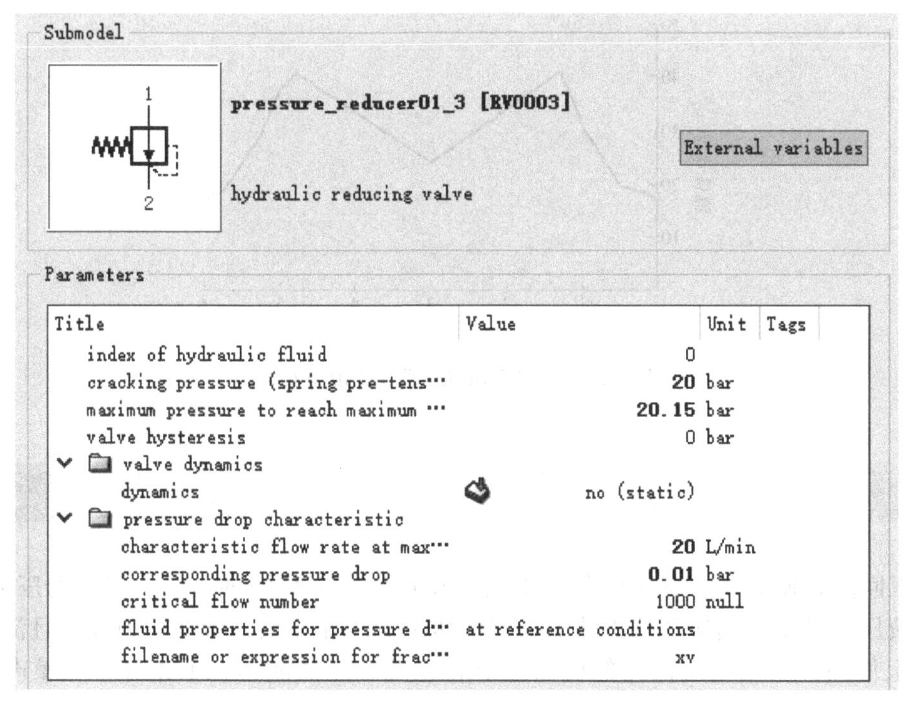

图 7-19　减压阀参数设置

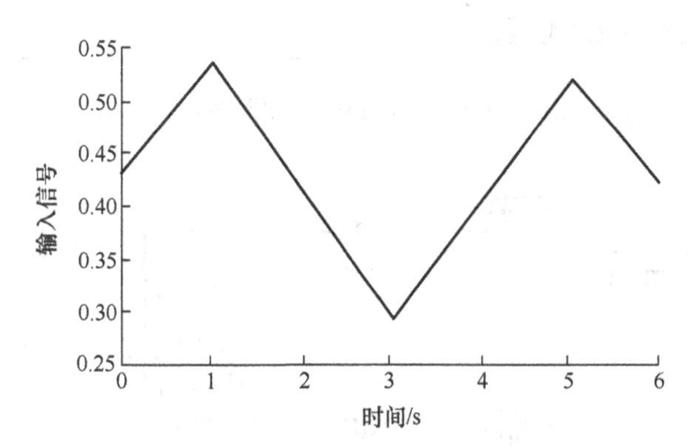

图 7-20　AMESim 可变节流口输入信号曲线

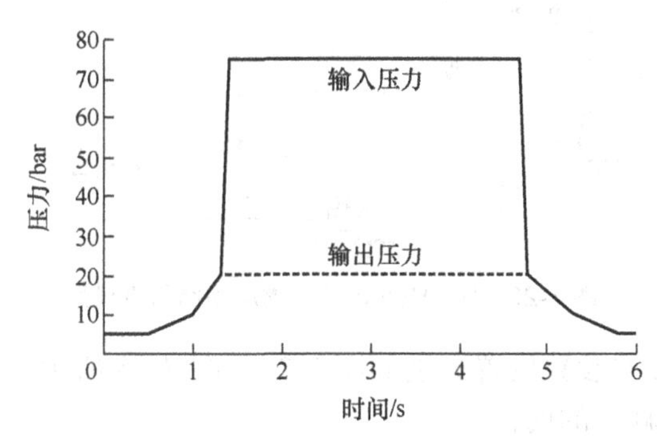

图 7-21　AMESim 减压阀输入、输出压力曲线

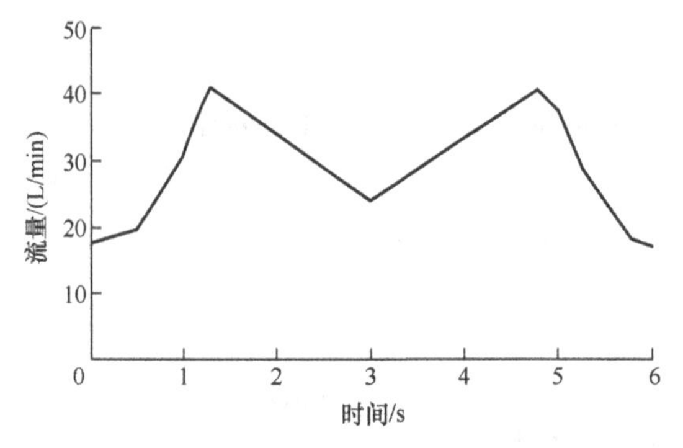

图 7-22　AMESim 减压阀输出流量曲线

7.3 增压回路

增压回路是使液压传动系统某一支路上获得比液压泵的供油压力还高的压力回路，同时该液压传动系统其他部分仍然在较低的压力下工作。它适合在压力较高且流量较小的回路上使用。采用增压回路的优点是节省能源、降低成本、工作可靠、噪声小和效率高。

7.3.1 SimHydraulics 仿真

一种增压回路 SimHydraulics 仿真模型如图 7-23 所示。

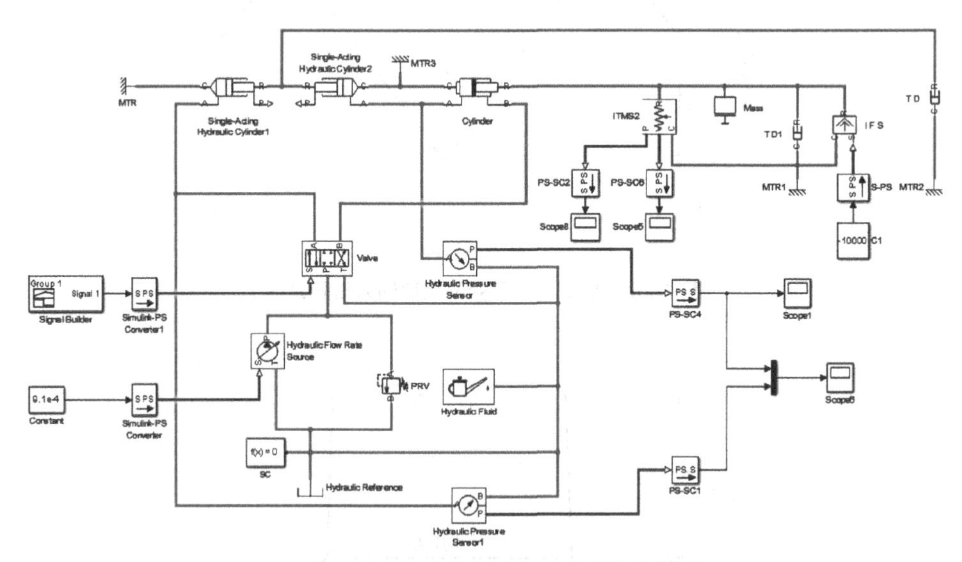

图 7-23　SimHydraulics 增压回路仿真模型

单作用液压缸 1、2 的参数设置分别如图 7-24、图 7-25 所示，单作用液压缸 1 的活塞有效面积是单作用液压缸 2 的两倍。

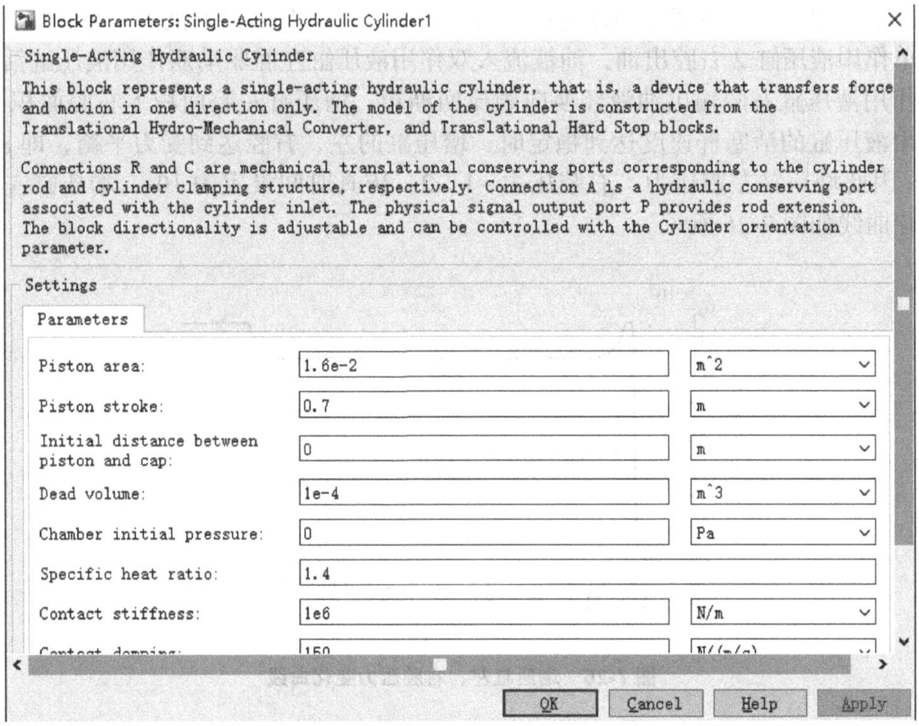

Block Parameters: Single-Acting Hydraulic Cylinder1

Single-Acting Hydraulic Cylinder

This block represents a single-acting hydraulic cylinder, that is, a device that transfers force and motion in one direction only. The model of the cylinder is constructed from the Translational Hydro-Mechanical Converter, and Translational Hard Stop blocks.

Connections R and C are mechanical translational conserving ports corresponding to the cylinder rod and cylinder clamping structure, respectively. Connection A is a hydraulic conserving port associated with the cylinder inlet. The physical signal output port P provides rod extension. The block directionality is adjustable and can be controlled with the Cylinder orientation parameter.

Settings

Parameters

Piston area:	1.6e-2	m^2
Piston stroke:	0.7	m
Initial distance between piston and cap:	0	m
Dead volume:	1e-4	m^3
Chamber initial pressure:	0	Pa
Specific heat ratio:	1.4	
Contact stiffness:	1e6	N/m
Contact damping:	150	N/(m/s)

OK Cancel Help Apply

图 7-24 单作用液压缸 1 的参数设置

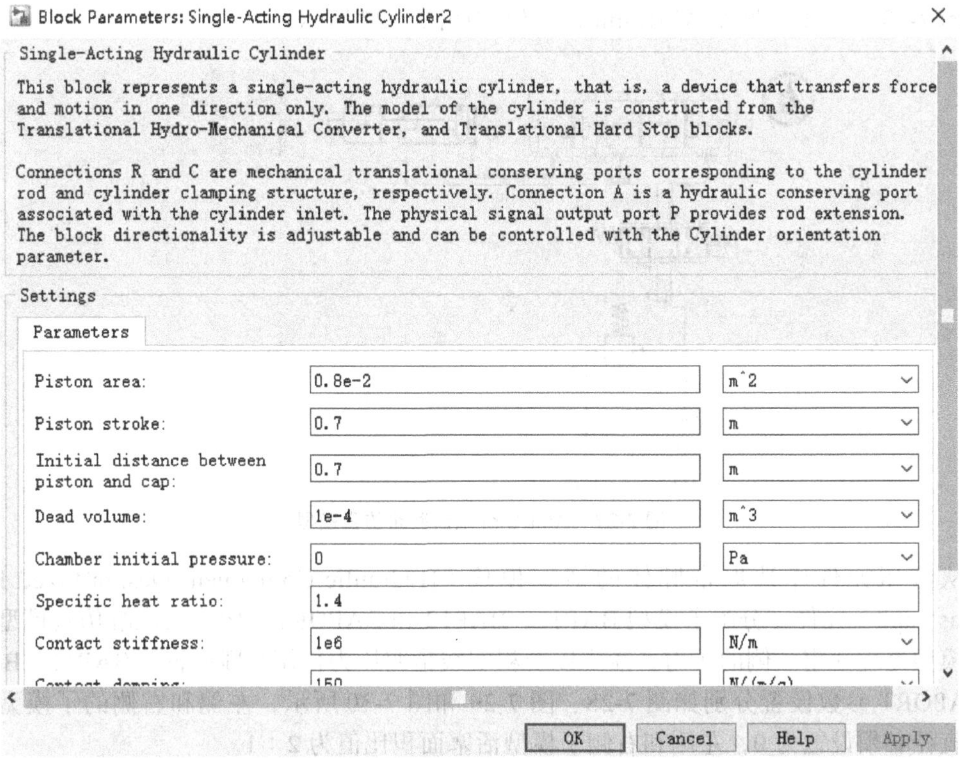

Block Parameters: Single-Acting Hydraulic Cylinder2

Single-Acting Hydraulic Cylinder

This block represents a single-acting hydraulic cylinder, that is, a device that transfers force and motion in one direction only. The model of the cylinder is constructed from the Translational Hydro-Mechanical Converter, and Translational Hard Stop blocks.

Connections R and C are mechanical translational conserving ports corresponding to the cylinder rod and cylinder clamping structure, respectively. Connection A is a hydraulic conserving port associated with the cylinder inlet. The physical signal output port P provides rod extension. The block directionality is adjustable and can be controlled with the Cylinder orientation parameter.

Settings

Parameters

Piston area:	0.8e-2	m^2
Piston stroke:	0.7	m
Initial distance between piston and cap:	0.7	m
Dead volume:	1e-4	m^3
Chamber initial pressure:	0	Pa
Specific heat ratio:	1.4	
Contact stiffness:	1e6	N/m
Contact damping:	150	N/(m/s)

OK Cancel Help Apply

图 7-25 单作用液压缸 2 的参数设置

两个单作用液压缸活塞杆刚性连接构成增压缸，定量泵输出油液进入单作用液压缸 1 左腔，单作用液压缸 2 右腔出油，油液流入双作用液压缸左腔驱动双作用液压缸活塞杆动作，双作用液压缸右腔输出油液经换向阀流回油箱。增压缸左腔面积：右腔面积 =2：1，当双作用液压缸的活塞杆速度达到稳定时，增压缸的左、右腔达到受力平衡，即 $p_{左}A_{左}=p_{右}A_{右}$，因此增压缸左腔压力：右腔压力 =1：2。仿真时间设定为 10s，增压缸左、右腔压力变化曲线如图 7-26 所示。

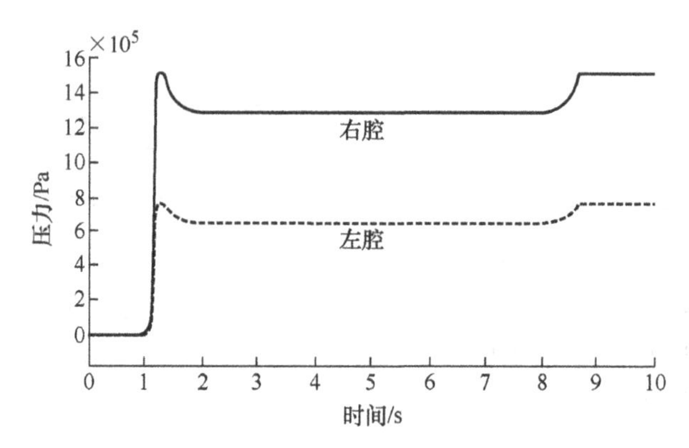

图 7-26 增压缸左、右腔压力变化曲线

7.3.2 AMESim 仿真

图 7-23 所示增压回路 AMESim 仿真模型如图 7-27 所示。

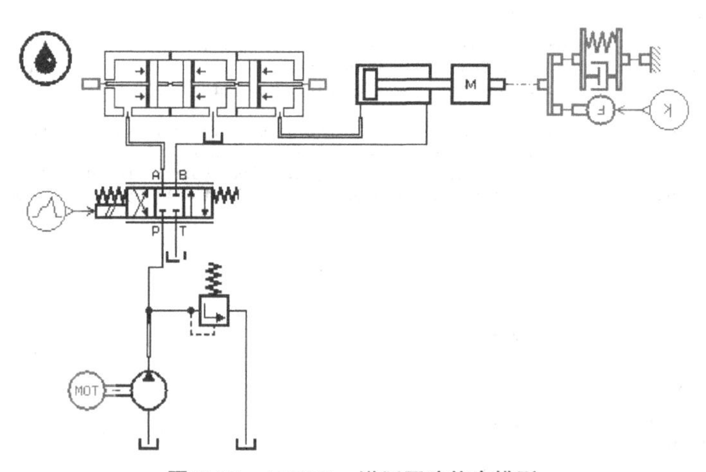

图 7-27 AMESim 增压回路仿真模型

从液压元件库选取带腔体的活塞模块（Hydraulic Component Design\Fixed Body\Pistons\bap2）元件，分配子模型 BAP11、BAP12 和 BAPORT，构建增压缸仿真模型。每个子模型处理活塞一侧的压力，箭头以及粗实线指明压力作用在哪一面。BAP11、BAP12 和 BAPORT 参数设置分别如图 7-28、图 7-29 和图 7-30 所示，左侧和右侧的子模型的活塞杆直径必须设置为 0，左侧和右侧子模型活塞面积比值为 2：1。

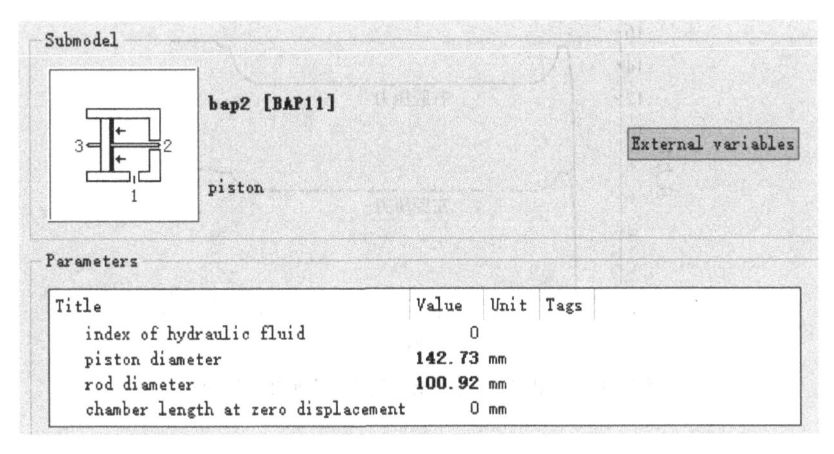

图 7-28 BAP11 参数设置

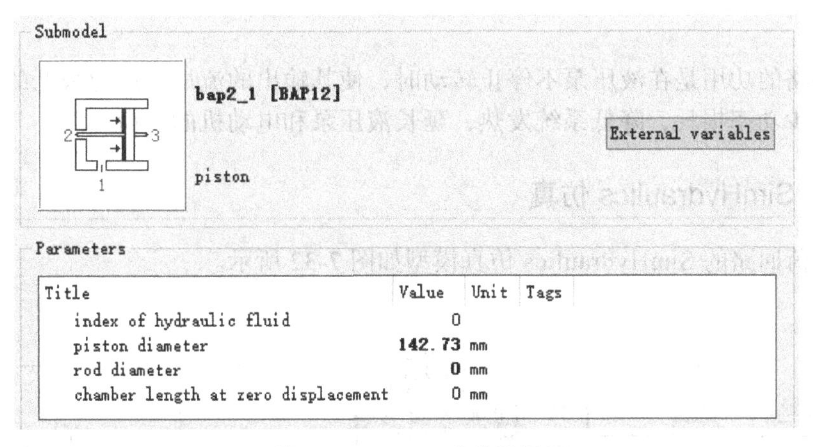

图 7-29 BAP12 参数设置

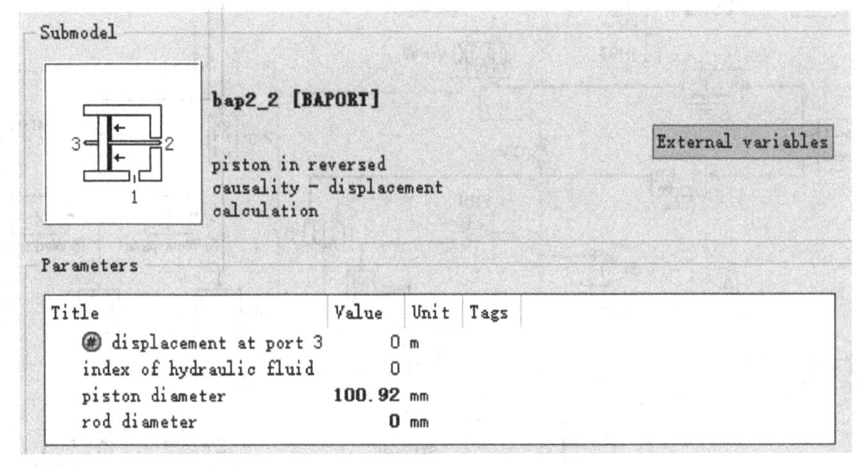

图 7-30 BAPORT 参数设置

仿真时间设定为 10s，增压缸左、右腔压力变化曲线如图 7-31 所示。

图 7-26、图 7-31 表明，由于增压缸的作用，动作缸的工作压力增加 1 倍。

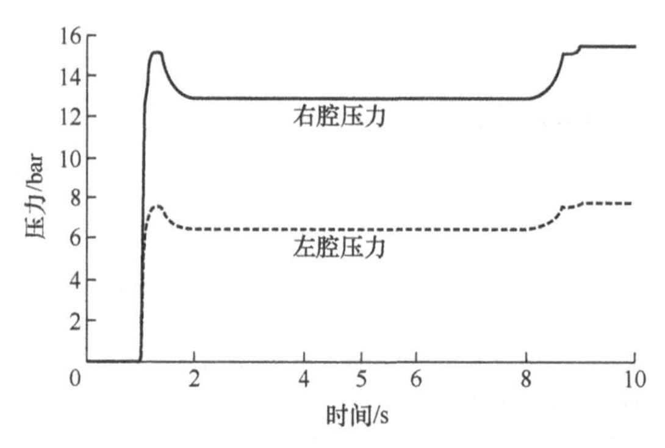

图 7-31 AMESim 增压缸左、右腔压力变化曲线

7.4 卸荷回路

卸荷回路的功用是在液压泵不停止转动时，使其输出的流量在压力很低的情况下流回油箱，以减少功率损耗，降低系统发热，延长液压泵和电动机的寿命。

7.4.1 SimHydraulics 仿真

一种卸荷回路的 SimHydraulics 仿真模型如图 7-32 所示。

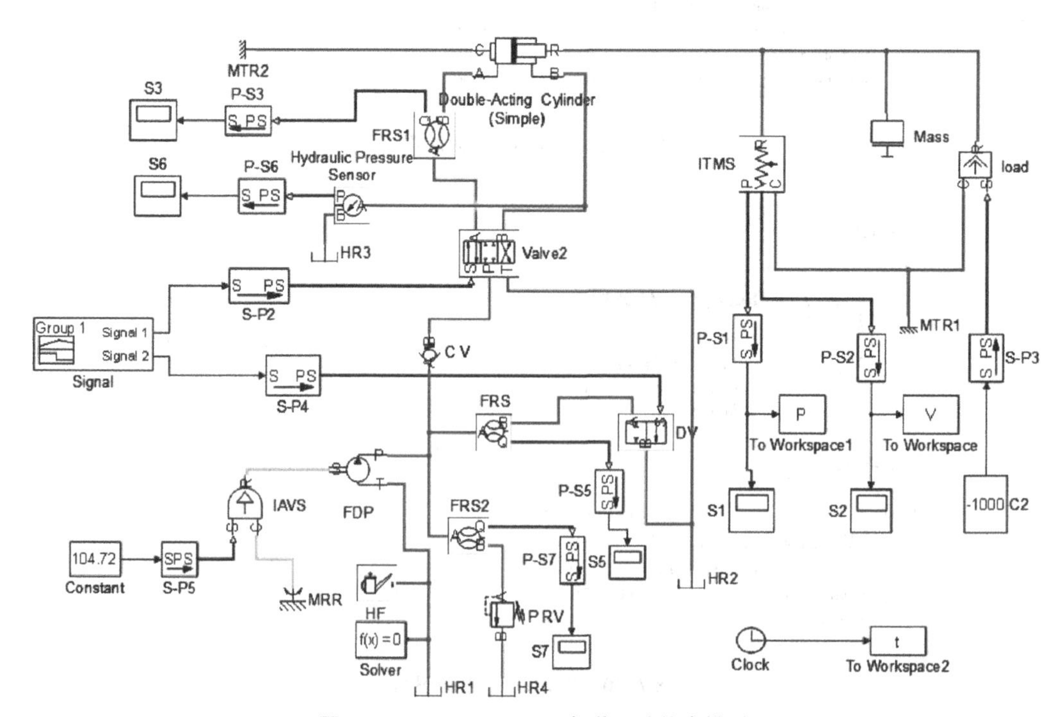

图 7-32 SimHydraulics 卸荷回路仿真模型

二位二通换向阀（Simscape\SimHydraulics\Valves\2-Way Directional Valve）参数设置如图 7-33 所示。

三位四通换向阀输入控制信号曲线如图 7-34 所示，二位二通换向阀输入控制信号曲线如图 7-35 所示，换向阀参数设置详见 4.5 节。

仿真时间设定为 10s，运行后得定量泵输出流量曲线如图 7-36 所示，液压缸活塞杆速度曲线如图 7-37 所示，液压缸活塞杆位移曲线如图 7-38 所示。

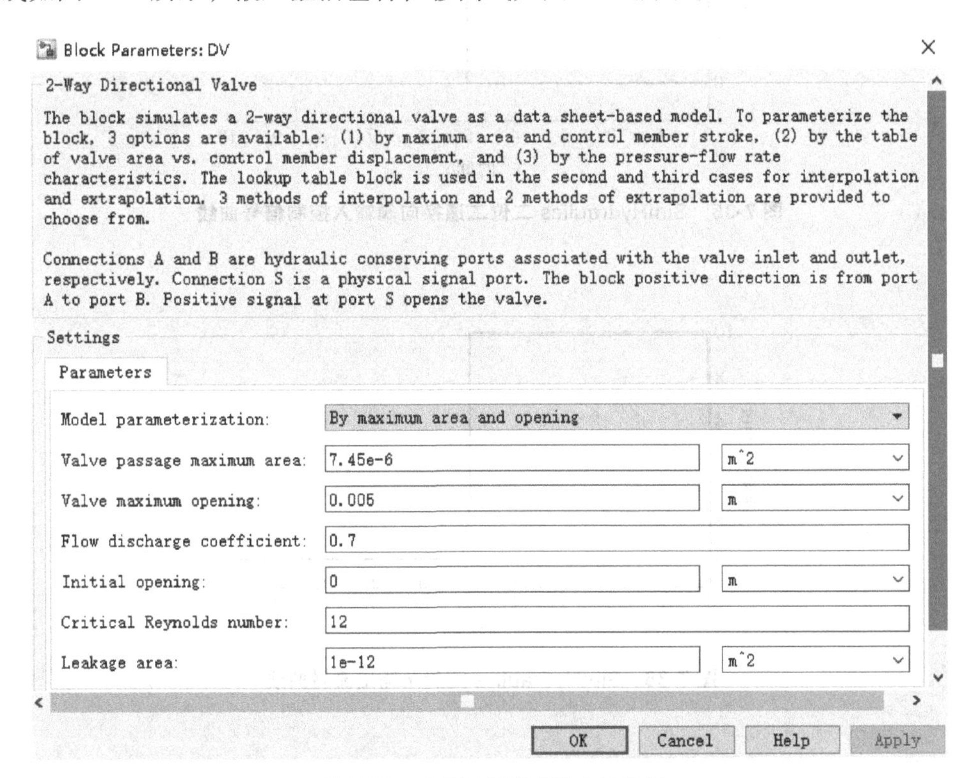

图 7-33　二位二通换向阀参数设置

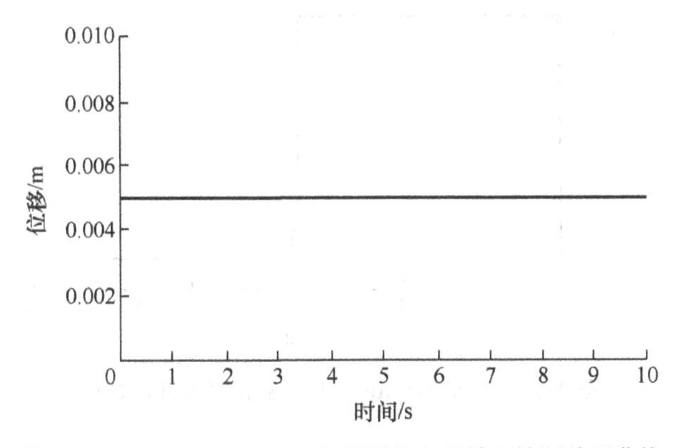

图 7-34　SimHydraulics 三位四通换向阀输入控制信号曲线

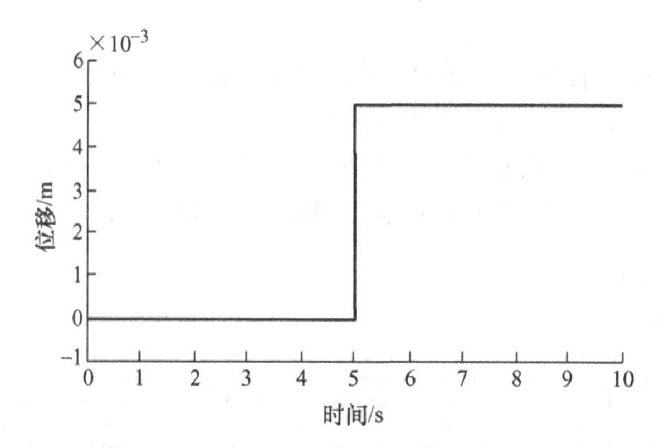

图 7-35 SimHydraulics 二位二通换向阀输入控制信号曲线

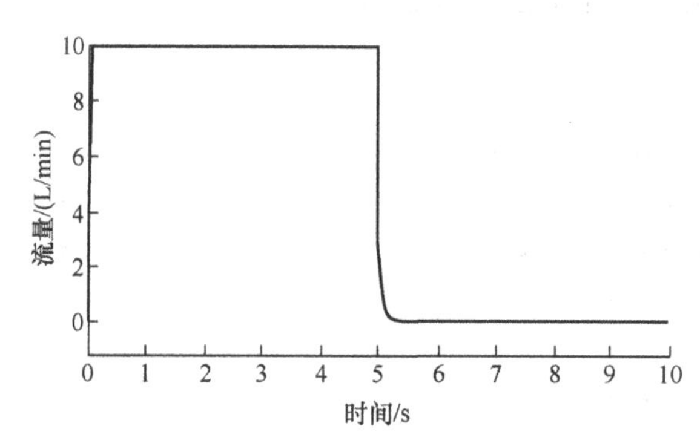

图 7-36 SimHydraulics 定量泵输出流量曲线

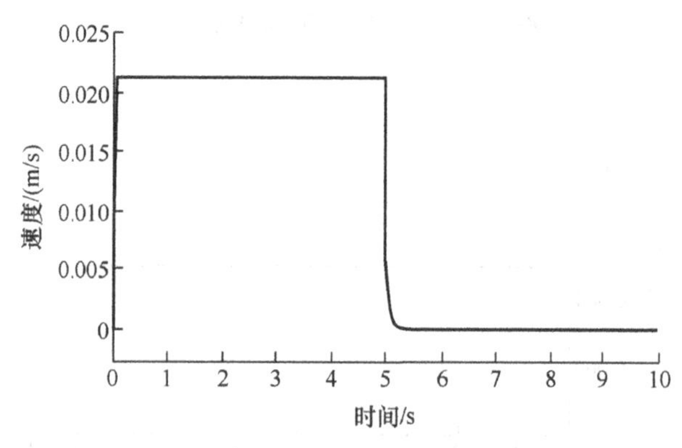

图 7-37 SimHydraulics 液压缸活塞杆速度曲线

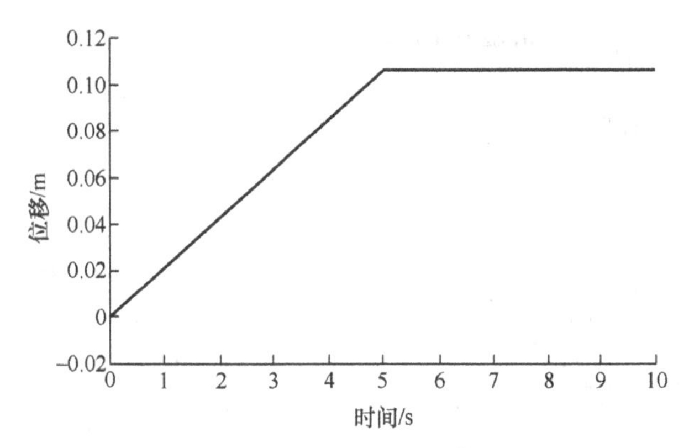

图 7-38　SimHydraulics 液压缸活塞杆位移曲线

7.4.2　AMESim 仿真

图 7-32 所示卸荷回路 AMESim 仿真模型如图 7-39 所示。

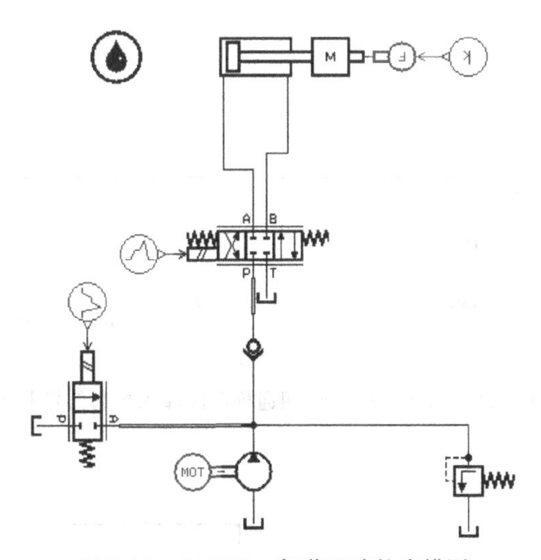

图 7-39　AMESim 卸荷回路仿真模型

二位二通换向阀（Hydraulic\Directional，Control，Values\value02）参数设置如图 7-40 所示。

三位四通换向阀输入控制信号曲线如图 7-41 所示，二位二通换向阀输入控制信号曲线如图 7-42 所示，换向阀参数设置详见 4.5 节。

仿真时间设定为 10s，运行后得定量泵输出流量曲线如图 7-43 所示，液压缸活塞杆速度曲线如图 7-44 所示，液压缸活塞杆位移曲线如图 7-45 所示。

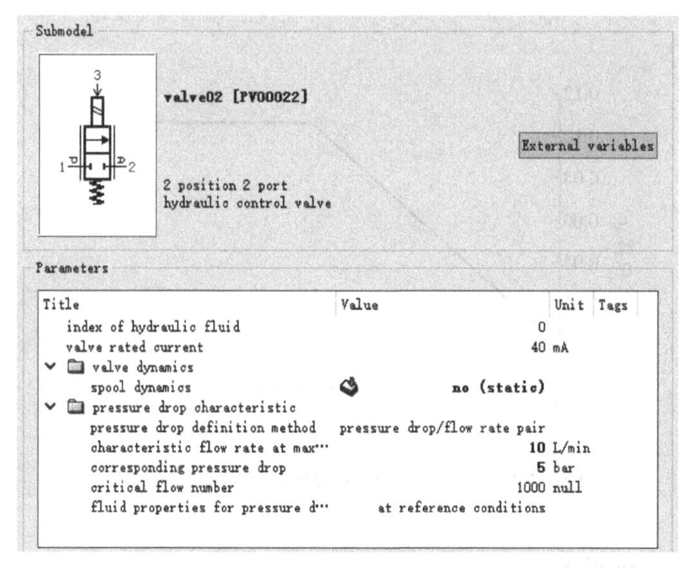

图 7-40　二位二通换向阀参数设置

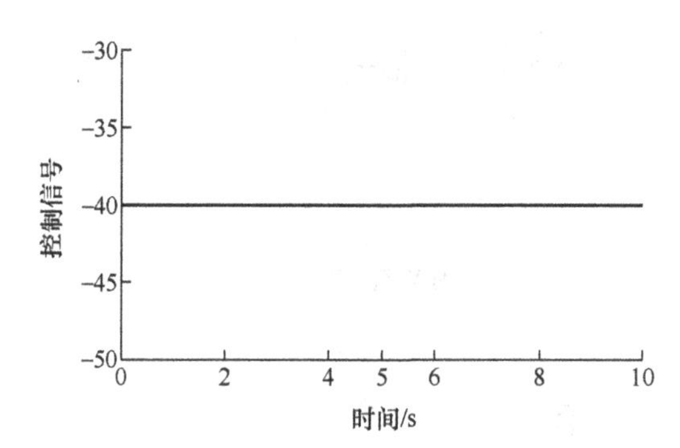

图 7-41　AMESim 三位四通换向阀输入控制信号曲线

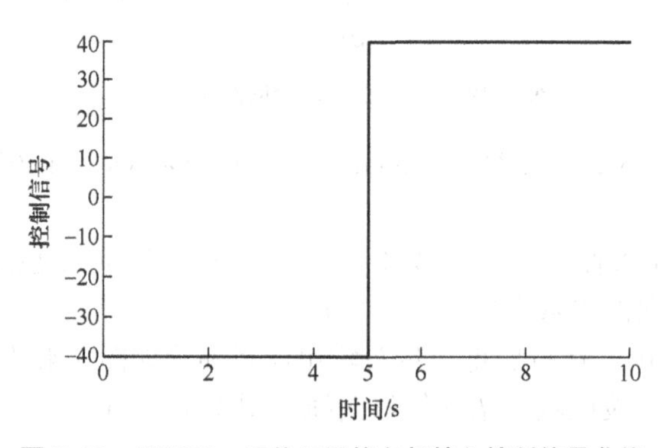

图 7-42　AMESim 二位二通换向阀输入控制信号曲线

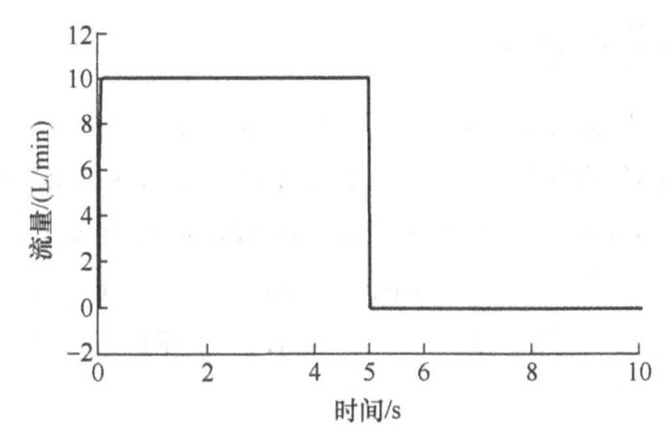

图 7-43　AMESim 定量泵输出流量曲线

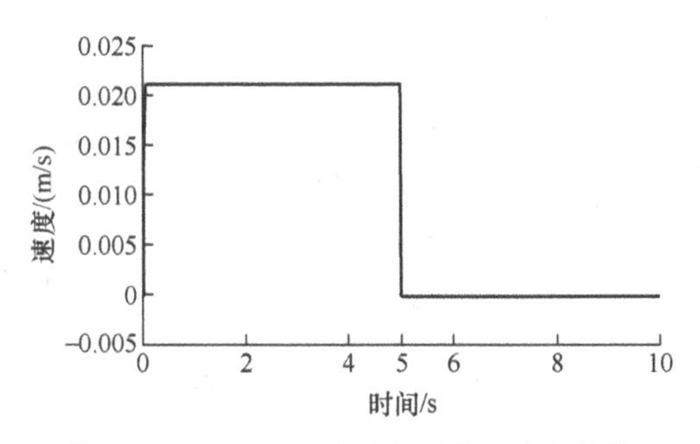

图 7-44　AMESim 液压缸活塞杆速度曲线

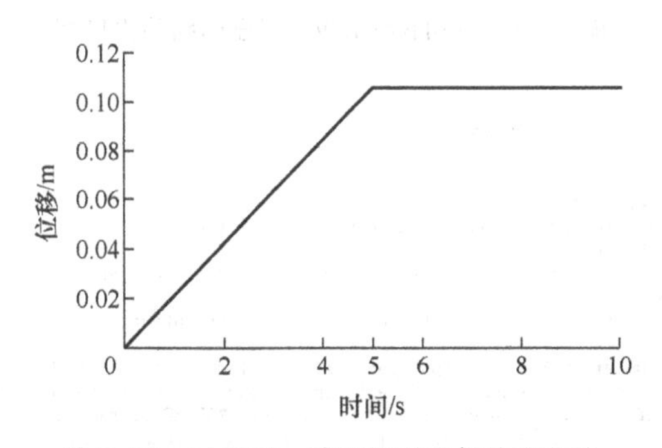

图 7-45　AMESim 液压缸活塞杆位移曲线

图 7-36 ～图 7-38、图 7-43 ～图 7-45 表明：当定量泵卸荷后，液压缸活塞杆伸出速度降为 0，活塞杆停止动作。

7.5　保压回路

保压回路功用是使系统在液压缸不动或因为工件变形而产生微小位移的情况下，能够保持稳定不变的压力。

7.5.1 SimHydraulics 仿真

一种保压回路 SimHydraulics 仿真模型如图 7-46 所示。

单向阀输出压力输入到条件模块（Simulink\Ports & Subsystems\If）确定判定阈值，再通过条件子系统（Simulink\Ports & Subsystems\If Action Subsystem）、合并模块（Simulink\Signal Routing\Merge）、记忆模块（Simulink\Discrete\Memory），生成三位四通换向阀的输入控制信号。条件模块参数设置如图 7-47 所示，合并模块参数设置如图 7-48 所示，记忆模块参数设置如图 7-49 所示。

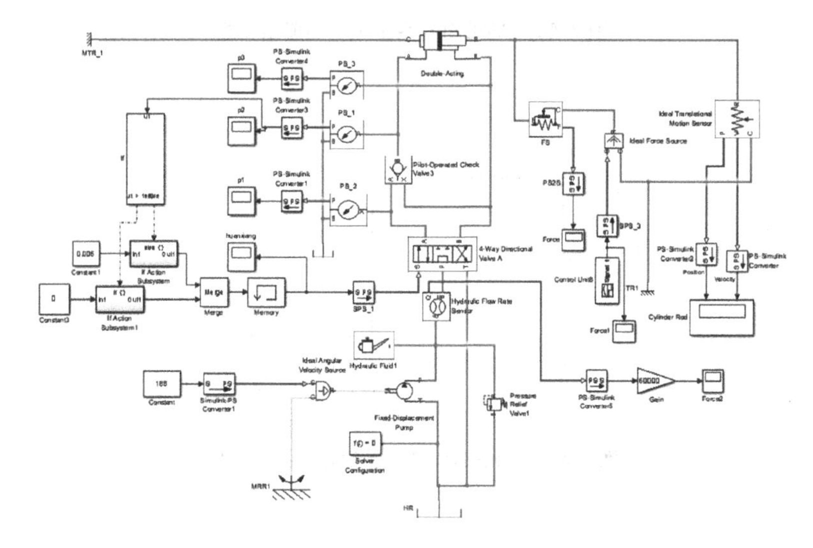

图 7-46　SimHydraulics 保压回路仿真模型

Function Block Parameters: If

If Block

IF expression
　Run the Action Subsystem connected to 1st output port
ELSEIF expression
　Run the Action Subsystem connected to 2nd output port
ELSE
　Run the Action Subsystem connected to last output port
END
The number of Elseif output ports in the block is equal to the number of comma-separated Elseif expressions entered in the dialog.
The If and Elseif expressions can use these MATLAB operators:
　<, <=, ==, ~=, >, >=, &, |, ~, ( ), unary-minus
on the input port signals named u1, u2, u3, etc.

Parameters

Number of inputs:

1

If expression (e.g. u1 ~= 0):

u1 > 1e5

Elseif expressions (comma-separated list, e.g. u2 ~= 0, u3(2) < u2):

☐ Show else condition

☑ Enable zero-crossing detection

OK　Cancel　Help　Apply

图 7-47　条件模块参数设置

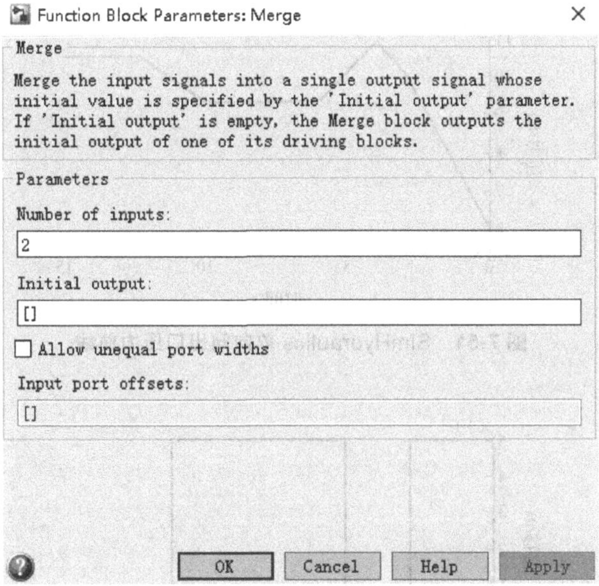

Function Block Parameters: Merge
Merge
Merge the input signals into a single output signal whose initial value is specified by the 'Initial output' parameter. If 'Initial output' is empty, the Merge block outputs the initial output of one of its driving blocks.
Parameters
Number of inputs:
2
Initial output:
[]
Allow unequal port widths
Input port offsets:
[]
OK
Cancel
Help
Apply

图 7-48　合并模块参数设置

Function Block Parameters: Memory
Memory
Apply a one integration step delay. The output is the previous input value.
Main
State Attributes
Initial condition:
0
Inherit sample time
Direct feedthrough of input during linearization
Treat as a unit delay when linearizing with discrete sample time
OK
Cancel
Help
Apply

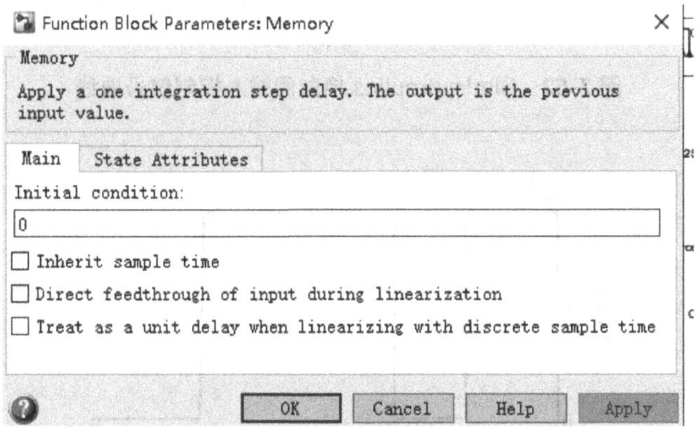

图 7-49　记忆模块参数设置

仿真时间设定为 15s，保压回路给定负载曲线如图 7-50 所示，单向阀出口压力曲线如图 7-51 所示，换向阀输入控制信号曲线如图 7-52 所示，液压缸速度曲线如图 7-53 所示，液压缸位移曲线如图 7-54 所示。

-3000
-3500
-4000
-4500
-5000
-5500
负载/N
0
5
10
15
时间/s

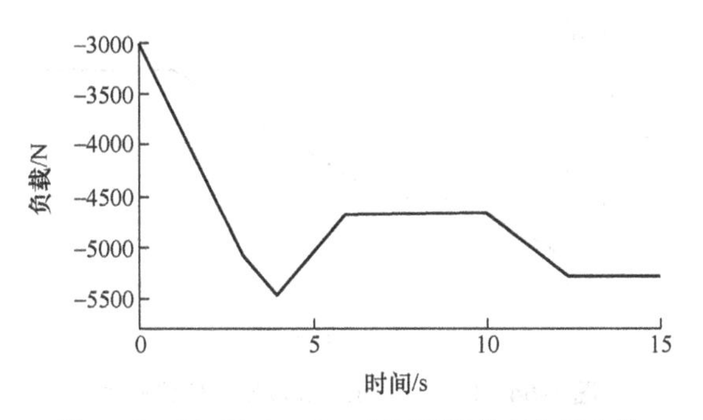

图 7-50　SimHydraulics 保压回路给定负载曲线

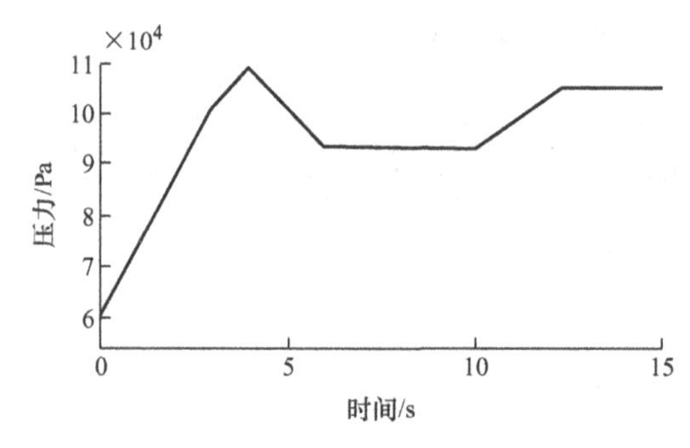

图 7-51　SimHydraulics 单向阀出口压力曲线

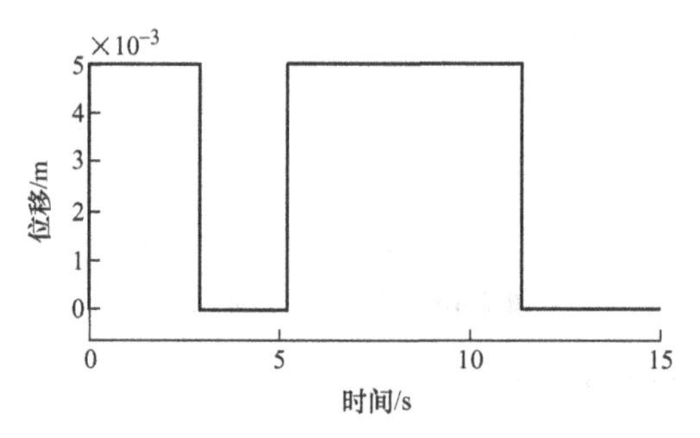

图 7-52　SimHydraulics 换向阀输入控制信号曲线

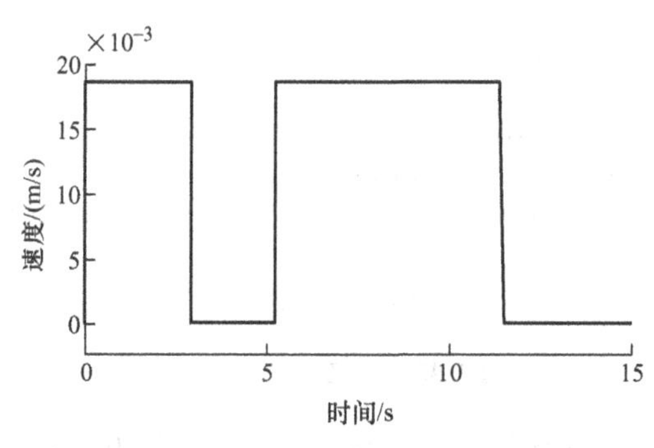

图 7-53　SimHydraulics 液压缸速度曲线

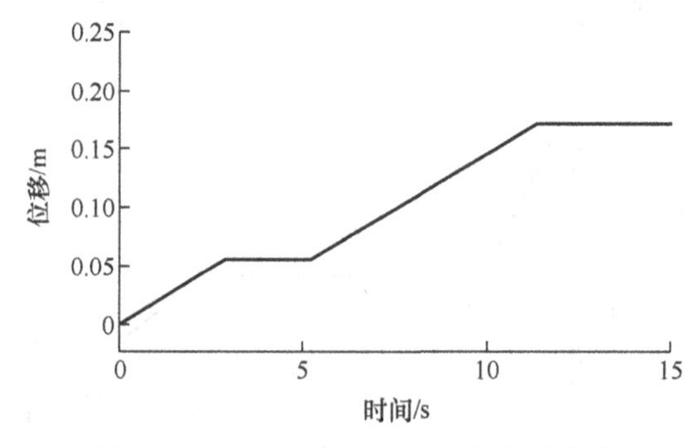

图 7-54　SimHydraulics 液压缸位移曲线

7.5.2　AMESim 仿真

图 7-46 所示保压回路 AMESim 仿真模型如图 7-55 所示。

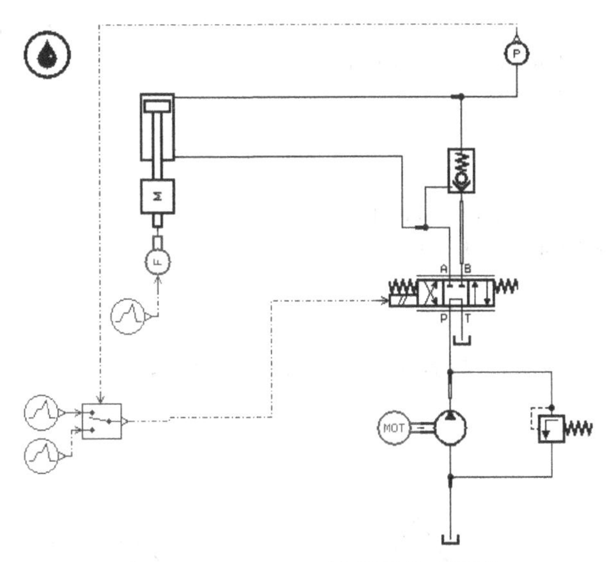

图 7-55　AMESim 保压回路仿真模型

单向阀输出压力通过压力传感器（Hydraulic\Fluids，Sources，Sensors\pressuresensor）输入到信号选择开关（Signal，Control\Routing\signal_switch）生成三位四通换向阀的输入控制信号。压力传感器参数设置如图 7-56 所示，信号选择开关参数设置如图 7-57 所示。

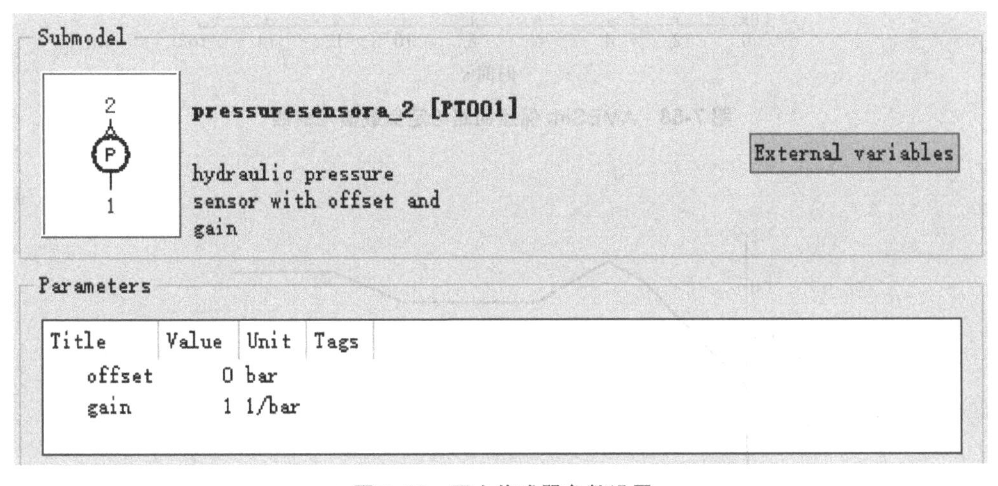

图 7-56　压力传感器参数设置

仿真时间设定为 15s，保压回路给定负载信号曲线如图 7-58 所示，单向阀压力传感器输出信号曲线如图 7-59 所示，换向阀输入控制信号曲线如图 7-60 所示，液压缸速度曲线如图 7-61 所示，液压缸位移曲线如图 7-62 所示。

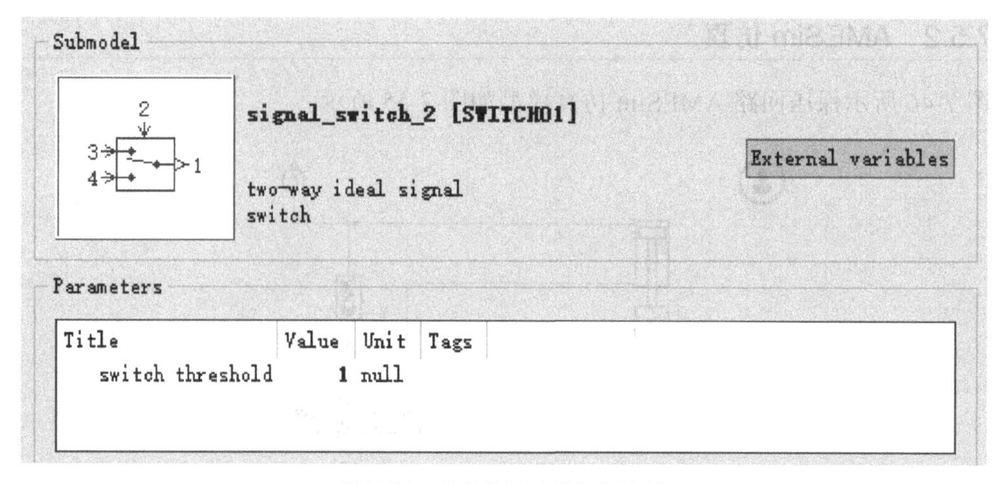

图 7-57 信号选择开关参数设置

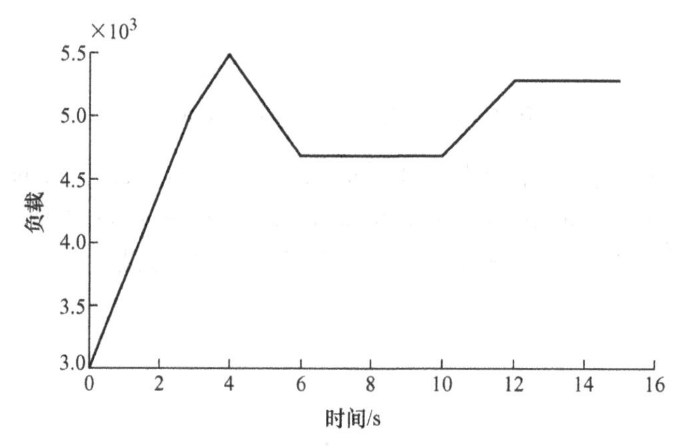

图 7-58 AMESim 保压回路给定负载信号曲线

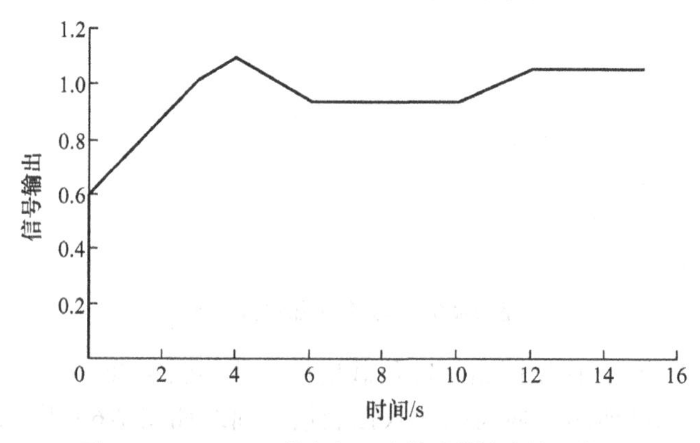

图 7-59 AMESim 单向阀压力传感器输出信号曲线

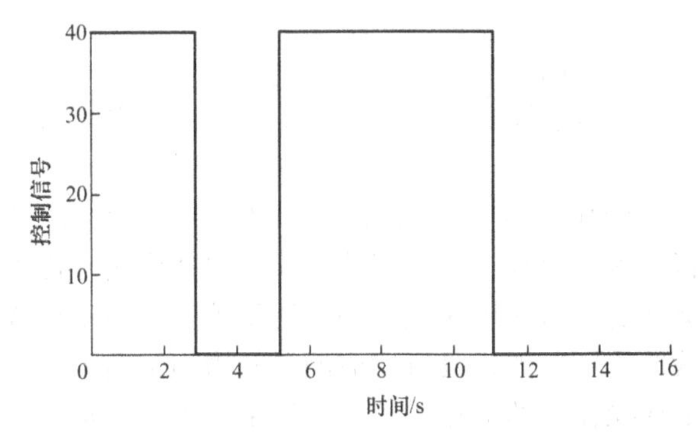

图 7-60　AMESim 换向阀输入控制信号曲线

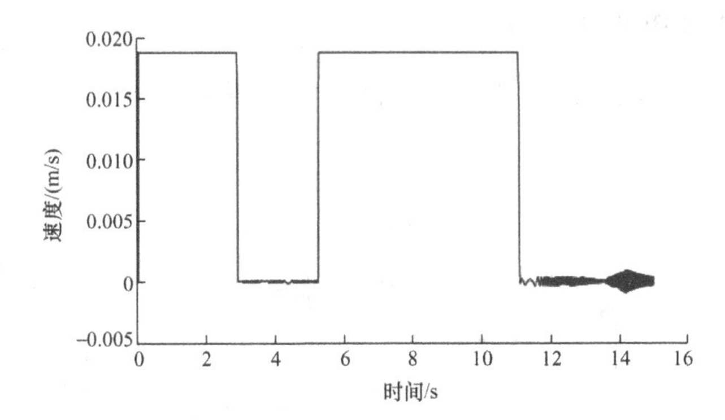

图 7-61　AMESim 液压缸速度曲线

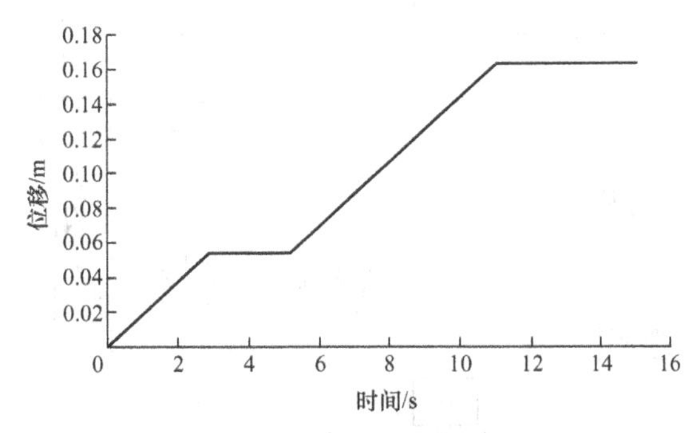

图 7-62　AMESim 液压缸位移曲线

图 7-51 ～图 7-54、图 7-59 ～图 7-62 表明：0 ～ 3.21s 时，压力低于 0.1MPa，换向阀处于右位，无杆腔补充压力油，活塞杆以 0.0188m/s 的速度伸出；3.21 ～ 5.19s 时，压力高于 0.1MPa，换向阀处于中位，液控单向阀处于截止状态，液压缸活塞杆位移保持为 0.054m；5.19 ～ 11.25s 时，压力低于 0.1MPa，换向阀处于右位，无杆腔补充压力油，活塞杆以 0.0188m/s 的速度伸出；11.25 ～ 15s 时，压力高于 0.1MPa，换向阀处于中位，液控单向阀处于截止状态，油缸活塞杆位移保持为 0.174m。

实际中由于阀类元件的泄漏等因素，保压回路的保压时间不能维持很久且压力也不能保持稳定不变，图 7-53 和图 7-61 表明，相比 SimHydraulics 方法，本节 AMESim 方法液压缸活塞杆停止动作时，速度并不是保持恒定数值 0 不变，而是存在微小波动，更符合真实工况一些。

7.6 平衡回路

平衡回路的功用是使液压执行元件的回油路上保持一定的背压值，以平衡重力负载，使之不会因自重而自行下落。另外，平衡回路也起着限速作用。许多机床或机电设备的执行机构是沿铅垂方向运动的，这些机床设备的液压系统无论在工作或停止时，始终会受到执行机构较大重力负载的作用。如果没有相应的平衡措施平衡重力负载，就会造成机床设备执行装置的自行下滑或操作时的动作失控，其后果将十分严重。

7.6.1 SimHydraulics 仿真

一种平衡回路 SimHydraulics 仿真模型如图 7-63 所示。

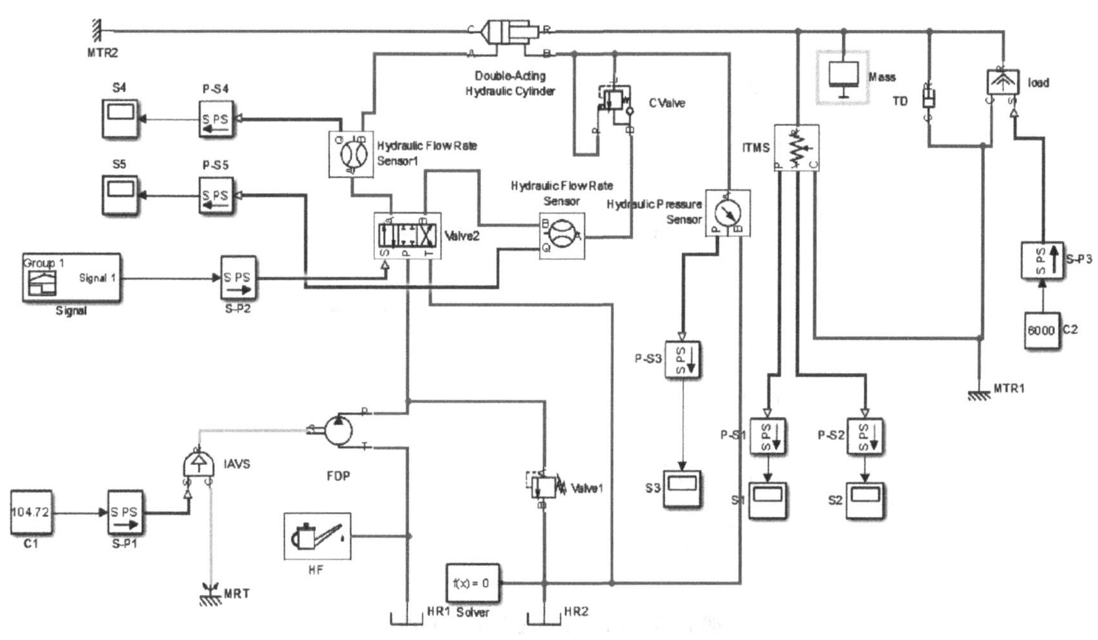

图 7-63 SimHydraulics 平衡回路仿真模型

平衡阀（Simscape\SimHydraulics\Valves\Flow Control Valves\Counterbalance Valve）参数设置如图 7-64 所示，溢流阀参数设置如图 7-65 所示。

仿真时间设定为 20s，换向阀控制信号曲线如图 7-66 所示，平衡阀入口压力曲线如图 7-67 所示，溢流阀入口压力曲线如图 7-68 所示，液压缸速度曲线如图 7-69 所示，液压缸位移曲线如图 7-70 所示。

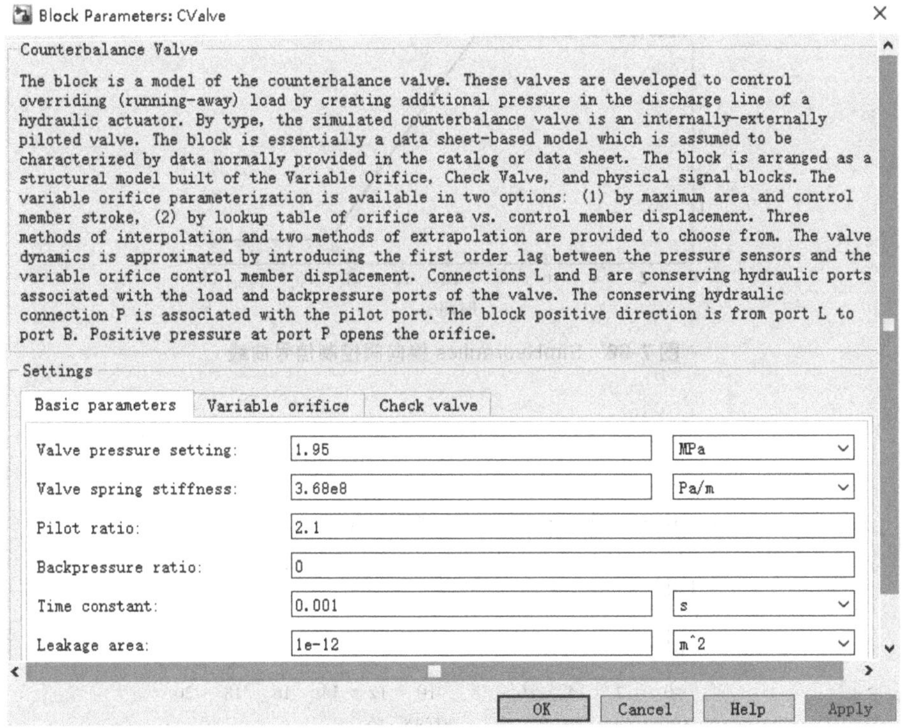

Block Parameters: CValve

Counterbalance Valve

The block is a model of the counterbalance valve. These valves are developed to control overriding (running-away) load by creating additional pressure in the discharge line of a hydraulic actuator. By type, the simulated counterbalance valve is an internally-externally piloted valve. The block is essentially a data sheet-based model which is assumed to be characterized by data normally provided in the catalog or data sheet. The block is arranged as a structural model built of the Variable Orifice, Check Valve, and physical signal blocks. The variable orifice parameterization is available in two options: (1) by maximum area and control member stroke, (2) by lookup table of orifice area vs. control member displacement. Three methods of interpolation and two methods of extrapolation are provided to choose from. The valve dynamics is approximated by introducing the first order lag between the pressure sensors and the variable orifice control member displacement. Connections L and B are conserving hydraulic ports associated with the load and backpressure ports of the valve. The conserving hydraulic connection P is associated with the pilot port. The block positive direction is from port L to port B. Positive pressure at port P opens the orifice.

Settings

Basic parameters | Variable orifice | Check valve

Valve pressure setting:	1.95	MPa
Valve spring stiffness:	3.68e8	Pa/m
Pilot ratio:	2.1	
Backpressure ratio:	0	
Time constant:	0.001	s
Leakage area:	1e-12	m^2

OK　Cancel　Help　Apply

图 7-64　平衡阀参数设置

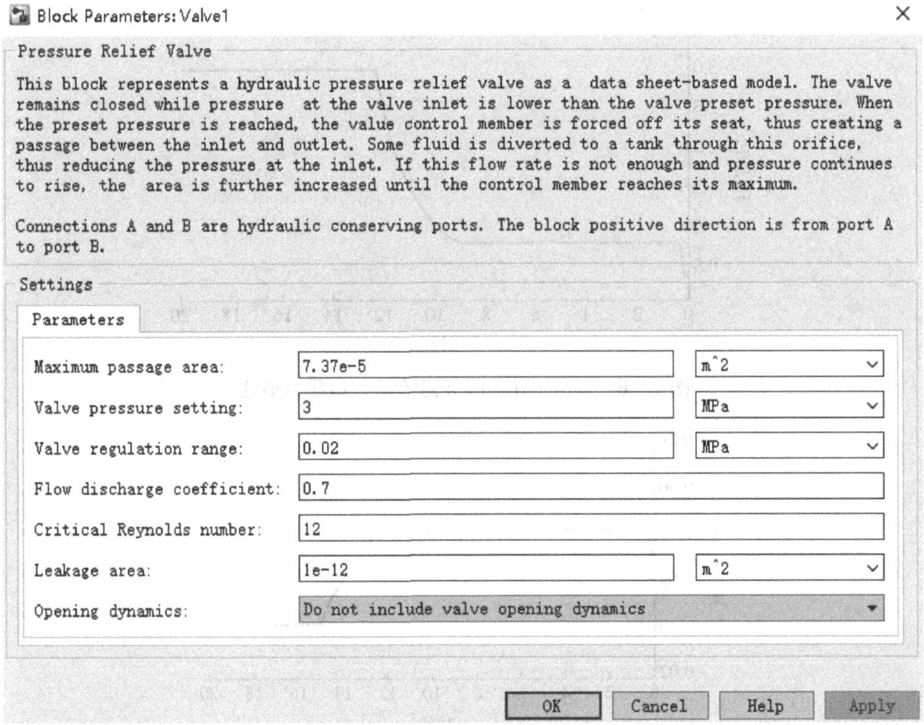

Block Parameters: Valve1

Pressure Relief Valve

This block represents a hydraulic pressure relief valve as a data sheet-based model. The valve remains closed while pressure at the valve inlet is lower than the valve preset pressure. When the preset pressure is reached, the value control member is forced off its seat, thus creating a passage between the inlet and outlet. Some fluid is diverted to a tank through this orifice, thus reducing the pressure at the inlet. If this flow rate is not enough and pressure continues to rise, the area is further increased until the control member reaches its maximum.

Connections A and B are hydraulic conserving ports. The block positive direction is from port A to port B.

Settings

Parameters

Maximum passage area:	7.37e-5	m^2
Valve pressure setting:	3	MPa
Valve regulation range:	0.02	MPa
Flow discharge coefficient:	0.7	
Critical Reynolds number:	12	
Leakage area:	1e-12	m^2
Opening dynamics:	Do not include valve opening dynamics	

OK　Cancel　Help　Apply

图 7-65　溢流阀参数设置

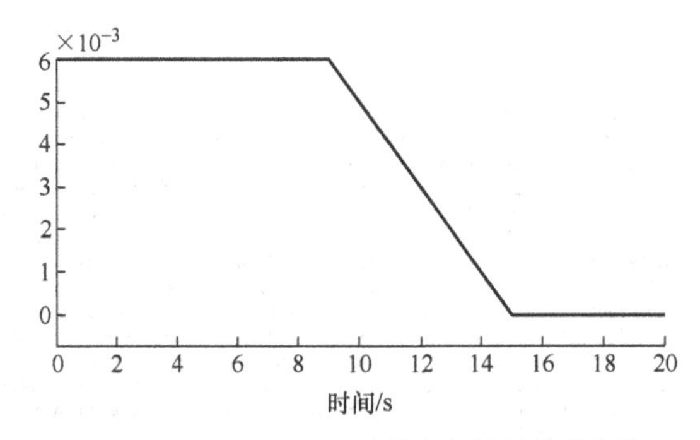

图 7-66 SimHydraulics 换向阀控制信号曲线

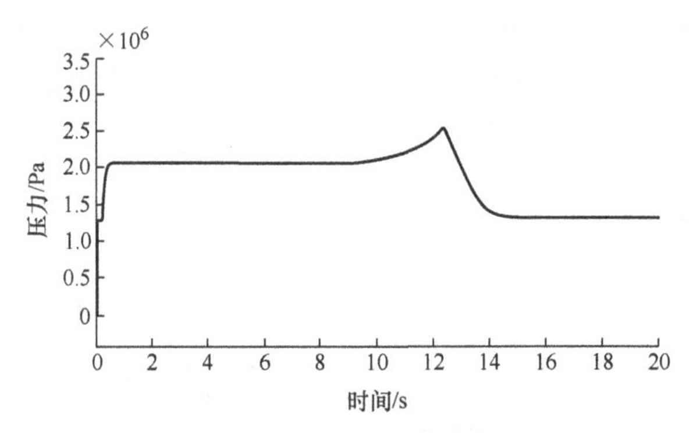

图 7-67 SimHydraulics 平衡阀入口压力曲线

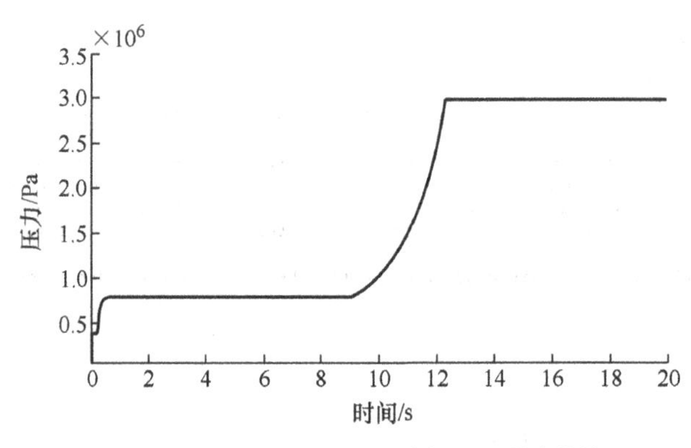

图 7-68 SimHydraulics 溢流阀入口压力曲线

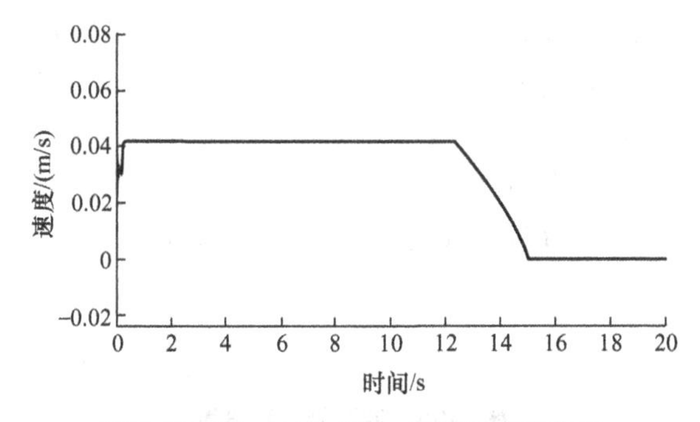

图 7-69 SimHydraulics 液压缸速度曲线

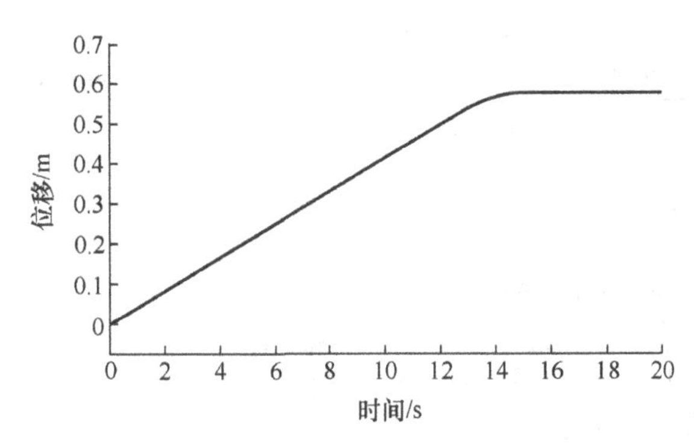

图 7-70　SimHydraulics 液压缸位移曲线

7.6.2　AMESim 仿真

图 7-63 所示平衡回路 AMESim 仿真模型如图 7-71 所示。

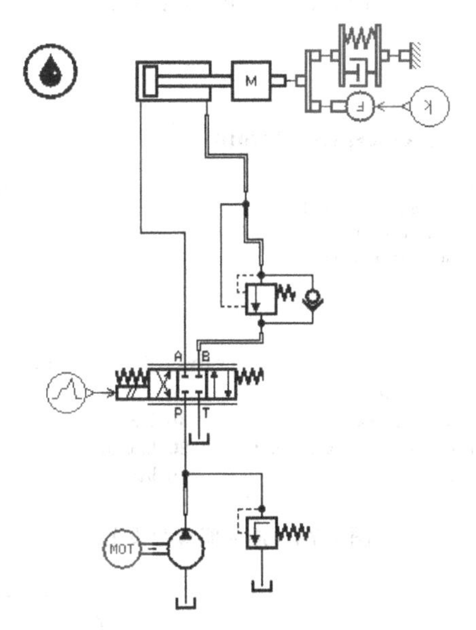

图 7-71　AMESim 平衡回路仿真模型

平衡阀（Hydraulic\Pressure，Control，Values\ovcvalue）参数设置如图 7-72 所示，溢流阀参数设置如图 7-73 所示。

仿真时间设定为 20s，换向阀控制信号曲线如图 7-74 所示，平衡阀入口压力曲线如图 7-75 所示，溢流阀入口压力曲线如图 7-76 所示，液压缸速度曲线如图 7-77 所示，液压缸位移曲线如图 7-78 所示。

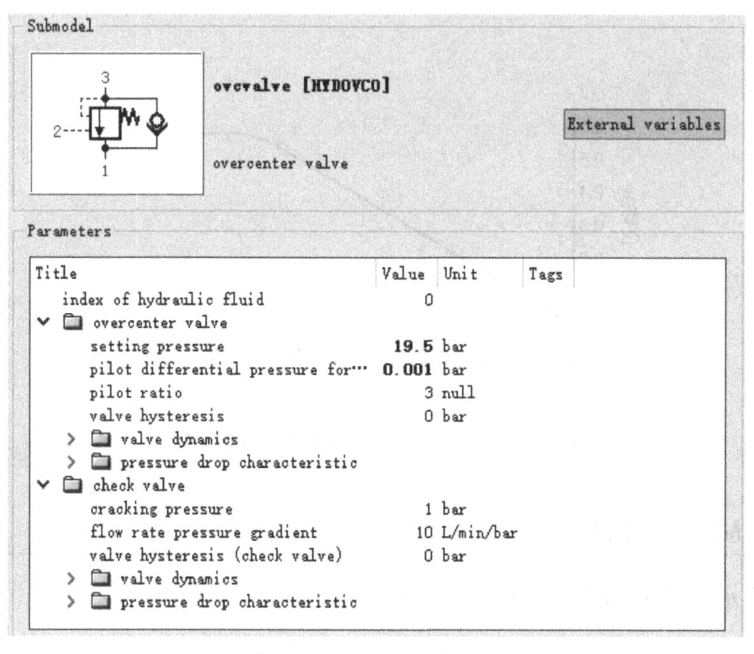

图 7-72　平衡阀参数设置

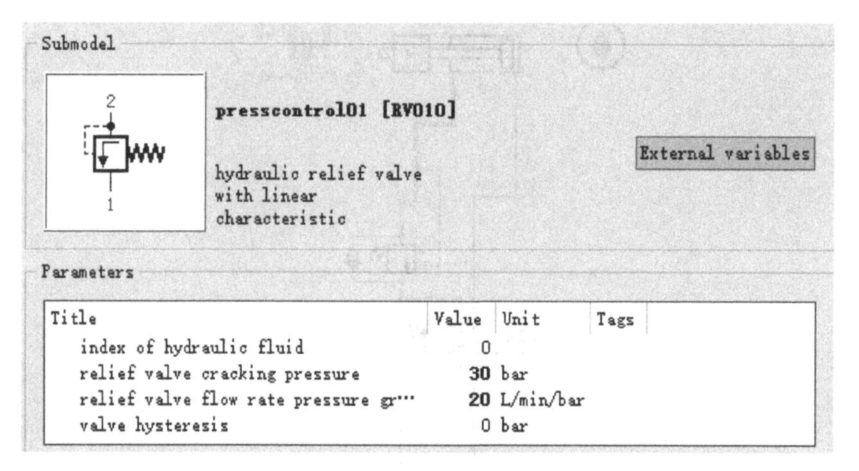

图 7-73　溢流阀参数设置

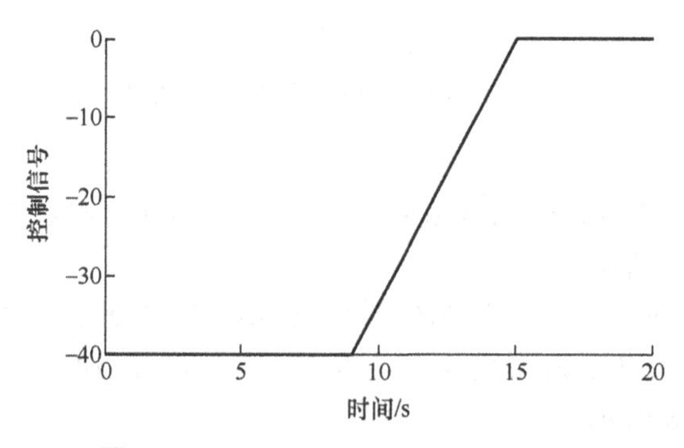

图 7-74　AMESim 换向阀控制信号曲线

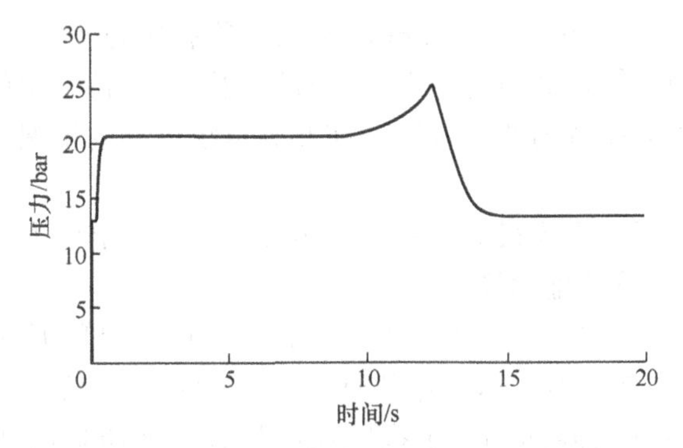

图 7-75　AMESim 平衡阀入口压力曲线

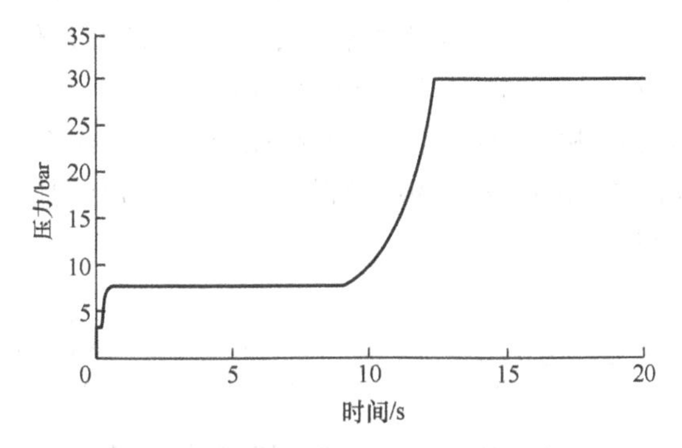

图 7-76　AMESim 溢流阀入口压力曲线

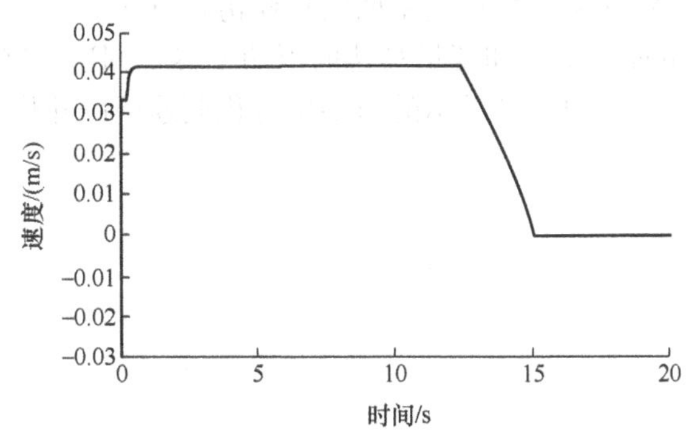

图 7-77　AMESim 液压缸速度曲线

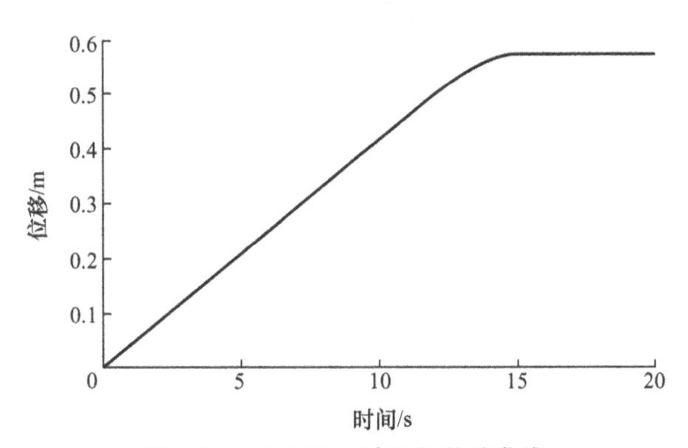

图 7-78　AMESim 液压缸位移曲线

对于平衡回路液压缸活塞杆，施加6000N的外负载拉力（重力），只有当活塞杆右腔的压力等于左腔压力加上外负载力时，即液压缸回油路上保持一定的背压值，平衡重力负载，活塞的运动速度才会保持匀速。否则，在左腔持续供油的情况下，活塞杆将加速运动直到最大行程后停止。

平衡阀的最大设定压力应为最大负载压力的1.3倍。设定压力不能过高，否则会增加液控口的背压，产生节流使油缸下降缓慢。

图7-66～图7-70和图7-74～图7-78表明，由于换向阀控制信号作用，初始时SimHydraulics仿真模型换向阀工作在左位且全开，AMESim仿真模型换向阀工作在右位且全开，液压缸左腔进油右腔回油，平衡阀阀门打开，液压缸回油路上保持一定的背压值，平衡重力负载，活塞杆匀速伸出；在9～12.2s时，换向阀的开口逐渐减小，换向阀两端压差随阀口面积减小而增大，流量保持恒定，液压缸活塞杆保持匀速伸出，平衡阀入口压力逐渐增大；12.2s后，溢流阀压力达到设定值而打开，溢流阀流量逐渐增大，换向阀流量、液压缸活塞杆速度和平衡阀入口压力都逐渐减小；在15s时，换向阀完全关闭，定量泵输出流量全部经溢流阀回油箱，液压缸活塞杆速度为0而停止动作，平衡阀节进口压力下降到1.3MPa并保持恒定。

习　题

1. 熟悉和掌握本章SimHydraulics六种典型回路建模仿真方法。
2. 熟悉和掌握本章AMESim六种典型回路建模仿真方法。
3. 实现SimHydraulics定量泵和变量马达的恒功率容积调速回路建模仿真。
4. 实现AMESim定量泵和变量马达的恒功率容积调速回路建模仿真。

第 8 章 液压控制系统建模仿真

对于一个液压系统，可以用时域内的微分方程描述并研究其特性。计算机出现之前，直接求解高阶微分方程是很困难甚至不可能完成的事情。通常将系统微分方程通过拉普拉斯变换，转换为复域内传递函数，再应用经典控制理论的频域分析等方法，对系统性能特别是系统稳定性进行分析和综合。即使现在利用计算机求解高阶微分方程是一件轻而易举的事情，但是通过对系统传递函数进行频域分析来判断系统稳定性仍是最常用的方法之一。

本章采用 Simulink、SimHydraulics、AMESim 三种方法对液压控制系统进行建模仿真，并应用经典控制理论的频域分析等方法，对系统稳定性、准确性、快速性、效率等进行分析讨论。

8.1 风力机电液比例变桨距控制系统稳定性 MATLAB 仿真

8.1.1 Simulink 仿真

风力机电液比例变桨距控制系统原理如图 8-1 所示。液压变桨距系统的动力源是液压泵，通过联轴器由电动机驱动。变桨距控制系统的节距控制是通过调节电液比例方向阀来实现的。控制器根据功率或转速信号给出一个电信号（电压或电流），控制比例阀输出流量的方向和大小，液压缸按电液比例阀输出的方向和流量操纵活塞的方向和速度，因而液压缸的位移由电液比例方向阀控制。叶片节距在桨叶通过曲柄连杆机构与液压缸相连接，节距角的变化与液压缸位移成正比。把电液比例阀通电到“跨接”（左位）时，压力油进入缸筒的前端。活塞向左移动，相应的叶片节距减小，活塞杆向左移动最大位置时，节距角为 0°；把电液比例阀通电到“直接”（右位）时，压力油进入油缸后端，活塞向右移动，相应的叶片节距增大，当液压缸活塞杆向右移动到最大位置时，节距角大约为 90°。

1. 数学模型

风力机电液比例变桨距控制系统数学模型需要比例电磁铁的传递函数、电液比例方向阀的开口方程、阀口的流量方程、液压缸的流量连续性方程、液压缸的力平衡方程和曲柄连杆机构位移方程。

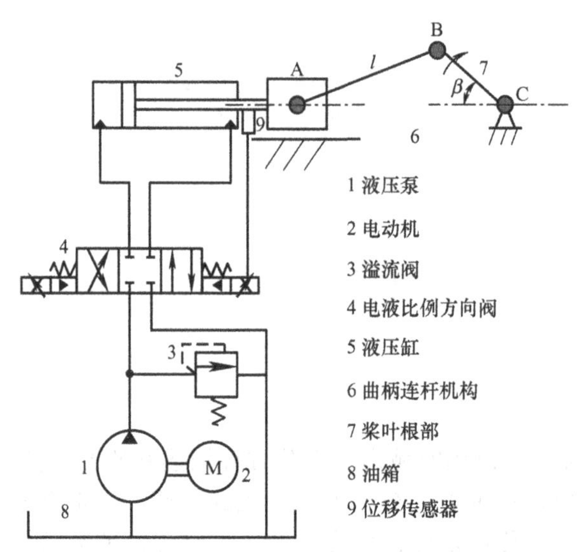

图 8-1 风力机电液比例变桨距控制系统原理图

1）比例电磁铁传递函数和先导级力平衡方程

$$F_i = K_i i = K_{sf} x_v \tag{8-1}$$

$$i = \frac{K_{sf}}{K_i} x_v = K_b x_v \tag{8-2}$$

式中 i ——比例电磁铁输入电流；

K_i ——比例电磁铁的力 - 电流放大系数；

K_{sf} ——比例方向先导阀反馈检测弹簧刚度；

K_b ——比例电磁铁电流 - 位移放大系数；

x_v ——电液比例方向阀阀芯位移。

2）电液比例方向阀阀口流量方程

$$Q_1 = K_q x_v - K_c p_c \tag{8-3}$$

$$K_q = \frac{\partial Q_1}{\partial x_v} = C_v W \sqrt{\frac{1}{\rho}(p_s - p_c)} \tag{8-4}$$

$$K_c = \frac{\partial Q_1}{\partial p_c} = \frac{C_v W x_v \sqrt{\frac{1}{\rho}(p_s - p_c)}}{2(p_s - p_c)} \tag{8-5}$$

式中 Q_1 ——电液比例方向阀流量；

K_q ——流量放大系数；
K_c ——流量 - 压力放大系数；
p_c ——负载压差；
p_s ——供油压力；
ρ ——油液密度；
W ——阀面积梯度；
C_v ——控制口处流量系数。

3）液压缸流量连续性方程

$$Q_L = A_c \frac{dy}{dt} + \frac{V_c}{4\beta_e}\frac{dp_c}{dt} + C_1 p_c \tag{8-6}$$

拉氏变换式为

$$Q_L = A_c s y + \frac{V_c}{4\beta_e} s p_c + C_1 p_c \tag{8-7}$$

式中　A_c ——液压缸活塞面积；
V_c ——液压缸总容积；
β_e ——等效容积弹性模数；
y ——液压缸活塞位移；
C_1 ——总泄漏系数。

4）液压缸受力平衡方程

$$P_c A_c = M\frac{d^2 y}{dt^2} + B_c \frac{dy}{dt} + Ky + F_L \tag{8-8}$$

拉氏变换式为

$$P_c A_c = Ms^2 y + B_c s y + Ky + F_L \tag{8-9}$$

式中　M ——活塞与负载折算到活塞上的总质量；
B ——活塞与负载运动的黏性阻尼系数；
K ——负载弹簧刚度；
F_L ——外干扰力。

联立式（8-3）、式（8-7）、式（8-9）消去中间变量可以得到液压油缸活塞位移 y 和比例阀位移 x_v 的传递函数为

$$y = \frac{\frac{K_q}{A_c}x_v - \frac{K_c + C_1}{A_c^2}\left(1 + \frac{V_c}{4\beta_e(K_c + C_1)}s\right)F_L}{\frac{V_c M}{4\beta_e A_c^2}s^3 + \left(\frac{M(K_c + C_1)}{A_c^2} + \frac{V_c B_c}{4\beta_e A_c^2}\right)s^2 + \left(1 + \frac{B_c(K_c + C_1)}{A_c^2} + \frac{K V_c}{4\beta_e A_c^2}\right)s + \frac{K(K_c + C_1)}{A_c^2}} \tag{8-10}$$

从式（8-10）可知，液压缸活塞位移输出 y 还受泵的外负载力的影响。实际上，不考虑弹性负载，黏阻系数 B_c 很小时得到液压变桨距控制系统对输入 x_v 的开环传递函数为

$$y=\frac{K_v x_v}{s\left(\frac{s^2}{\omega_h^2}+\frac{2\xi_h}{\omega_h}s+1\right)} \tag{8-11}$$

式中 $\omega_h=\sqrt{\frac{4\beta_e A_c^2}{V_c M}}$——液压固有频率；

$\xi_h=\frac{K_c}{A_c}\sqrt{\frac{\beta_e M}{V_c}}$——液压机构阻尼比；

$K_v=\frac{K_q}{A_c}$——液压缸活塞速度放大系数。

联立式（8-2）和式（8-11），仅考虑输出 y 和输入 i，则可得到液压变量机构的传递函数为

$$y=\frac{1}{K_b}\frac{K_v}{s\left(\frac{s^2}{\omega_h^2}+\frac{2\xi_h}{\omega_h}s+1\right)}i=\frac{K_d}{s\left(\frac{s^2}{\omega_h^2}+\frac{2\xi_h}{\omega_h}s+1\right)}i \tag{8-12}$$

式中 $K_d=\frac{K_v}{K_b}$——电液系统比例放大系数。

风力机电液比例变桨距控制系统的框图如图 8-2 所示。

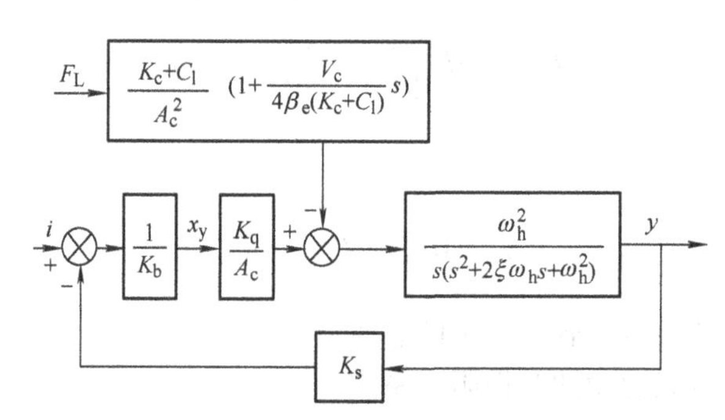

图 8-2 风力机电液比例变桨距控制系统的框图

由图 8-2 所示的框图可得变桨距控制系统的开环传递函数为

$$G_o(s)=\frac{K_d K_s}{s\left(\frac{s^2}{\omega_h^2}+\frac{2\xi_h}{\omega_h}s+1\right)}=\frac{K_e}{s\left(\frac{s^2}{\omega_h^2}+\frac{2\xi_h}{\omega_h}s+1\right)} \tag{8-13}$$

闭环传递函数为

$$G(s)=\frac{Y(s)}{I(s)}=\frac{\dfrac{K_d}{s\left(\dfrac{s^2}{\omega_h^2}+\dfrac{2\xi_h}{\omega_h}s+1\right)}}{1+\dfrac{K_dK_s}{s\left(\dfrac{s^2}{\omega_h^2}+\dfrac{2\xi_h}{\omega_h}s+1\right)}}=\frac{K_d}{s\left(\dfrac{s^2}{\omega_h^2}+\dfrac{2\xi_h}{\omega_h}+1\right)+K_dK_s} \tag{8-14}$$

由于变桨距控制系统的固有频率远大于风力机的固有频率，所以可近似地把变桨距控制系统作为一个一阶环节来处理，有

$$G(s)==\frac{Y(s)}{I(s)}=\frac{K_d}{s+K_dK_s} \tag{8-15}$$

5）曲柄连杆机构位移方程

通过推导和计算可以得到滑块的位移 s（即液压缸活塞的位移 y）与 β、r、l 的关系为

$$y=r(1-\cos\beta)+l\left[1-\sqrt{1-\left(\frac{r}{l}\sin\beta\right)^2}\right] \tag{8-16}$$

2. 仿真分析

在 Simulink 仿真环境下对大型风力机电液比例变桨距控制系统进行仿真实验研究。风速从 12 m/s（额定风速）连续变化到 25m/s（切出风速）。变桨距控制系统仿真参数：曲柄长度为 480mm，连杆长度为 600mm，比例电磁铁力－电流放大系数为 0.3N/mA，电液比例方向阀先导阀反馈检测弹簧刚度为 8.4N × m/rad，电液比例方向阀流量放大系数为 $0.356m^2/s$，电液比例方向阀流量－压力放大系数为 $0.026\times10^{-10}m^5/N\cdot s$，液压缸活塞面积为 $12.7cm^2$，液压缸总容积为 $8.38\times10^{-4}m^3$，液压缸位移传感器放大系数为 0.4A/m，液压缸等效容积弹性模数为 $7000\times10^5N/m^2$，活塞与负载折算到活塞上的总质量为 5000kg。

根据式（8-13）可以得到开环系统的伯德图，如图 8-3 所示。

从伯德图可以知道，相位裕度和增益裕度均为正值。相位裕度 P_m 在增益穿越频率 $\omega_c\approx4.17$ rad/s 时约等于 88.1°；增益裕度 G_m 在相位穿越频率 $\omega_g=32.6$ rad/s 时的增益约等于 6.23dB，所以根据自动控制原理可知系统是稳定的。一般用 k_g 表示增益裕度，有 $k_g=\dfrac{1}{|G(j\omega_g)|}$，以 dB 作单位时，有 $k_g=-20\lg|G(j\omega_g)|$，因此有

$$-20\lg|G(j\omega_g)|=-20\lg|G(j\omega_h)|=-20\lg\frac{k_e}{2\xi_h\omega_h}>0 \tag{8-17}$$

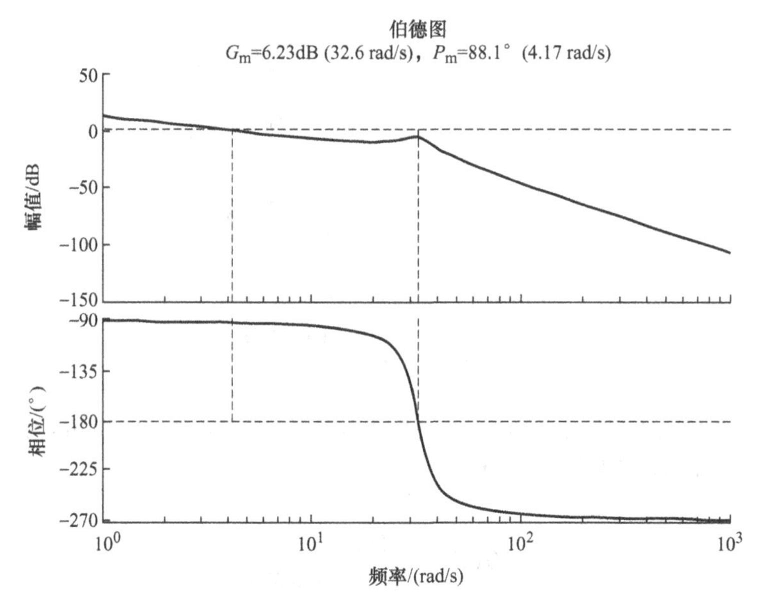

图 8-3 变桨距控制系统开环传递函数伯德图

由此得稳定条件为

$$\frac{k_e}{2\xi_h\omega}<1 \tag{8-18}$$

式(8-18)对所有液压位置伺服系统都适用。该式表明，为了使系统稳定，开环放大系数 k_v 受液压固有频率 ω_h 和阻尼比 ξ_h 的限制。通常液压伺服系统是欠阻尼的，阻尼比一般在 0.1 ～ 0.2 之间，因此放大系数 k_e 被限制在液压固有频率的（20%～ 40%）范围内，即

$$k_e<(0.2\sim 0.4)\omega_h \tag{8-19}$$

在电液伺服系统中，增益的调整是很困难的。因此，在系统设计时，开环放大系数的确定很重要。开环放大系数 k_e 取决于 k_i、k_{sf}、k_q、k_s 和 A_c。在单位反馈系统中，电磁铁电流 - 力放大系数 k_i、反馈弹簧刚度 k_{sf} 一经确定就不能轻易改变，而 A_c 主要由负载的要求决定，因此 k_e 主要取决于 k_q，需要选择一个流量增益合适的阀来满足系统的稳定性。对阻尼比而言，一般来说，校正主要采用液压阻尼器的方式进行。一般的液压阻尼器是一个带节流小孔的液压缸。在变桨距控制系统中，通过在液压缸的进出油路上加阻尼片来实现。

8.1.2 SimHydraulics 仿真

风力机电液比例变桨距控制系统执行机构的 SimHydraulics 仿真模型如图 8-4 所示。

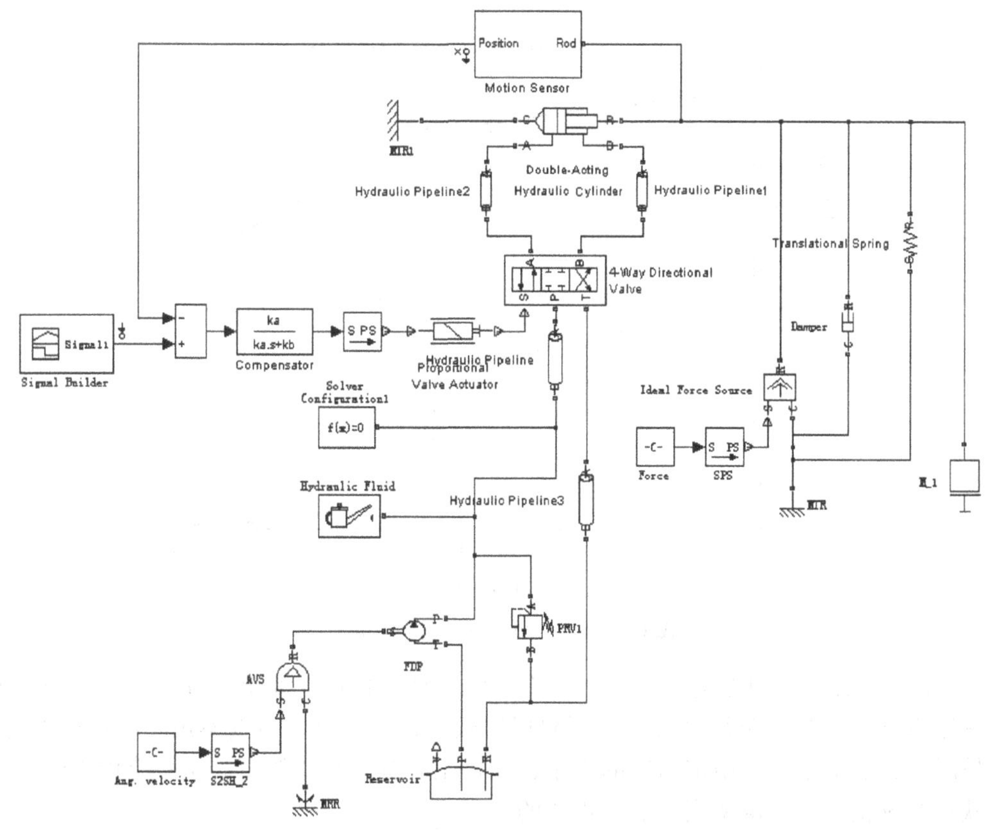

图 8-4 SimHydraulics 变桨距控制系统执行机构仿真模型

在图 8-4 所示的变桨距控制系统执行机构仿真模型中，“Signal Builder”模块的输出信号为比例电磁铁输入电流信号，设定其为仿真模型的输入点，同时设定液压缸活塞杆的位移为输出点，并设置为开环。打开菜单“Tools>Control Design>Liner Analysis Tools”，在“Control and Estimation Tools Manager”对话框中设定线性化操作点并“Linearize Model”系统，得到伯德图如图 8-5 所示。

同时自动得到系统的开环传递函数为

$$
\begin{aligned}
G(s) &= \frac{Y(s)}{I(s)} \\
&= \frac{2.657\times10^{11}s^{3}+1.103\times10^{11}s^{2}+9.699\times10^{-5}s+1.267\times10^{-20}}{s^{9}+526.3\,s^{8}+1.66\times10^{5}s^{7}+1.778\times10^{7}s^{6}+3.765\times10^{9}s^{5}+7.056\times10^{10}s^{4}+2.234\times10^{10}s^{3}+5.611\times10^{7}s^{2}+1.949\times10^{-9}s}
\end{aligned}
\tag{8-20}
$$

如图 8-5、图 8-3 所示，前者的增益穿越频率是 3.78rad/s，对应相位裕度是 77°，相位穿越频率是 67.1rad/s，对应幅值裕度是 34.2dB；后者的增益穿越频率是 4.17rad/s，对应相位裕度是 88.1°，相位穿越频率是 32.6rad/s，对应幅值裕度是 6.23dB。两种建模方法下，幅值裕度和相位裕度都为正数，根据经典控制理论可知，SimHydraulics 建模和传递函数表征得到的变桨距控制系统执行机构模型都是稳定的，二者的区别是稳定程度有所不同。

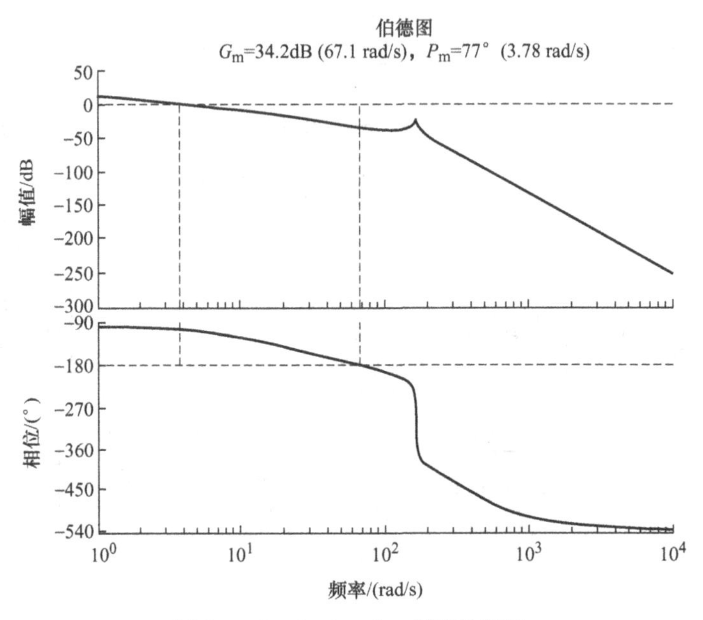

图 8-5　SimHydraulics 模型伯德图

为了保证系统可靠地稳定工作，并具有满意的性能指标，要求系统具有适当的稳定裕度。液压系统通常是欠阻尼系统，液压阻尼比较小，使得增益裕度不足，相位裕度有余。一般情况下，需根据系统稳定裕度的大小，加校正装置对系统校正。从系统校正的角度来说，获得系统精确的稳定裕度是非常重要的。

8.2　采煤机液压控制系统效率 SimHydraulics 仿真

8.2.1　采煤机定量泵液压调高系统

1. 工作原理

采煤机定量泵液压调高系统原理图如图 8-6 所示。

由图 8-6 可知，液压油从油箱 1 经过滤装置 2 进入定量泵 4，过滤装置 2 的作用是保持油液的清洁度，它将油液中的杂质阻挡在过滤装置中。定量泵 4 由电动机 3 驱动，定量泵 4 出口并联一个溢流阀 5。当液压调高系统的压力未超过溢流阀 5 的设定值时，溢流阀 5 处于常闭状态；当液压调高系统的压力超过安全阀设定值时，溢流阀 5 开启，通过溢流阀 5 向系统外排放油液来控制系统的最高工作压力，对液压系统起安全保护作用。当换向阀 6 工作在左位时，从定量泵 4 出来的液压油经换向阀 6 进入调高油缸 9 的无杆腔，调高油缸 9 的活塞杆伸出，采煤机滚筒高度增加，直至完全伸出，滚筒高度达到最大采高。此时，调高油缸无杆腔多余流量经安全阀 7 回油箱，对油缸起到过载保护的作用。当换向阀 6 工作在右位时，定量泵 4 出口的液压油经换向阀 6 进入调高油缸 9 的有杆腔，调高油缸 9 的活塞杆缩回，采煤机滚筒高度减小，调高油缸活塞杆完全缩回时，调高油缸 9 有杆腔的油液经安全阀 8 回油箱。

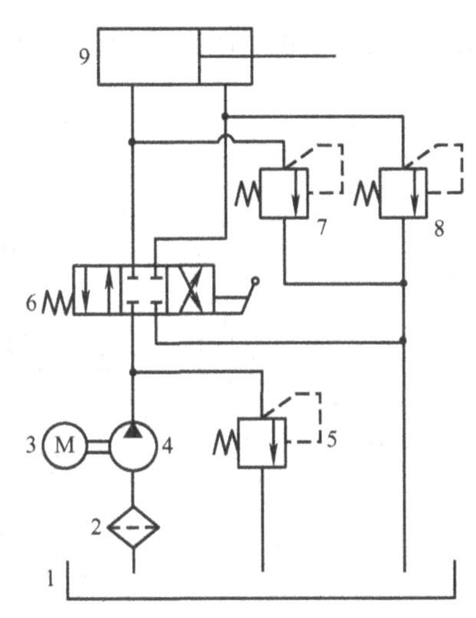

1—油箱　2—过滤装置　3—电动机　4—定量泵　5—溢流阀　6—换向阀　7、8—安全阀　9—调高油缸

图 8-6　采煤机定量泵液压调高系统原理图

2. 仿真模型与参数

在采煤机定量泵液压调高系统原理（图 8-6）的基础上，对定量泵液压调高系统建模，其中定量泵液压调高系统参数见表 8-1。

表 8-1　定量泵液压调高系统主要参数

变量	参数
定量泵额定压力	20MPa
调高油缸无杆腔面积	$7.065\times10^{-4}m^2$
调高油缸有杆腔面积	$2.01\times10^{-4}m^2$
调高油缸活塞杆行程	996mm
调高油缸活塞杆伸出时间	82s

定量泵主要参数见表 8-2。

表 8-2　定量泵主要参数

变量	参数
排量	$5\times10^{-6}m^3/rad$
额定压力	$2\times10^{7}MPa$
额定转速	188rad/s

三位四通阀主要参数见表 8-3。

表 8-3　三位四通阀主要参数

变量	参数
最大开口面积	$5\times10^{-5}m^2$
最大开口量	$5\times10^{-3}m$
泄漏面积	$1\times10^{-12}m^2$

定量泵液压调高系统 SimHydraulics 液压调高系统模型如图 8-7 所示。

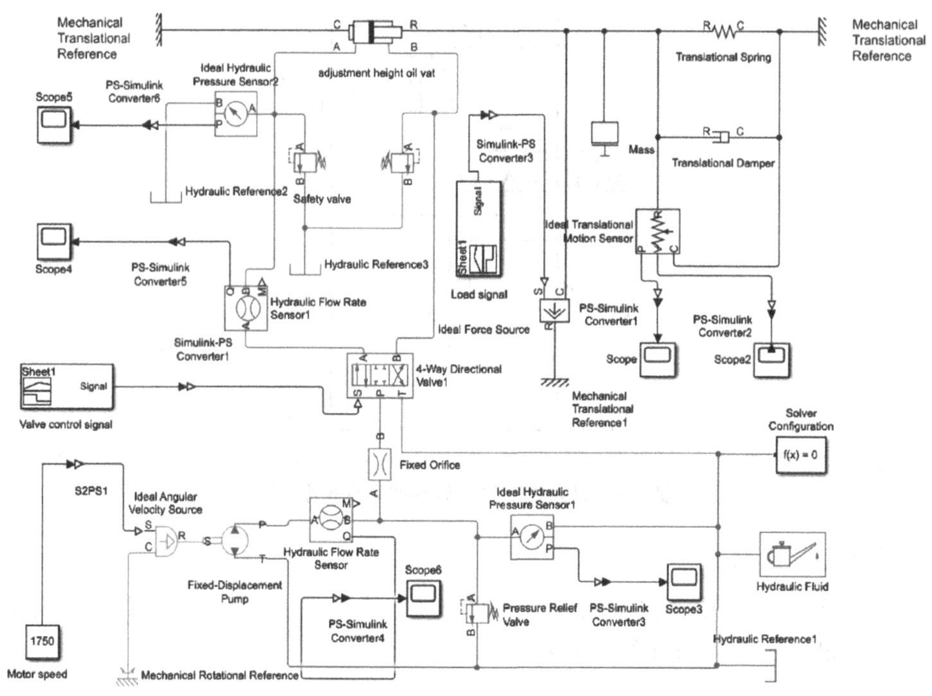

图 8-7 定量泵液压调高系统模型

定量泵系统中泵的功率是由系统的最大负载和最大工作速度确定的，定量泵只有工作在最大功率点，定量泵系统才有较高的效率，而采煤机的负载是时刻变化的，所以定量泵系统的效率不是很高。根据定量泵液压调高系统原理（图 8-6）对系统效率进行分析，结果如下。

定量泵出口压力为

$$P_{\mathrm{d-p}} = P_F + \Delta P \tag{8-21}$$

式中 $P_{\mathrm{d-p}}$——定量泵出口压力，单位为 Pa；

P_F——调高油缸入口处压力，单位为 Pa；

ΔP——液压调高系统压差损失，单位为 Pa。

由图 8-6 可知，定量泵出口的流量分为两部分，一部分流入调高油缸，一部分经溢流阀回油箱，流量方程为

$$Q_{\mathrm{d-p}} = Q_F + \Delta Q \tag{8-22}$$

式中 $Q_{\mathrm{d-p}}$——定量泵出口的流量，单位为 $\mathrm{m^3/s}$；

Q_F——进入调高油缸的流量，单位为 $\mathrm{m^3/s}$；

ΔQ——液压调高系统溢流损失，单位为 $\mathrm{m^3/s}$。

定量泵输出功率为

$$N_{\text{d-p}} = P_{\text{d-p}} \cdot Q_{\text{d-p}} \tag{8-23}$$

式中　$N_{\text{d-p}}$——定量泵的输出功率，单位为 W。

定量泵液压调高系统中调高油缸的输入功率为

$$N_F = P_F \cdot Q_F \tag{8-24}$$

式中　N_F——调高油缸输入功率，单位为 W。

定量泵液压调高系统功率损失为

$$\begin{aligned}\Delta N_{\text{d}} &= N_{\text{pd}} - N_F = P_{\text{Pd}} \cdot Q_{\text{pd}} - P_F \cdot Q_F \\ &= (P_F + \Delta P) \cdot (Q_F + \Delta Q) - P_F \cdot Q_F \\ &= \Delta N_1 + \Delta N_2\end{aligned} \tag{8-25}$$

式中　ΔN_{d}——定量泵液压调高系统损失功率，单位为 W；

ΔN_1——流量损失 ΔQ 在压力 P_{Pd} 下所产生的功率损失，单位为 W；

ΔN_2——负载流量 ΔF 在压差损失 ΔP 下所产生的功率损失，单位为 W。

定量泵液压调高系统效率为

$$\eta_{\text{d}} = \frac{N_F}{N_{\text{d-P}}} = \frac{P_{\text{d-P}} \cdot Q_{\text{d-P}} - \Delta N_1 - \Delta N_2}{P_{\text{d-P}} \cdot Q_{\text{d-P}}} = 1 - \frac{\Delta N_1}{N_{\text{d-P}}} - \frac{\Delta N_2}{N_{\text{d-P}}} \tag{8-26}$$

8.2.2　采煤机负载敏感变量泵液压调高系统

1. 工作原理

采煤机负载敏感变量泵液压调高系统包括待机状态、压力自适应状态、过载状态、保压状态四个工况，其系统原理图如图 8-8 所示。

1）当采煤机处于待机状态时，即采煤机液压调高系统不工作。节流阀 5 完全关闭，负载与泵出口之间压力切断，泵出口压力 P_{P} 超过负载敏感阀 7 的预设压力 P_{S}，压力油通过负载敏感阀 7 左位和压力切断阀 6 右位进入变量油缸 4，复位油缸 2 活塞杆缩回，变量泵 3 斜盘摆角变小，排量减小。此时，负载敏感变量泵处于小流量、小压力下的待机状态，能量损失小。

2）当采煤机处于压力自适应状态时，即采煤机液压调高系统工作压力在压力切断阀预设压力 P_{L} 范围内。系统随着负载的改变，泵出口压力 P_{P} 自动适应于负载压力 P_F，其值等于负载压力 P_F 与节流阀 5 两端压差ΔP 之和，压差ΔP 由负载敏感阀预设压力 P_{S} 决定。当负载变小时，节流阀 5 两端压差ΔP 变大，压力油经负载敏感阀 7 左位和压力切断阀 6 的右位进入变量油缸 4，复位油缸 2 活塞杆缩回，变量泵 3 斜盘摆角变小，排量减小，直至与负载相匹配；当负载变大时，节流阀 5 两端压差ΔP 变小，变量油缸 4 无杆腔中压力油经压力切断阀 6 右位和负载敏感阀 7 右位回油箱 1，复位油缸 2 活塞杆伸出，变量泵 3 斜盘摆角增大，排量增至与负载相匹配。

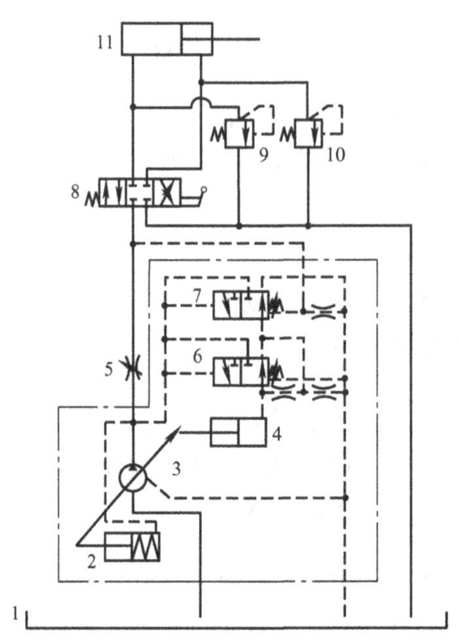

1—油箱 2—复位油缸 3—变量泵 4—变量油缸 5—节流阀 6—压力切断阀 7—负载敏感阀 8—三位四通阀 9、10—安全阀 11—调高油缸

图 8-8 负载敏感变量泵液压调高系统原理图

3）当采煤机处于过载状态和保压状态时，即采煤机调高油缸活塞杆位移保持不变，使滚筒处于某一位置工作时的工作状态。三位四通阀 8 处于左位，调高油缸 11 活塞杆处于伸出状态，直至完全伸出，调高油缸 11 无杆腔的油液经安全阀 9 回油箱；三位四通阀 8 处于右位，调高油缸活塞杆 11 处于缩回状态，直至完全缩回，调高油缸 11 有杆腔的油液经安全阀 10 回油箱。当调高油缸 11 活塞杆完全伸出或完全缩回时，泵出口压力 P_P 大于压力切断阀 6 预设压力 P_L，泵出口的压力油经压力切断阀 6 左位进入变量油缸 4，复位油缸 2 活塞杆缩回，变量泵 3 斜盘摆角变小，排量减小，负载敏感变量泵功率消耗最小，实现了负载敏感变量泵的节能目的。

负载敏感变量泵的变量机构原理图如图 8-9 所示。1 接负载敏感阀，2 接压力切断阀。在复位油缸作用下，泵在启动前斜盘处于最大的摆角位置，即泵的排量最大，泵在最大排量处启动的目的是为变量机构提供所需的压力油用于改变控制泵的排量。当变量油缸活塞向左运动时，变量泵符号的带箭头斜线受变量油缸活塞杆的推动作用使其更加陡峭，表示泵的排量减小；当变量油缸活塞杆向右运动时，变量泵符号的带箭头斜线受复位油缸活塞杆的推动作用使其更加平缓，表示泵的排量变大。进出变量油缸无杆腔的油液由负载敏感阀和压力切断阀决定。液压系统工作压力大于压力切断阀设定值时，压力切断阀工作；液压系统工作压力不大于压力切断阀设定值时，负载敏感阀工作。

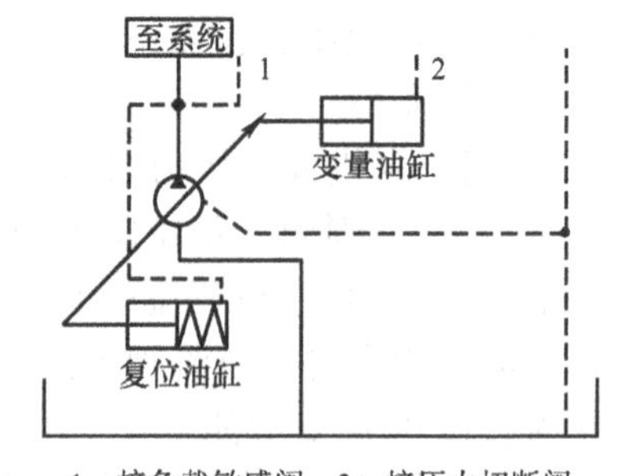

1—接负载敏感阀 2—接压力切断阀

图 8-9 负载敏感变量泵的变量机构原理图

2. 仿真模型与参数

Simhydraulics 环境下的变量机构模型如图 8-10 所示。

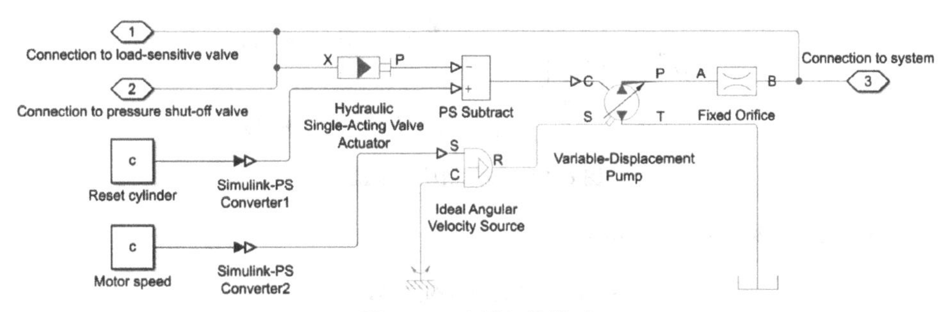

图 8-10 变量机构模型

变量机构参数见表 8-4。

表 8-4 变量机构参数

变量	参数
变量泵最大排量	$6\times10^{-6}m^3/rad$
变量泵额定压力	2×10^7Pa
变量泵额定转速	188rad/s
复位油缸最大行程	5mm
复位油缸无杆腔面积	$6\times10^{-4}m^2$
复位油缸弹簧预设力	1.4N
复位油缸弹簧最大力	62N
复位油缸最大行程	9mm

变量泵排量的改变是通过变量油缸活塞杆与复位油缸活塞杆的位移差来调节变量泵斜盘的摆角来实现的，而变量油缸无杆腔油液的进出由负载敏感阀和压力切断阀决定，所以接下来的建模从负载敏感阀和压力切断阀入手。

负载敏感阀的工作原理如图 8-11 所示。泵出口压力 P_P 减去负载反馈压力 P_F，利用压力差 ΔP 与负载敏感阀弹簧预设压力 P_S 的差值来决定负载敏感阀的工作位置。当负载变大时，压力差 ΔP 变小，负载敏感阀工作在右位，由压力切断阀出来的油液经负载敏感阀流入油箱，使泵的排量变大以适应变大的负载；当负载变小时，压力差 ΔP 变大，负载敏感阀工作在左位，泵出口的油液经负载敏感阀与压力切断阀进入变量油缸无杆腔，泵的排量减小，从而达到节能的目的。

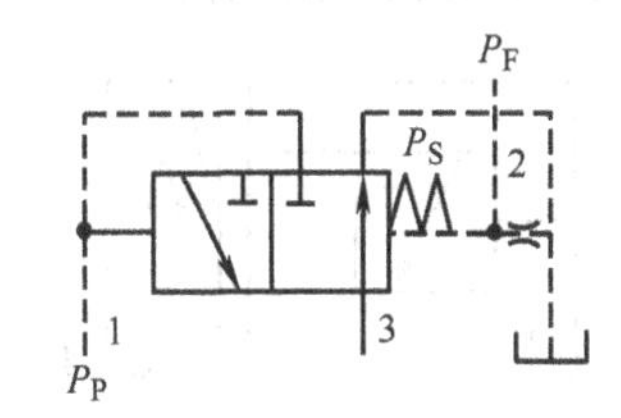

1—接泵出口 2—接负载反馈 3—接压力切断阀

图 8-11 负载敏感阀的工作原理图

Simhydraulics 环境下负载敏感阀模型如图 8-12 所示。

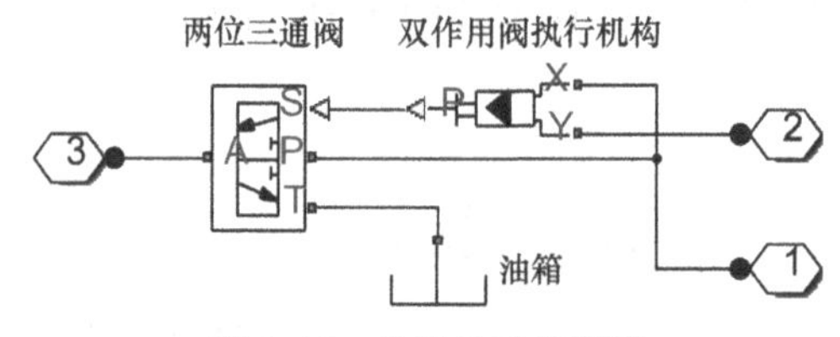

图 8-12 负载敏感阀模型

负载敏感阀的主要参数见表 8-5。

表 8-5 负载敏感阀主要参数

变量	参数
负载敏感阀 P_A 初始开口量	-2.5mm
负载敏感阀 A_T 初始开口量	2.5mm
负载敏感阀最大开口量	5mm
负载敏感阀最大开口面积	$5.6\times10^{-7}m^2$
双作用阀执行机构 X 腔有效面积	$2\times10^{-4}m^2$
双作用阀执行机构 X 腔弹簧预设力	0N
双作用阀执行机构 X 腔弹簧最大力	4000N
双作用阀执行机构 X 腔弹簧最大位移	5mm
双作用阀执行机构 Y 腔有效面积	$2\times10^{-4}m^2$
双作用阀执行机构 Y 腔弹簧预设力	200N
双作用阀执行机构 Y 腔弹簧最大力	240N
双作用阀执行机构 Y 腔弹簧最大位移	5mm

压力切断阀的工作原理如图 8-13 所示，负载敏感阀与压力切断阀的阀芯机能相同，区别在于负载敏感阀弹簧侧有控制油的作用，而压力切断阀的弹簧侧少了控制油的作用，且弹簧的刚度和压缩量不同。当泵出口压力 P_P 小于压力切断阀预设压力 P_L 时，工作在右位，变量油缸出来的油液经压力切断阀与负载敏感阀进入油箱；当泵出口压力 P_P 高于压力切断阀预设压力 P_L 时，工作在左位，泵出口的压力油经压力切断阀进入泵的变量油缸，泵的排量减小直至为零，此时压力切断阀起保护作用。

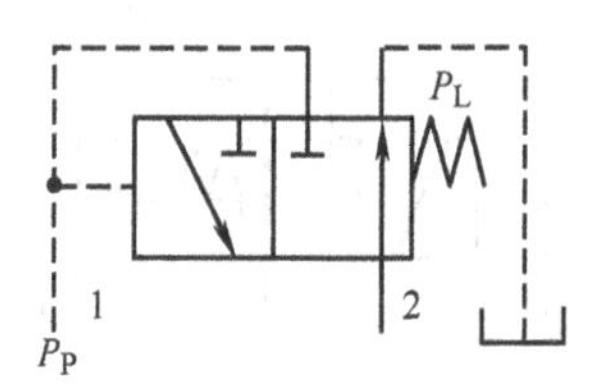

1—接泵出口 2—接变量油缸

图 8-13 压力切断阀的工作原理图

Simhydraulics 环境下组合设计的压力切断阀模型如图 8-14 所示。

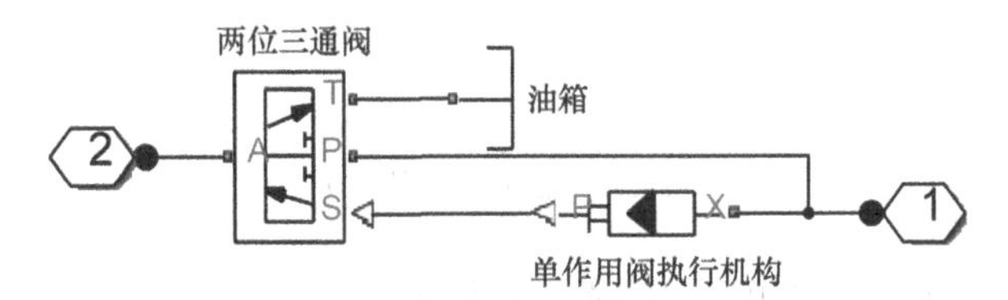

图 8-14　压力切断阀模型

压力切断阀的主要参数见表 8-6。

表 8-6　压力切断阀主要参数

变量	参数
压力切断阀 P_A 初始开口量	–2.5mm
压力切断阀 A_T 初始开口量	2.5mm
压力切断阀最大开口量	5mm
压力切断阀最大开口面积	$5.6\times10^{-7}\text{m}^2$
压力切断阀弹簧最大位移	5mm
单作用阀执行机构有效面积	$2\times10^{-4}\text{m}^2$
单作用阀执行机构弹簧预设力	4000N
单作用阀执行机构弹簧最大力	4210N

负载敏感变量泵 Simhydraulics 液压调高系统模型，如图 8-15 所示。

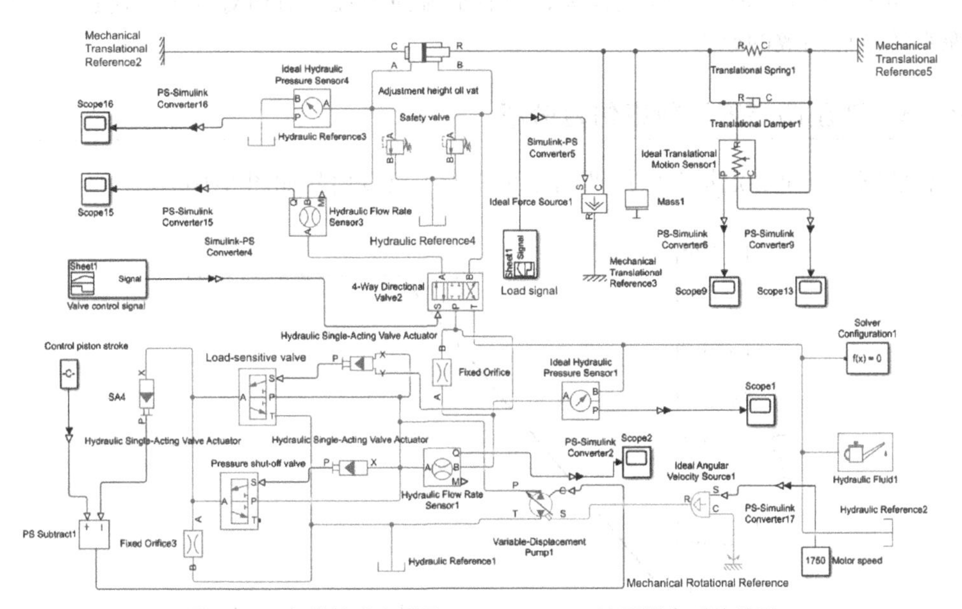

图 8-15　负载敏感变量泵 Simhydraulics 液压调高系统模型

负载敏感技术是将泵出口的压力和流量与负载的压力和流量相匹配，实现流量的按需供给，以最大限度减少系统能量损失。由原理图 8-8 可知，负载敏感变量泵系统中没有溢流阀，不存在溢流损失，根据流量连续性方程可知负载敏感变量泵出口流量 Q_P 与调高油缸入口处流量 Q_F 相等。

负载敏感变量泵的输出功率

$$N_P = P_P \cdot Q_P = P_P \cdot Q_F \tag{8-27}$$

式中 N_P——负载敏感变量泵的输出功率，单位为 W；

Q_P——负载敏感变量泵出口的流量，单位为 m³/s。

负载敏感变量泵液压调高系统中调高油缸的输入功率

$$N_F = P_F \cdot Q_F = (P_P - \Delta P) \cdot Q_F = N_P - \Delta N \tag{8-28}$$

式中 ΔN——流量损失 Q_F 在压力 ΔP 下所产生节流功率损失，单位为 W。

负载敏感变量泵系统效率

$$\eta = \frac{N_F}{N_P} = \frac{N_P - \Delta N}{N_P} = 1 - \frac{\Delta N}{N_P} \tag{8-29}$$

式中 η——负载敏感变量泵系统效率。

从式（8-26）、式（8-29）可以看出，定量泵系统存在溢流和节流损失，功率损失相比于负载敏感变量泵系统更大，而负载敏感变量泵系统无论负载压力 P_F 如何变化，泵出口压力 P_P 始终比负载压力 P_F 高出节流阀两端压差 ΔP 的压力值，泵出口流量 Q_P 始终与负载所需流量 Q_F 相等，消除了溢流损失，只有节流损失且数值相对较小。这也是负载敏感变量泵系统节能高效的原因。

8.2.3 液压调高系统效率仿真分析

负载敏感变量泵和定量泵液压调高系统模型中负载信号如图 8-16 所示。

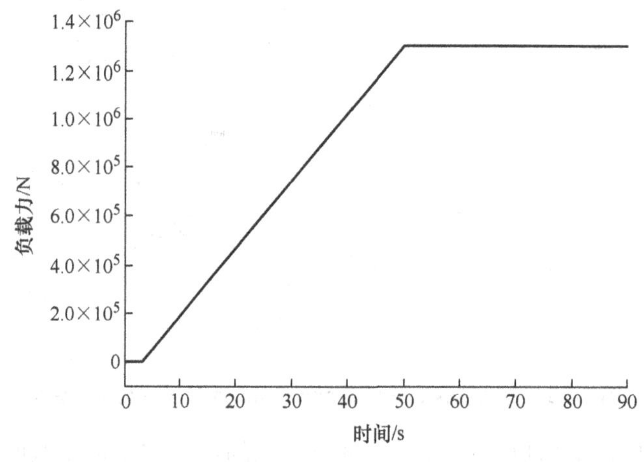

图 8-16 负载信号

由图 8-16 可知，0 ～ 3s 时，负载为 0；3 ～ 50s 时，负载为变负载；50 ～ 90s 时，负载为恒负载，其值为 1.3×10^6N。

负载敏感变量泵和定量泵液压调高系统模型中三位四通阀控制信号如图 8-17 所示。

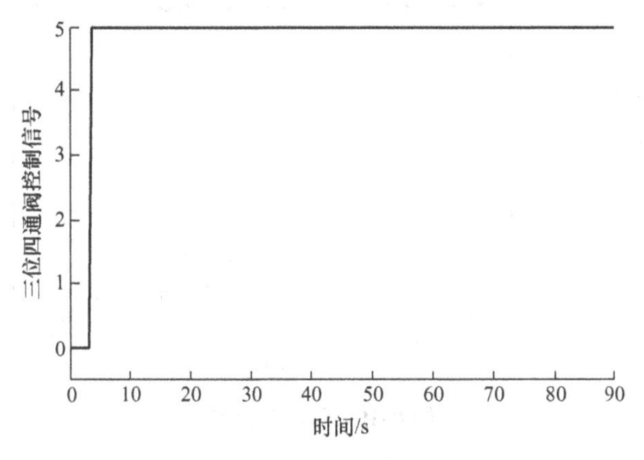

图 8-17　三位四通阀控制信号

由图 8-17 可知，0 ～ 3s 时，三位四通阀处于关闭状态；3 ～ 90s 时，三位四通阀处于开启状态。

负载敏感变量泵和定量泵液压调高系统泵出口压力如图 8-18 所示。

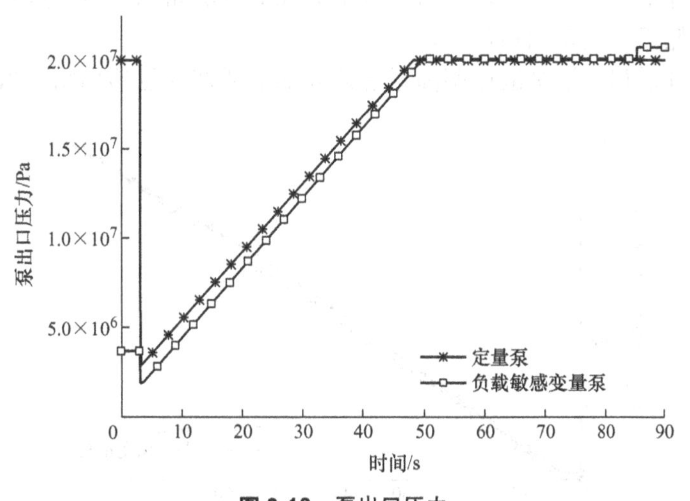

图 8-18　泵出口压力

由图 8-18 可知，0 ～ 3s 时，负载敏感变量泵系统处于待机状态，泵出口压力为 3.7×10^6Pa，定量泵系统处于溢流状态，泵出口压力为 2×10^7Pa；3 ～ 85s 时，负载敏感变量泵系统处于压力自适应状态，定量泵系统中溢流阀处于关闭状态，负载敏感变量泵出口压力略低于定量泵出口压力；85 ～ 90s 时，负载敏感变量泵中压力切断阀压力设定值稍高于系统最高工作压力，负载敏感变量泵中压力切断阀开启，泵出口压力值为 2.08×10^7Pa，定量泵系统中溢流阀开启，泵出口压力值为 2×10^7Pa。在负载敏感变量泵中压力切断阀未开启时，负载敏感变量泵出口压力低于定量泵出口压力；压力切断阀开启后，负载敏感变量泵出口压力稍高于定量泵出口压力。

负载敏感变量泵和定量泵液压调高系统泵出口流量如图 8-19 所示。

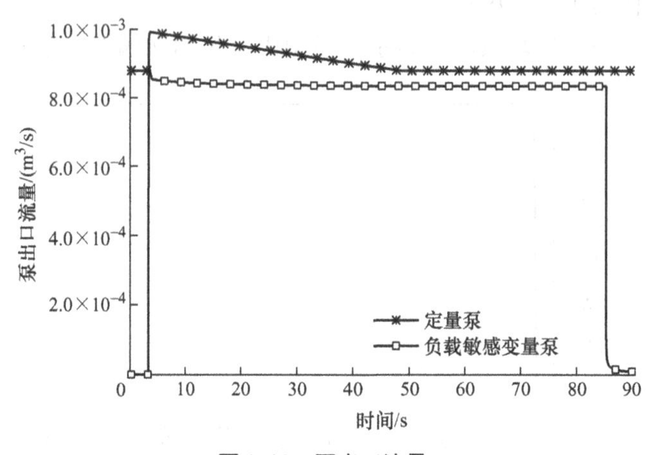

图 8-19 泵出口流量

由图 8-19 可知，0 ～ 3s 时，处于待机状态的负载敏感变量泵出口流量接近 0，而处于溢流状态的定量泵出口流量为 $8.8\times10^{-4}m^3/s$；3 ～ 85s 时，负载敏感变量泵出口流量始终为 $8.5\times10^{-4}m^3/s$，定量泵出口流量增大是负载压力的升高导致泄漏量变大而引起的，随着负载趋于恒定，流量慢慢趋于恒值；85 ～ 90s 时，保压状态的负载敏感变量泵出口流量趋于 0，溢流阀开启的定量泵系统出口流量为 $8.8\times10^{-4}m^3/s$。仿真过程中负载敏感变量泵出口流量始终低于定量泵出口流量。

负载敏感变量泵和定量泵液压调高系统调高油缸活塞杆位移如图 8-20 所示。

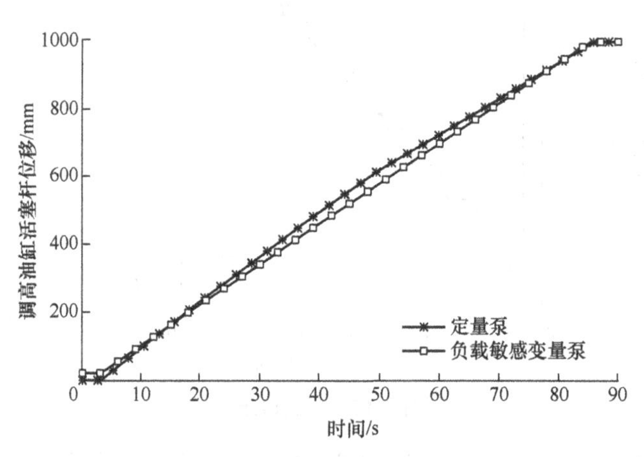

图 8-20 调高油缸活塞杆位移

由图 8-20 可知，0 ～ 3s 时，三位四通阀处于关闭状态，负载敏感变量泵和定量泵系统调高油缸活塞杆位移均为 0；3 ～ 85s 时，三位四通阀处于开启状态，负载敏感变量泵系统调高油缸活塞杆位移稍低于定量泵系统调高油缸活塞杆位；85s 左右时，两者同时伸出；85 ～ 90s 时，负载敏感变量泵和定量泵调高油缸活塞杆位移均保持在 996mm 不变。

负载敏感变量泵和定量泵液压调高系统调高油缸活塞杆速度如图 8-21 所示。

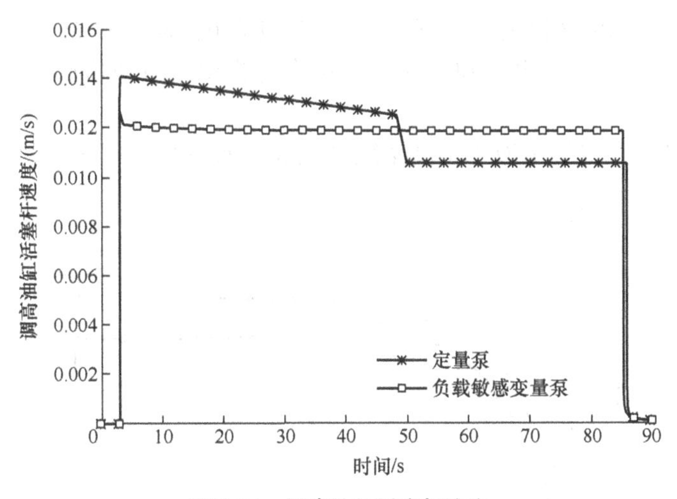

图 8-21　调高油缸活塞杆速度

由图 8-21 可知，0 ～ 3s 时，负载敏感变量泵和定量泵调高油缸活塞杆速度均为 0；3 ～ 50s 时，负载未达到最大值，负载敏感变量泵系统活塞杆速度低于定量泵系统活塞杆速度；50 ～ 85s 时，负载为最大值负载，定量泵系统活塞杆以 0.01m/s 匀速伸出；85 ～ 90s 时，活塞杆全部伸出，速度为 0。负载敏感变量泵系统在 3 ～ 85s 的仿真过程中，活塞杆速度以 0.012m/s 匀速伸出。负载未达到最大时，负载敏感变量泵系统调高油缸活塞杆速度低于定量泵系统；负载达到最大时，负载敏感变量泵系统调高油缸活塞杆速度高于定量泵系统。

负载敏感变量泵和定量泵液压调高系统输出功率如图 8-22 所示。

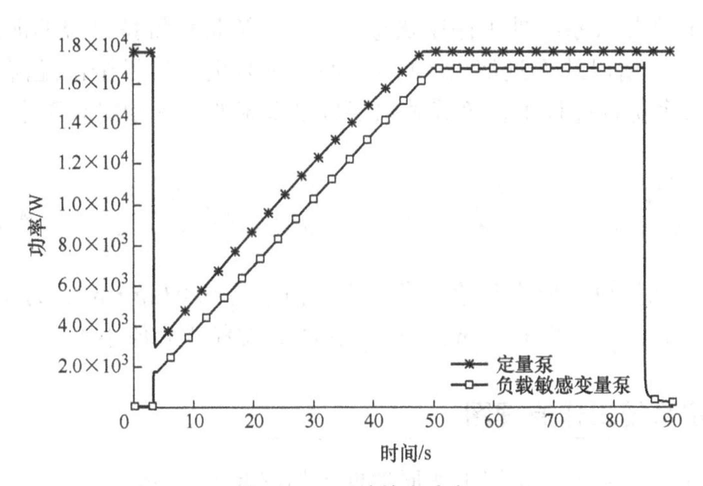

图 8-22　系统输出功率

由图 8-22 可知，0 ～ 3s 时，负载为 0，负载敏感变量泵系统输出功率为 0，而定量泵系统输出功率为 1.76×10^4W；3 ～ 50s 时，负载未达到最大值，负载敏感变量泵系统和定量泵系统输出功率随着负载的增大而增大；50 ～ 85s 时，负载为最大值负载，负载敏感变量泵系统输出功率为 1.67×10^4W，定量泵系统输出功率为 1.76×10^4W；85 ～ 90s 时，负载敏感变量泵系统输出功率在 85s 左右时由 1.67×10^4W 迅速降为 0，负载敏感变量泵系统在 85 ～ 90s 这段时间内输出功率近似为 0，而定量泵系统的输出功率仍为 1.76×10^4W。由系统输出功率可知，在整个仿真过程中，负载敏感变量泵系统输出功率始终小于定量泵系统。

负载敏感变量泵和定量泵液压调高系统系统效率如图 8-23 所示。

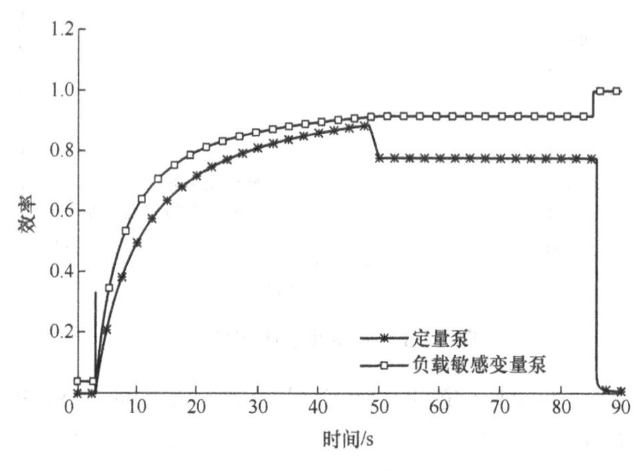

图 8-23 系统效率

由图 8-23 可知，0～3s 时，负载为 0，系统效率接近 0；3～50s 时，随着负载的增大，系统效率逐渐增大；在 50s 左右时，负载达到最大值，负载敏感变量泵系统效率为 92%，定量泵系统效率为 87%；50 ～ 85s 时，负载为最大的恒负载，负载敏感变量泵系统不存在溢流损失，节流损失相对较小，效率维持在 92% 不变，定量泵系统存在溢流损失，效率相比于负载敏感变量泵系统较低，维持在 77% 不变；85 ～ 90s 时，调高油缸活塞杆全部伸出，负载敏感变量泵系统处于保压状态，泵出口流量仅维持系统的泄漏，泄漏引起的功率损失相对较小，所以效率近似为 100%，而定量泵出口流量全部溢流，定量泵系统的效率接近 0。在整个仿真过程中，负载敏感变量泵系统的效率始终高于定量泵系统。

8.3 电液速度控制系统设计 Simulink 仿真

电液速度控制系统设计要求和给定参数为：惯量 J_L=0.03kg • m^2，力矩 T_{Lmax}=12N • m，$\dot{\theta}_m$ =50 ～ 1000r/min，$e_v=\Delta\dot{\theta}_m \leqslant$5r/min，$f_{-3dB}$>20Hz，幅频正峰值小于 6dB。

8.3.1 拟定系统工作原理图

采用阀控液压马达系统，系统工作原理框图如图 8-24 所示。

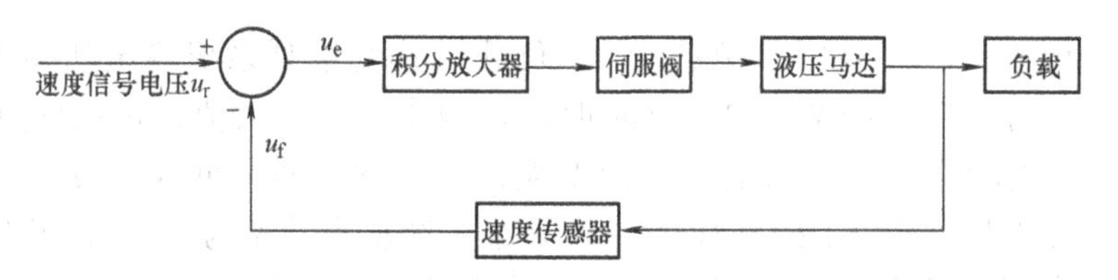

图 8-24 速度控制系统工作原理框图

8.3.2 确定动力元件参数及其他组成元件参数

1. 系统供油压力

系统供油压力为

$$p_s = 70 \times 10^5 \text{Pa}$$

2. 液压马达排量

取 $p_L = \frac{2}{3} p_s$，则液压马达排量为

$$D_m = \frac{T_{Lmax}}{p_L} = \frac{3T_{Lmax}}{2p_s} = \frac{3 \times 12}{2 \times 70 \times 10^5} \text{m}^3/\text{rad} = 2.57 \times 10^{-6} \text{m}^3/\text{rad}$$

选取液压马达排量 $D_m = 2.5 \times 10^{-6} \text{m}^3/\text{rad}$。

3. 伺服阀规格

伺服阀流量为

$$q_L = 2\pi n_{max} D_m = 2\pi \times 1000 \times 2.5 \times 10^{-6} \text{m}^3/\text{min} = 15.8 \times 10^{-3} \text{m}^3/\text{min}$$

此时伺服阀压降为 $p_v = p_s - \frac{T_{Lmax}}{D_m}\left(70 \times 10^5 - \frac{12}{2.5 \times 10^{-6}}\right)\text{Pa} = 22 \times 10^5 \text{Pa}$，根据 p_v、q_L 选取伺服阀。额定流量（阀压降为 70 × 10Pa 时的输出流量）为 40L/min 的阀可以满足要求，该阀额定电流为 $I_n = 30 \times 10^{-3} \text{A}$。

4. 速度传感器和积分放大器

速度传感器在最大转速时输出电压为 10V，则速度传感器增益为

$$K_{fv} = \frac{10 \times 60}{2\pi \times 1000} \text{v} \cdot \text{s/rad} = 0.0955 \text{v} \cdot \text{s/rad}$$

积分放大器增益 K_a 待定。

8.3.3 确定各环节的传递函数

1. 伺服阀的传递函数

供油压力 $p_s = 70 \times 10^5 \text{Pa}$ 时，阀的空载流量 $q_{0m} = \frac{40 \times 10^{-3}}{60} \text{m}^3/\text{s} = 0.667 \times 10^{-3} \text{m}^3/\text{s}$。

伺服阀流量增益为

$$K_{sv}=\frac{q_{0m}}{I_n}=\frac{0.667\times10^{-3}}{0.03}\text{m}^3/\text{s}\cdot\text{A}=22.2\times10^{-3}\text{m}^3/\text{s}\cdot\text{A}$$

由样本查得伺服阀固有频率 w_{sv}=680rad/s，阻尼比 ζ_{sv}=0.7。于是伺服阀的传递函数为

$$\frac{Q_0}{\Delta I}=\frac{22.2\times10^{-3}}{\dfrac{s^2}{680}\div\dfrac{2\times0.7}{680}s+1}$$

2. 液压马达的传递函数

总压缩容积为

$$V_t=3.5\times2\pi D_m=3.5\times2\pi\times2.5\times10^{-6}\text{m}^3=55\times10^{-6}\text{m}^3$$

式中，3.5 是考虑无效容积的系数。根据所选液压马达查得 $J_m=5\times10^{-4}\text{kg}\cdot\text{m}^2$，则负载总惯量为

$$J_t=J_m+J_L=(5\times10^{-4}+0.03)\text{kg}\cdot\text{m}^2=3.05\times10^{-2}\text{kg}\cdot\text{m}^2$$

液压固有频率为

$$w_h=2D_m\sqrt{\frac{\beta_e}{V_tJ_t}}=2\times2.5\times10^{-6}\sqrt{\frac{1.4\times10^9}{55\times10^{-6}\times3.05\times10^{-2}}}\text{rad/s}=145\text{rad/s}$$

假定 B_m=0，取液压马达泄漏系数 $C_{tm}=7\times10^{-13}\text{m}^3/\text{s}\cdot\text{Pa}$，阀的流量 - 压力系数应取工作范围内的最小值，因为

$$K_c=\frac{C_dWx_{v0}\sqrt{\dfrac{1}{\rho}(p_s-p_{L0})}}{2(p_s-p_{L0})}=\frac{q_{L0}}{2(p_s-p_{L0})}$$

所以 K_c 最小值发生在 q_{L0} 和 p_{L0} 均为最小值的时候。在空载最低转速时 q_{L0} 和 p_{L0} 最小，此时

$$q_{L0}=2\pi\times2.5\times10^{-6}\times\frac{50}{60}\text{m}^3/\text{s}=13.1\times10^{-6}\text{m}^3/\text{s}$$

考虑摩擦力矩，取 $p_{L0}=7\times10^5$Pa。则

$$K_{cmin}=\frac{13.1\times10^{-6}}{2\times(70\times10^5-7\times10^5)}\text{m}^3/\text{s}\cdot\text{Pa}=1\times10^{-12}\text{m}^3/\text{s}\cdot\text{Pa}$$

由以上数据得阻尼比

$$\zeta_{\mathrm{h}}=\frac{K_{\mathrm{ce}}}{D_{\mathrm{m}}}\sqrt{\frac{\beta_{\mathrm{e}}J_{\mathrm{t}}}{V_{\mathrm{t}}}}=\frac{1.7\times10^{-12}}{2.5\times10^{-6}}\sqrt{\frac{1.4\times10^{9}\times3.05\times10^{-2}}{55\times10^{-6}}}=0.6$$

液压马达传递函数为

$$\frac{\dot{\theta}_{\mathrm{m}}}{Q_0}=\frac{0.4\times10^{6}}{\dfrac{s^2}{145^2}+\dfrac{2\times0.6}{145}s+1}$$

3. 其他环节的传递函数

忽略速度传感器和积分放大器的动态特性。速度传感器的传递函数为

$$\frac{U_{\mathrm{f}}}{\dot{\theta}_{\mathrm{m}}}=K_{\mathrm{fv}}=0.0955\mathrm{V}\cdot\mathrm{s/rad}$$

积分放大器传递函数为

$$\frac{\Delta I}{U_{\mathrm{e}}}=\frac{K_{\mathrm{a}}}{S}\ \ \mathrm{A/V}$$

8.3.4　根据系统精度要求确定开环增益

假定此例为恒速调节系统，则误差主要来自干扰和速度传感器。该系统对输入和干扰都是 1 型系统，所以对恒定干扰力矩和伺服阀零漂是无差的。设传感器误差为 0.1%，由此引起的转速误差为 $\Delta\dot{\theta}_{\mathrm{m}}=1000\times0.001\mathrm{r/min}=1\mathrm{r/min}$。设计要求转速误差为 5r/min，去掉传感器产生的 1r/min 误差外，还有 4r/min 的误差是负载力矩变化引起的。设加载时间为 1s，则加载速度为 $\dot{T}_{\mathrm{L}}=\frac{12}{1}\mathrm{N}\cdot\mathrm{m/s}$。等速负载力矩变化引起的转速误差为

$$\Delta\dot{\theta}_{\mathrm{m}}=\frac{K_{\mathrm{ce}}\dot{T}_{\mathrm{L}}}{D_{\mathrm{m}}^{2}K_0}$$

由此得满足转速误差的开环增益为 $K_0\geqslant\frac{K_{\mathrm{ce}}\dot{T}_{\mathrm{L}}}{D_{\mathrm{m}}^{2}\Delta\theta_{\mathrm{mL}}}$，转速误差 $\Delta\theta_{\mathrm{mL}}$ 与 K_{ce} 成正比，因此最大误差发生在 K_{ce} 为最大的工作点，因为 $K_{\mathrm{ce}}\approx K_{\mathrm{c}}$，所以

$$K_{\mathrm{cemax}}\approx K_{\mathrm{cmax}}=\frac{Q_{\mathrm{Lmax}}}{2(p_{\mathrm{s}}-p_{\mathrm{Lmax}})}=\frac{2.5\times10^{-6}\times1000\times2\pi}{2\times(70\times10^{5}-48\times10^{5})\times60}\mathrm{m^3/s\cdot Pa}=5.9\times10^{-12}\mathrm{m^3/s\cdot Pa}$$

开环增益为

$$K_0 \geqslant \frac{5.9\times10^{-12}\times12\times60}{\left(2.5\times10^{-6}\right)^2\times4\times2\pi}\mathrm{s}^{-1}=27\mathrm{s}^{-1}$$

取 K_0=28。则放大器增益

$$K_a=\frac{K_0 D_m}{K_{fv}K_{sv}}=\frac{28\times2.5\times10^{-6}}{0.0955\times22.2\times10^{-3}}\mathrm{A/s\cdot V}$$

8.3.5 绘制系统开环伯德图，检查系统稳定性

根据系统工作原理方块图 8-24 和所确定的传递函数可画出系统框图，如图 8-25 所示。

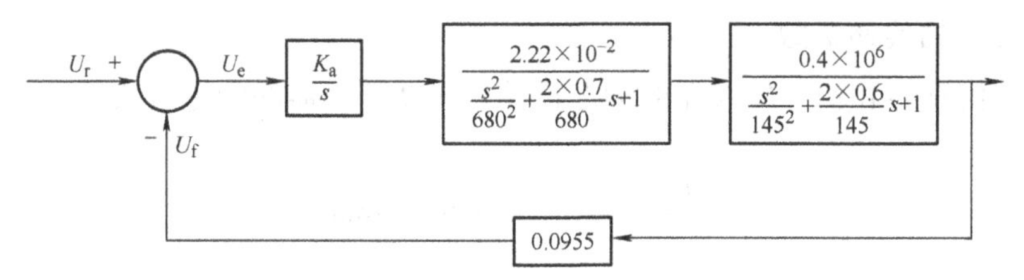

图 8-25 速度控制系统框图

系统开环传递函数为

$$\frac{U_f}{U_e}=\frac{28}{s\left(\dfrac{s^2}{680^2}+\dfrac{2\times0.7}{680}s+1\right)\left(\dfrac{s^2}{145^2}+\dfrac{2\times0.6}{145}s+1\right)}$$

根据上式可画出系统开环伯德图，如图 8-26 所示。由图可见，系统幅值裕度为 -9dB，因此系统不稳定，需加校正装置。

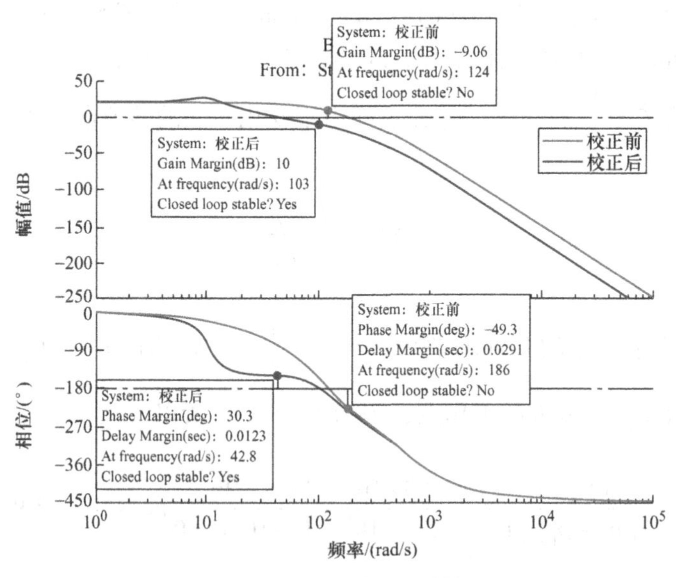

图 8-26 速度系统开环伯德图

8.3.6　确定校正装置参数

采用 RC 滞后校正网络将中频段降低 20dB，则幅值裕度变成 10dB，相位裕度 30°，穿越频率 ω_c = 42.8rad/s 。由 20lgα=20 ；得 α=10°，取 ω_{rc}=37.2rad/s。图 8-26 表明，幅频宽 f_{-3dB}>20Hz，谐振峰值 M_r<6dB，符合设计要求。

由图 8-27 可知，校正后系统误差 e_v<3r/min，符合设计要求。

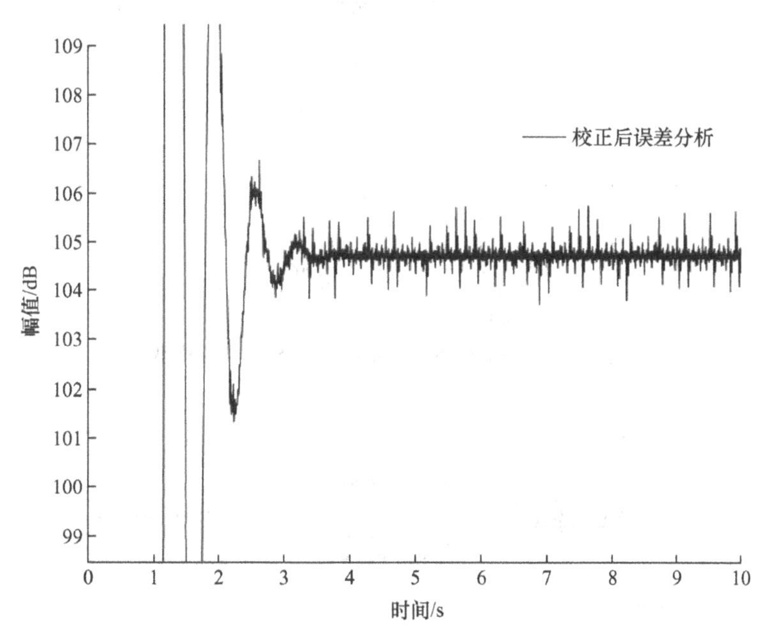

图 8-27　校正后系统误差分析图

8.4　电液位置伺服系统 AMESim 仿真

电液位置伺服系统由液压缸、位移传感器、伺服阀等元件组成，其工作原理如图 8-28 所示。

图 8-28 所示电液位置伺服系统中，三位四通换向阀输入信号为电流信号，通过电机械转换转置（力矩马达）转换为阀芯位移信号，再转换并放大成液压信号输出至液压缸。液压缸作为执行元件带动负载移动，同时，液压缸活塞杆的输出信号经位移传感器测量，并与滑阀的输入信号进行比较。如果有偏差，缸体就继续移动，直至偏差消除为止。滑阀通过控制其开口度，可按比例控制液压缸活塞杆的前进或后退。

8.4.1　仿真模型与参数

电液位置伺服系统参数设定为：活塞杆最大行程 0.9m，质量 250kg ；外负载信号为 1000N ；三位四通伺服阀额定电流为 300mA，固有频率为 80Hz，阻尼比为 0.8 ；泵排量 35mL/r，转速 1500r/min ；电动机转速 1500r/min。三位四通伺服阀参数设置如图 8-29 所示，电流放大增益 k 参数设置如图 8-30 所示。

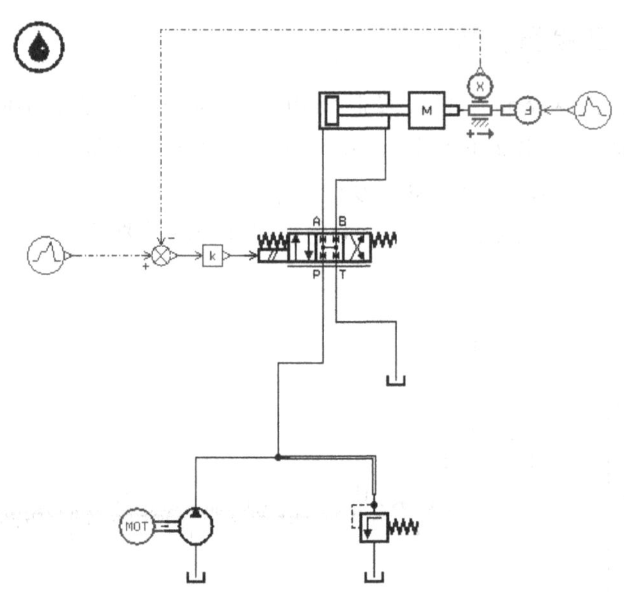

图 8-28　电液位置伺服系统 AMESim 仿真模型

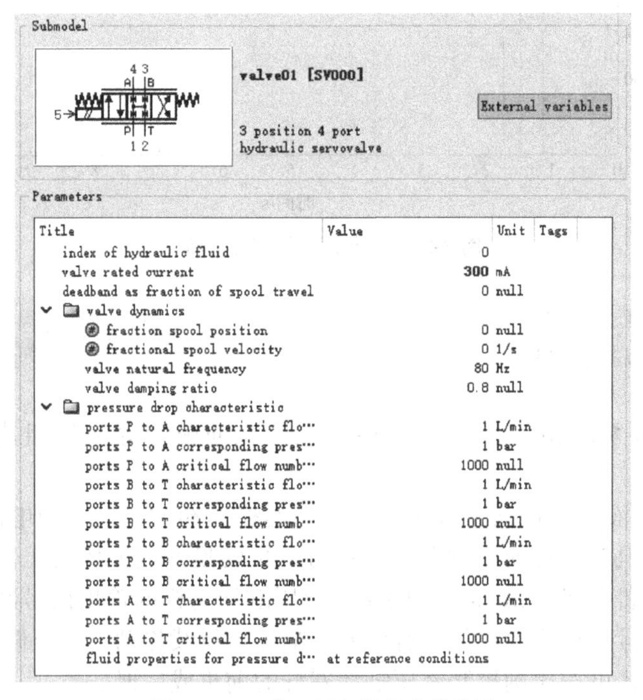

图 8-29　三位四通伺服阀参数设置

实际电液位置伺服系统，偏差信号先要输入到控制器中，通过控制器中控制算法的处理后，输出三位四通换向阀的控制输入电流。电液位置 PID 伺服控制系统工作原理如图 8-31 所示。

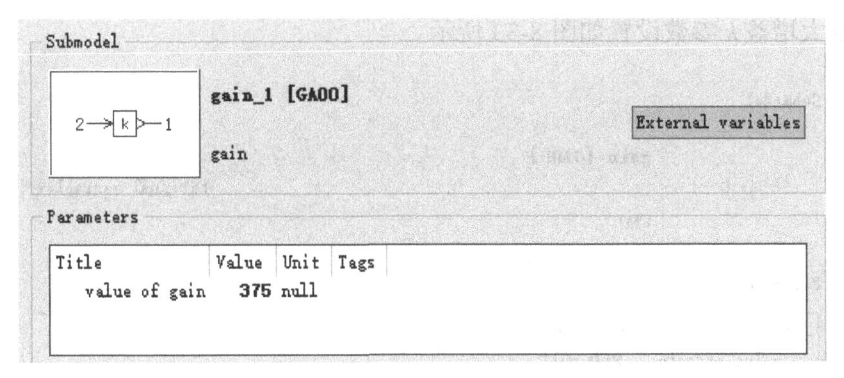

图 8-30　电流放大增益 *k* 参数设置

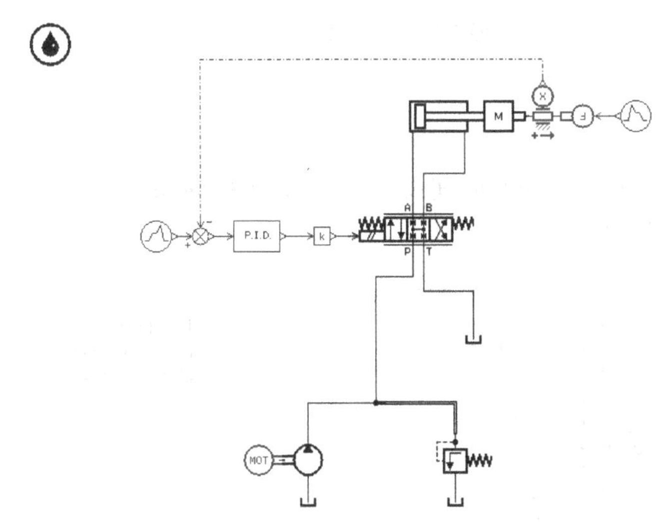

图 8-31　电液位置 PID 伺服控制系统工作原理图

PID 控制器参数设定如图 8-32 所示。

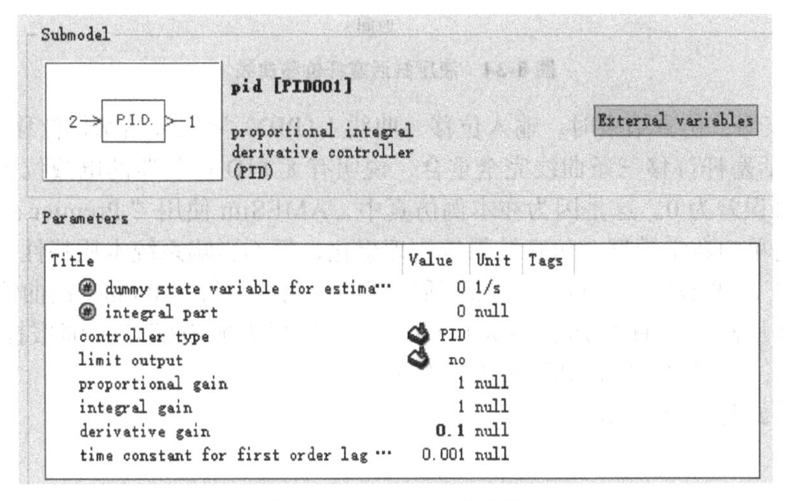

图 8-32　PID 控制器参数

电流放大增益 k 参数设置如图 8-33 所示。

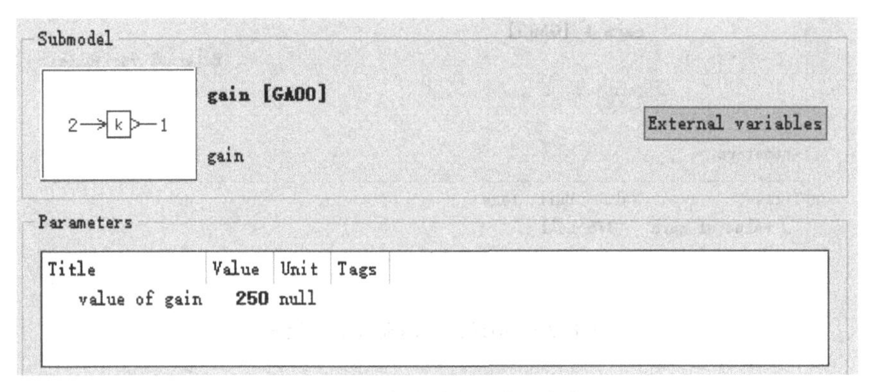

图 8-33 电流放大增益 k 参数

8.4.2 仿真分析

输入信号为阶跃信号，仿真时间设定为 20s，采样周期 0.05s，运行后得液压缸活塞杆位移曲线如图 8-34 所示。

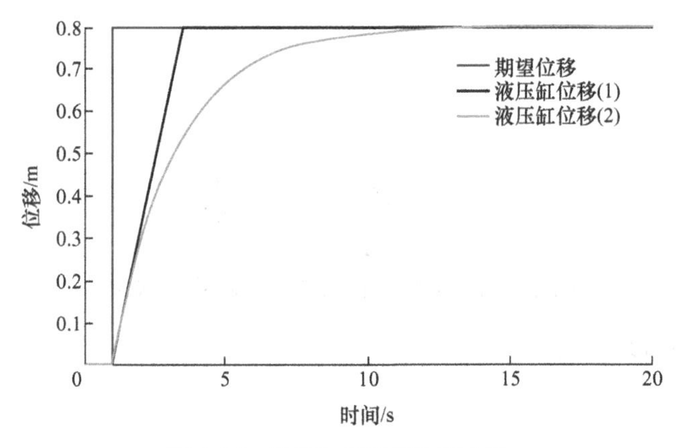

图 8-34 液压缸活塞杆位移曲线

图 8-34 表明，仿真结束时，输入位移、曲线 1（PID）液压缸活塞杆位移、曲线 2（无 PID）液压缸活塞杆位移三条曲线完全重合，说明有无 PID 控制器的电液位置伺服控制系统都是稳定且误差为 0。这是因为在本例仿真中，AMESim 使用“Premier submodel”功能选择了最简单的数学模型，仿真结果较为理想化，但不影响系统本质特性。

输出曲线 1（PID）在 3s 时，液压缸活塞杆即达到最大行程 0.8m，而曲线 2（无 PID）在 13s 时，液压缸活塞杆才达到最大行程 0.8m。仿真表明电液位置伺服控制系统加入 PID 控制器后，响应快速性得到了很大的改善。

偏差信号如图 8-35 所示。

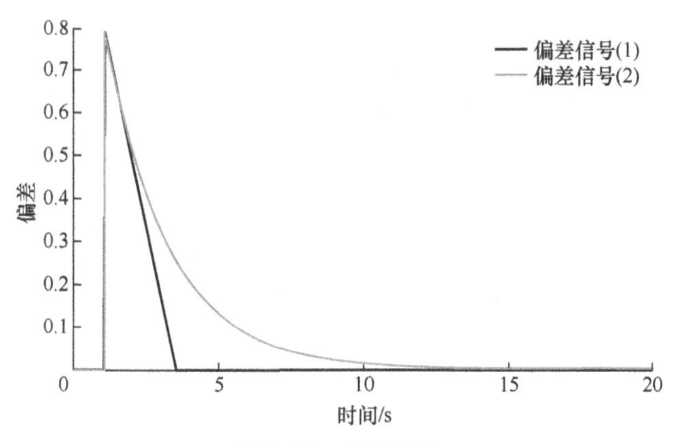

图 8-35　偏差信号

由图 8-34、图 8-35 可知，针对无 PID 电液位置伺服系统达到期望位移的过渡过程时间要很大于有 PID 电液位置伺服系统，由控制理论可知，这是由系统本质，即系统固有频率和阻尼比决定的。PID 控制器本质上是一个串联滞后校正，电液位置伺服系统性能得到了很大的改善，但是增加硬件成本，系统结构也更为复杂。

第9章 液压联合仿真技术

多学科交叉融合是现代科学技术发展的趋势，一个复杂的系统往往涉及液压、机械、电子、控制、计算机等众多学科，具有高阶、非线性、多变量、强耦合等特性。经过多年的发展，一些单领域软件向其他学科有所扩展，功能也越来越强大。但是依靠单一软件完美解决所有学科的问题，目前是基本不可能的。集成各领域的仿真软件实现联合仿真，扬长避短，是一种可行且高效的科学研究手段。

MATLAB 本身包含众多学科工具箱，可以实现跨学科、多领域仿真分析，也可与其他软件实现联合仿真。AMESim 提供了一套完整的脚本工具（AMESim Simulator Scripting），支持高级语言（如 MATLAB 、Python、Scilab、Visual Basic 等）编写程序，可实现模型实时交互仿真。dSPACE 实时仿真系统通过与 MATLAB/Simulink/RTW 的完全无缝连接，可实现液压控制系统的半物理仿真。

9.1 MATLAB/Simulink 与 AMESim 联合仿真

AMESim 作为先进的动力学仿真软件，在机械、液压等系统的建模方面有着得天独厚的优势，通过软件接口技术，可以实现与 MATLAB/Simulink 的联合仿真。本节以第 3 章 AMESim 变量泵仿真模型为例，对 MATLAB/Simulink 与 AMESim 的联合仿真过程进行简要介绍。

9.1.1 编译器安装

MATLAB/Simulink 与 AMESim 联合仿真通常选择使用 Microsoft Visual C++ 作为二者的编译器（Compiler），且高版本软件需安装高版本编译器。软件安装顺序最好是先安装 Visual Studio 或 MinGW，再安装 AMESim 和 MATLAB，这是因为安装 AMESim 时，计算机查询到已经安装有 Visual Studio 编译器，接着会把 Visual Studio 安装目录下的部分文件自动复制到 AMESim 的安装目录下。本节选择 Visual Studio 2010、AMESim R17 和 MATLAB 2015a 的联合仿真环境。

9.1.2　环境变量设定

安装完 Visual Studio 2010、AMESim R17、MATLAB 2015a 之后，需要配置环境变量。在 Windows 桌面，用鼠标右键单击“计算机”图标，然后依次选择“属性”→“高级系统设置”→“环境变量”选项，在弹出的对话框中添加用户变量和系统变量，如图 9-1 所示。

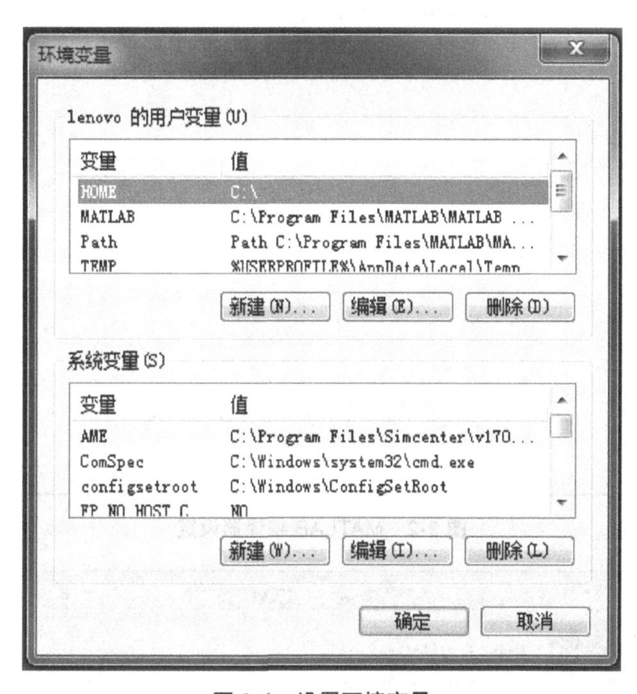

图 9-1　设置环境变量

环境变量包括用户变量和系统变量。设置环境变量时，需要注意 AMESim 和 MATLAB 的安装路径，本例是将其安装在计算机的 C 盘中。系统变量一般保持默认即可，环境变量有时需要手动添加。本例用户变量中“Path”设置为：

C:\Program Files\MATLAB\MATLAB Production Server\R2015a\bin;C:\Program Files\MATLAB\MATLAB Production Server\R2015a\bin\win64;C:\Program Files (x86) \Microsoft Visual Studio 10.0\Common7\Tools;C:\Program Files (x86) \Microsoft Visual Studio 10.0\VC\bin

9.1.3　编译器设定

首先打开 MATLAB，在命令窗口输入“mex –setup”，将编译器设置为 Visual C++ 2010，如图 9-2 所示。

打开 AMESim，进入“Tools”→“Preferences”→“Compilation”，将“Active Compiler”设置为“Microsoft Visual C++ (64–bit)”，如图 9-3 所示。

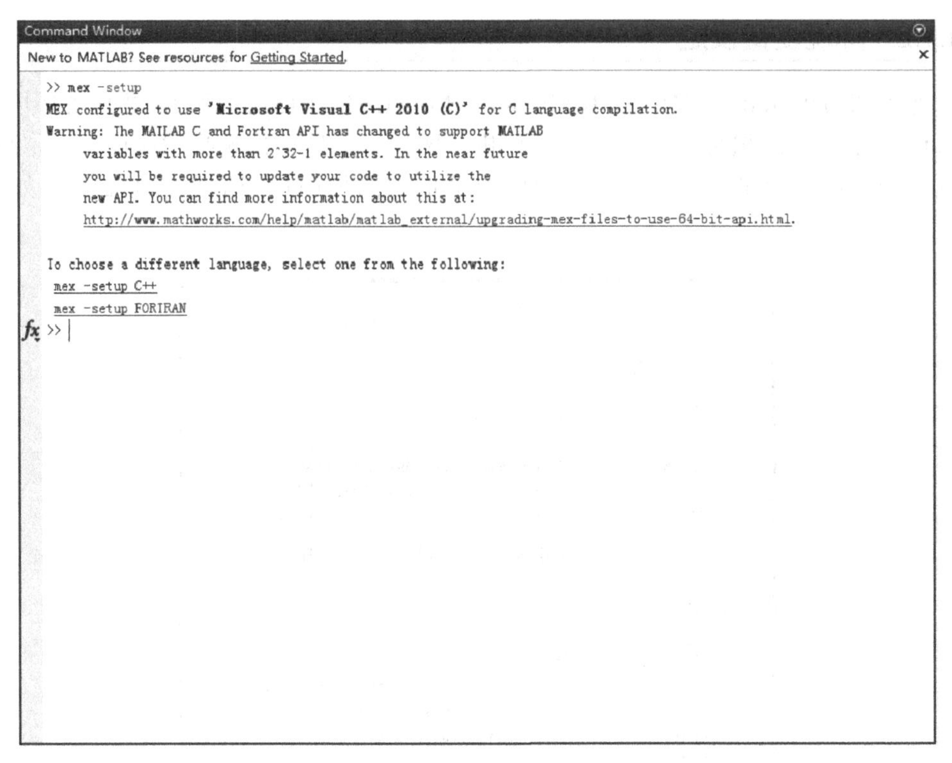

图 9-2　MATLAB 编译器设定

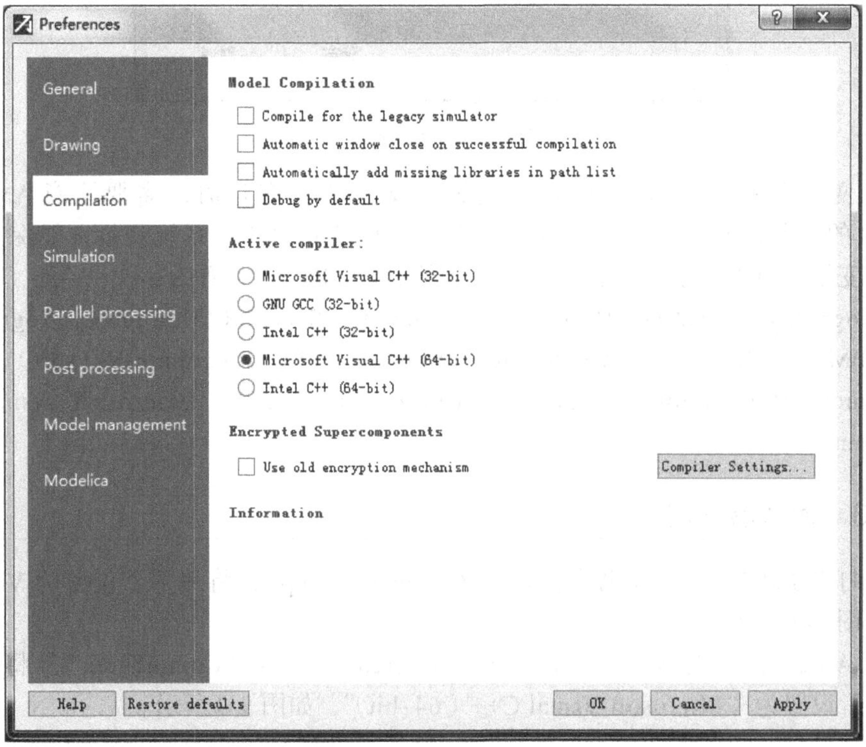

Preferences
General
Drawing
Compilation
Simulation
Parallel processing
Post processing
Model management
Modelica
Model Compilation
Compile for the legacy simulator
Automatic window close on successful compilation
Automatically add missing libraries in path list
Debug by default
Active compiler:
Microsoft Visual C++ (32-bit)
GNU GCC (32-bit)
Intel C++ (32-bit)
Microsoft Visual C++ (64-bit)
Intel C++ (64-bit)
Encrypted Supercomponents
Use old encryption mechanism
Compiler Settings...
Information
Help
Restore defaults
OK
Cancel
Apply

图 9-3　AMESim 编译器设定

9.1.4　AMESim 建模

打开如图 3-23 所示的仿真文件，单击“Interfaces”→“Create interface block”，在草图区中创建接口，如图 9-4 所示。AMESim 与 MATLAB 有“Simulink”（标准接口）和“SimuCosim”（联合仿真接口）两种接口。二者主要区别是在联合仿真时，若采用 Simulink 标准接口，Simulink 和 AMESim 求解器同为 Simulink 求解器，AMESim 模型为时间连续模块；若采用 SimuCosim 联合仿真接口，Simulink 和 AMESim 求解器分别为各自求解器，AMESim 模型为时间离散模块。

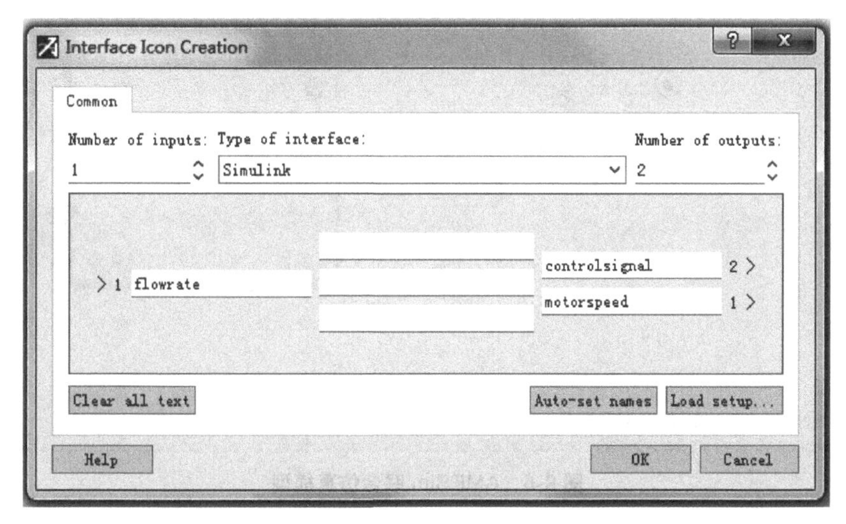

图 9-4　AMESim 创建接口

创建“Simulink”（标准接口）后，添加流量传感器（Hydraulic\Fluids，Sources，Sensors \flowratesensor），另存如图 9-5 所示联合仿真模型，文件名为“bianliangbeng.ame”。本例中接口输入量是泵出口流量（flowrate），表示从 AMESim 模型输入到接口（Simulink 中为输出）中，输出量是变量泵控制输入信号（controlsignal）、电动机转速信号（motorspeed），表示信号输入到 AMESim 模型（Simulink 中为输入）。

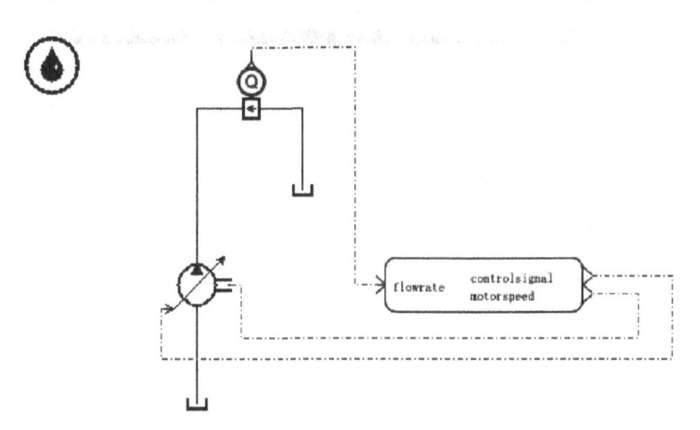

图 9-5　AMESim 联合仿真模型

9.1.5 AMESim 仿真

建立 AMESim 联合仿真模型后，依次单击工具栏上“子模型模式”（SUBMODEL）和“参数模型模式”（PARAMETER），“仿真模式”（SIMULATION），如果设置无误，运行仿真（Run simulation），如图 9-6 所示。

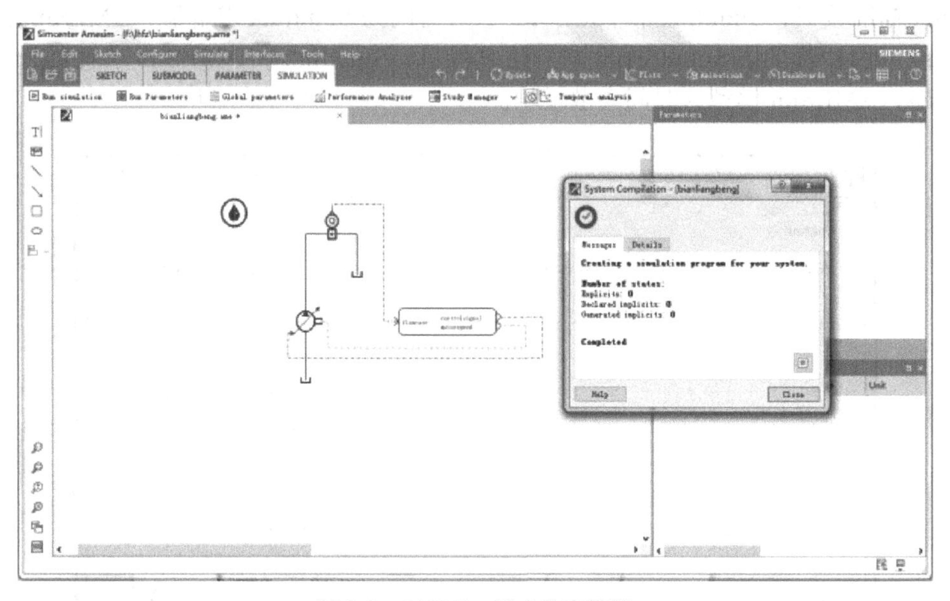

图 9-6 AMESim 联合仿真模型

单击“Tools”→“MATLAB®”，AMESim 会自动调用 MATLAB，并自动添加 AMESim 的相关路径到 MATLAB PATH 里，这样就能保证联合仿真时 MATLAB 和 AMESim 工作于同一目录，如图 9-7 所示。

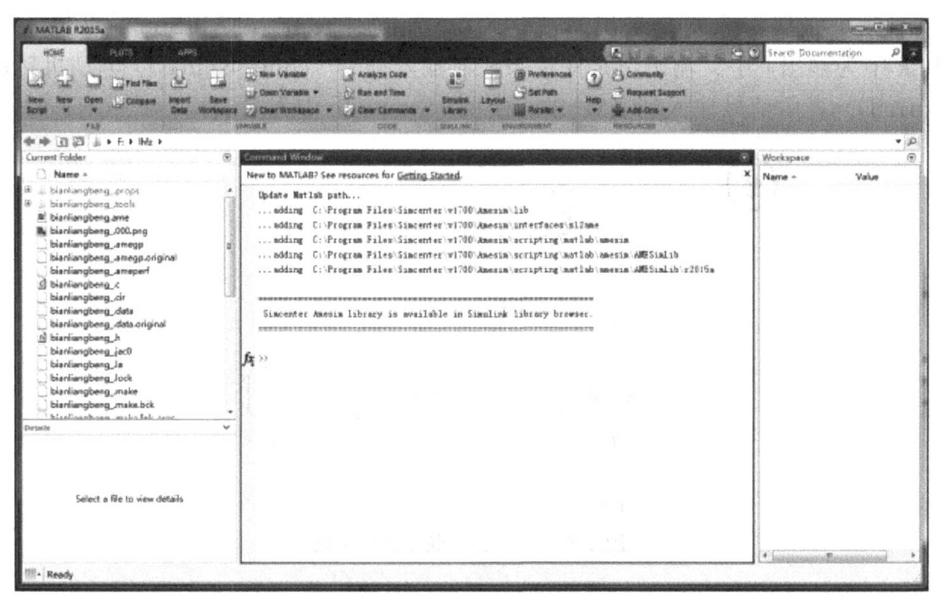

图 9-7 从 AMESim 调用 MATLAB

9.1.6　MATLAB 仿真

在 MATLAB 中新建 Simulink 模型文件，添加 S 函数（Simulink\User-Defined Functions\S-Function），如图 9-8 所示。

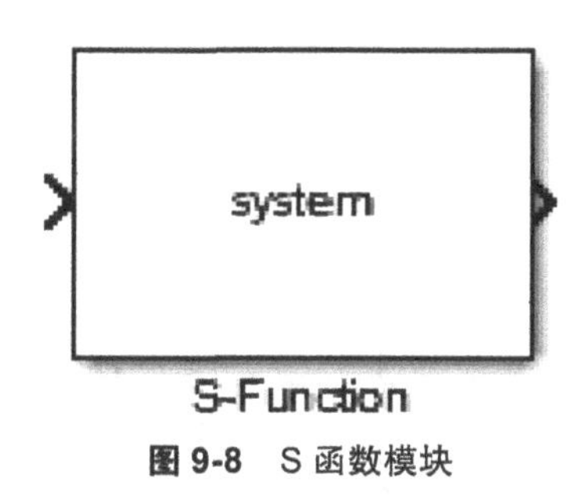

图 9-8　S 函数模块

S 函数参数设置界面如图 9-9 所示，名称必须与 AMESim 模型名称一致并添加下划线“_”，以实现 AMESim 模型与 S 函数的联合。S 函数的参数中第一个参数用于规定是否生成 AMESim 模型仿真结果文件，“1”代表生成该文件，其他值代表不生成该文件；第二个参数用于规定仿真结果文件的采集时间间隔，“0”或负值代表该间隔与 Simulink 仿真结果文件相同，若设定为 0.01s，即代表该间隔为 0.01s。

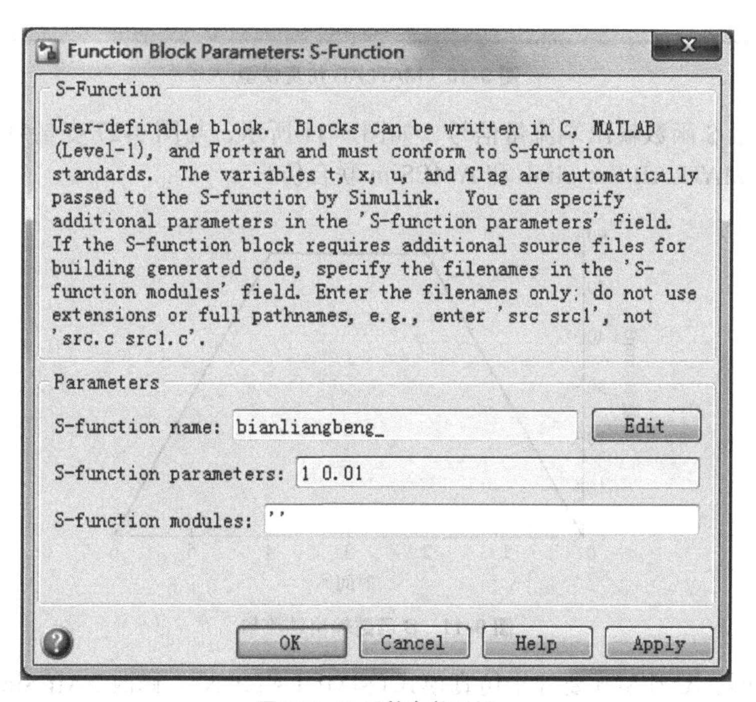

图 9-9　S 函数参数设置

与图 3-23 相同，添加与其数据一致的电动机转速信号、变量泵控制输入信号，流量输出到示波器，如图 9-10 所示。仿真运行后 S 函数模块名称前自动添加“Simcenter AMESim”。

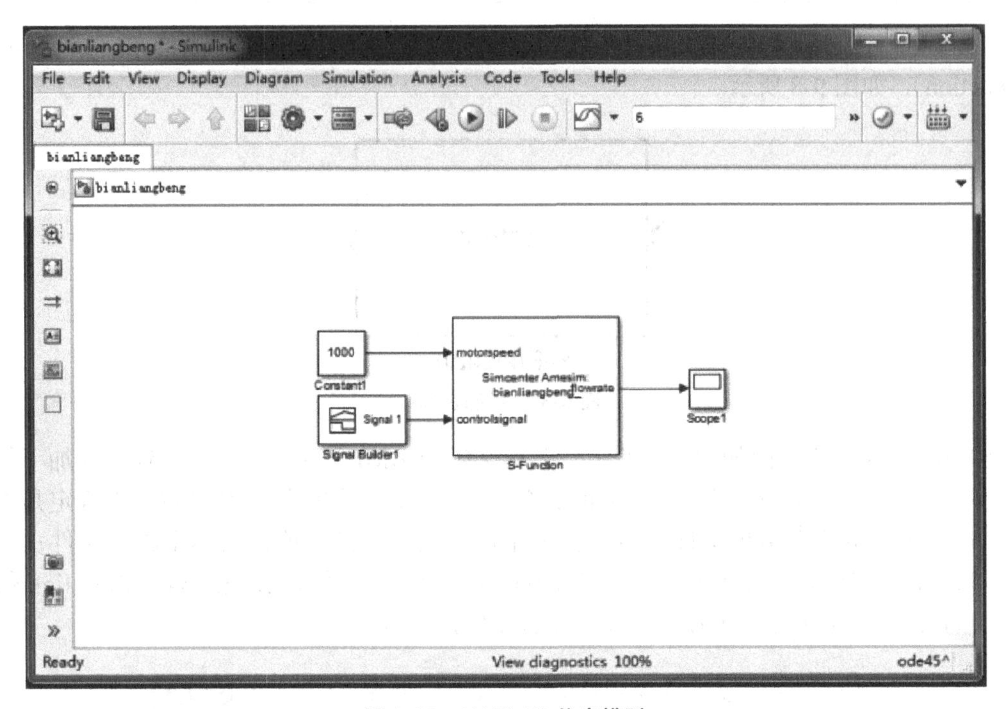

图 9-10 MATLAB 仿真模型

示波器显示 S 函数输出端流量信号，如图 9-11 所示，与图 3-27 变量泵输出流量曲线一致，实现了 MATLAB/Simulink 和 AMESim 联合仿真。

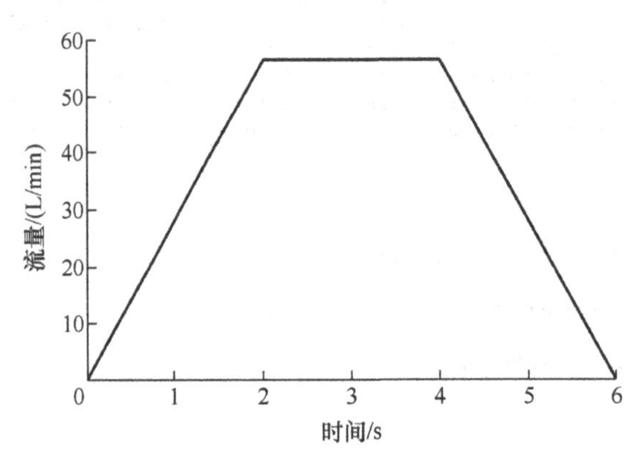

图 9-11 S 函数输出端流量

联合仿真时，AMESim 要处于仿真模式（SIMULATION），修改 AMESim 模型参数后，也需再次进入仿真模式并运行模型。在 MATLAB 命令窗口中，输入 AMESim 脚本函数命令“[R，S]=ameloadt（'bianliangbeng'）”，可查看 AMESim 模型文件的结果和变量名，它们分别保存在 R 和 S 矩阵中，如图 9-12 所示。

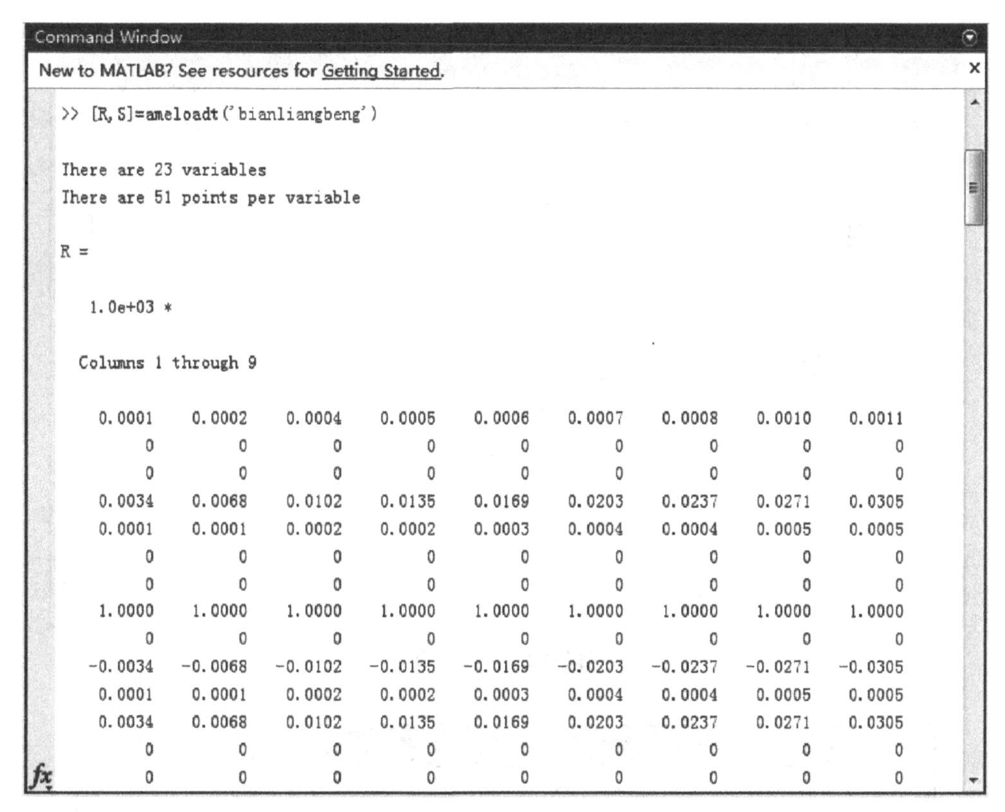

图 9-12　脚本函数命令“[R，S]=ameloadt（''）”和结果

9.1.7　SimuCosim 接口联合仿真

MATLAB\Simulink 包含多学科工具箱，可以通过接口和 AMESim 实现联合仿真。下面以在 Simulink 中用电子系统工具箱（Simscape\SimElectronics）建立直流电动机仿真模型，替代图 9-10 中电动机转速常数输入信号为例进行仿真分析。

在 AMESim 中新建“bianliangbengsc.ame”模型文件，创建如图 9-4 所示接口，选择“SimuCosim”类型，如图 9-13 所示。由于联合仿真采用“SimuCosim”接口，Simulink 和 AMESim 求解器分别为各自的求解器，导致运行联合仿真后，在 MATLAB\Simulink 仿真模型中，仿真结果和仿真时间采样数据点数会不一致，因此必须在 AMESim 仿真模型中添加自身的时钟模块（Singnal，Control\Sources，Sinks\clock），在接口中增加一个输入量“time”，二者相连。

运行仿真模型，调用 MATLAB\Simulink，选择“AME2SLCoSim”模块（Simulink Library Browser\Simcenter Amesim Interfaces\AME2SLCoSim），如图 9-14 所示。

新建 Simulink 仿真模型文件，并添加“AME2SLCoSim”模块，设定模块名为“bianliangbengsc”，如图 9-15 所示。

添加直流电动机子系统、变量泵控制输入信号、示波器，如图 9-16 所示，保存文件为“bianliangbengsc.slx”。

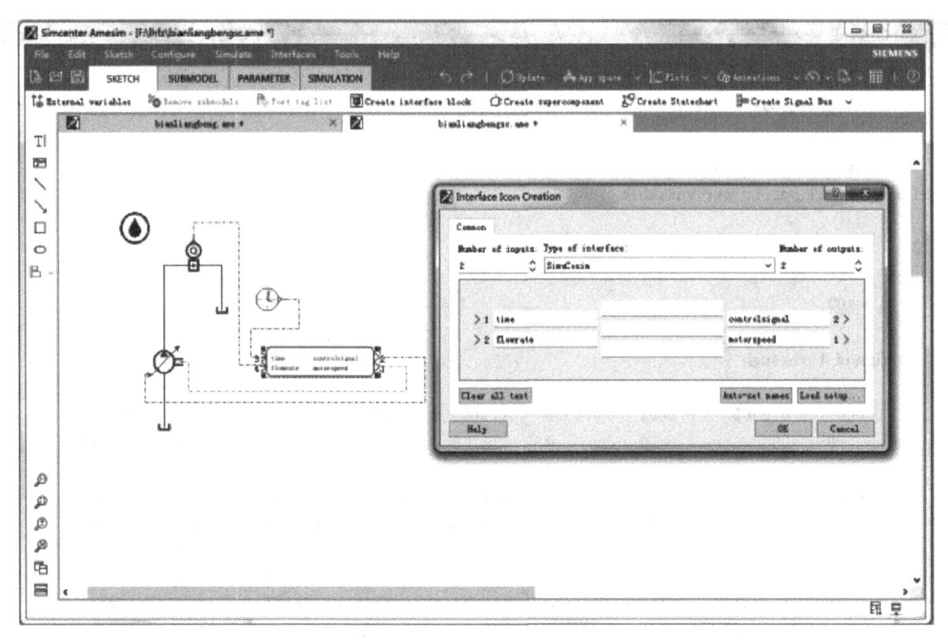

图 9-13 创建接口

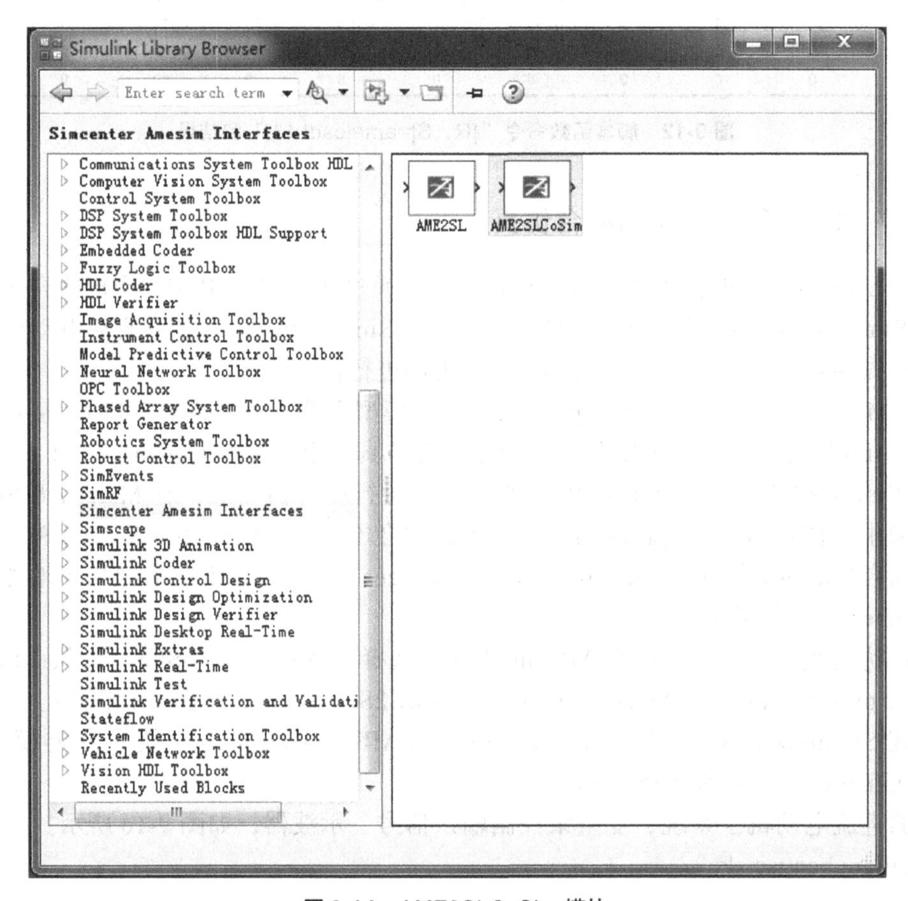

图 9-14 AME2SLCoSim 模块

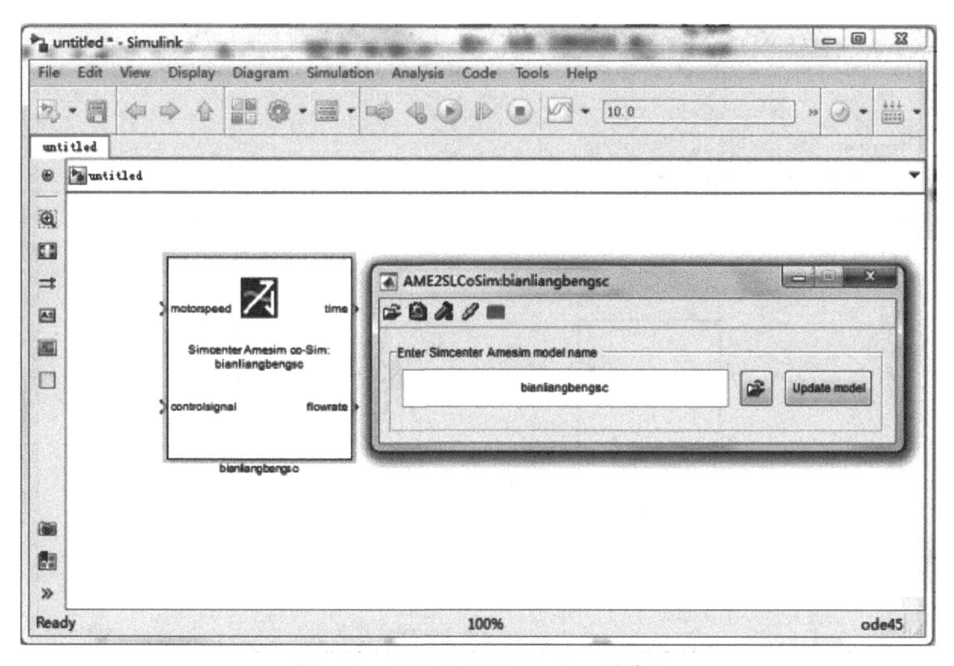

图 9-15　设定 AME2SLCoSim 模块名

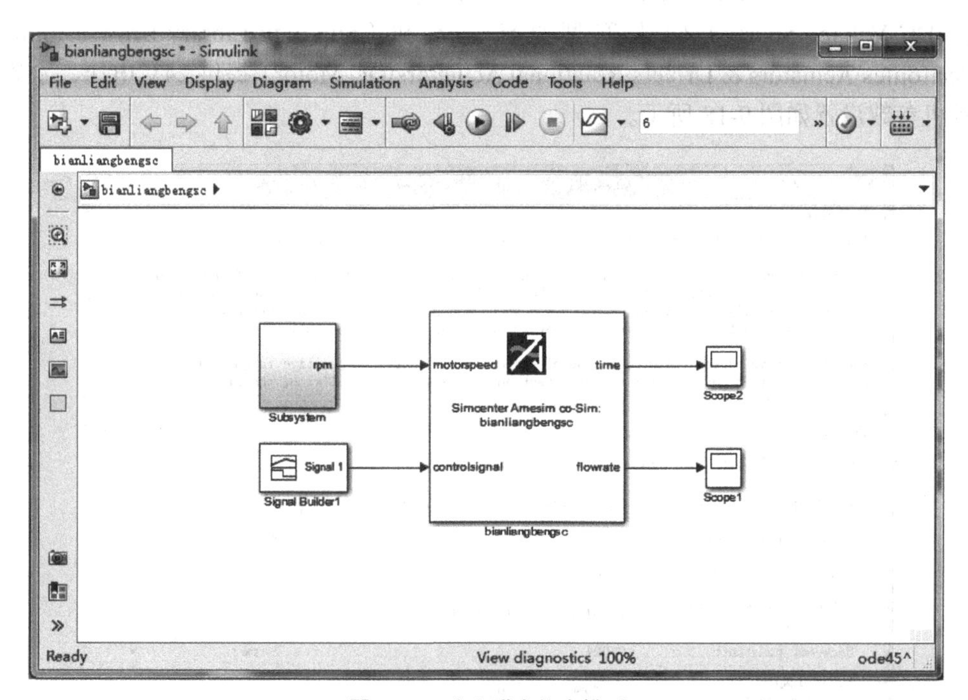

图 9-16　建立联合仿真模型

直流电动机子系统如图 9-17 所示。

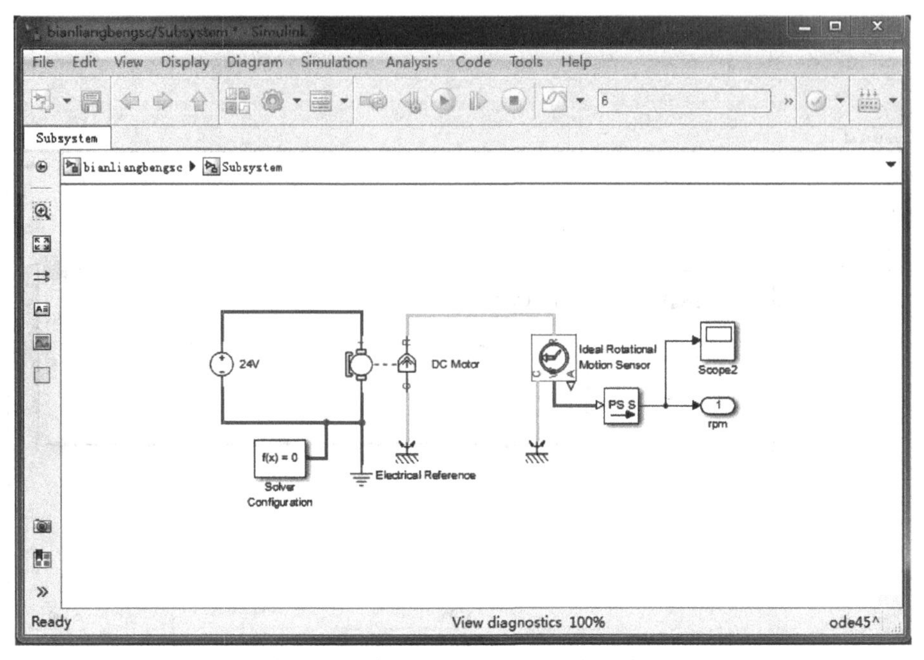

图 9-17 直流电动机子系统

直流电压源（Simulink Library Browser\Simscape\Foundation Library\Electrical\Electrical Sources\DC Voltage Source）向永磁型直流电动机（Simulink Library Browser\Simscape\SimElectronics\Actuators & Drivers\Rotational Actuators\DC Motor）提供 24V 电压，永磁型直流电动机参数设置如图 9-18 所示。

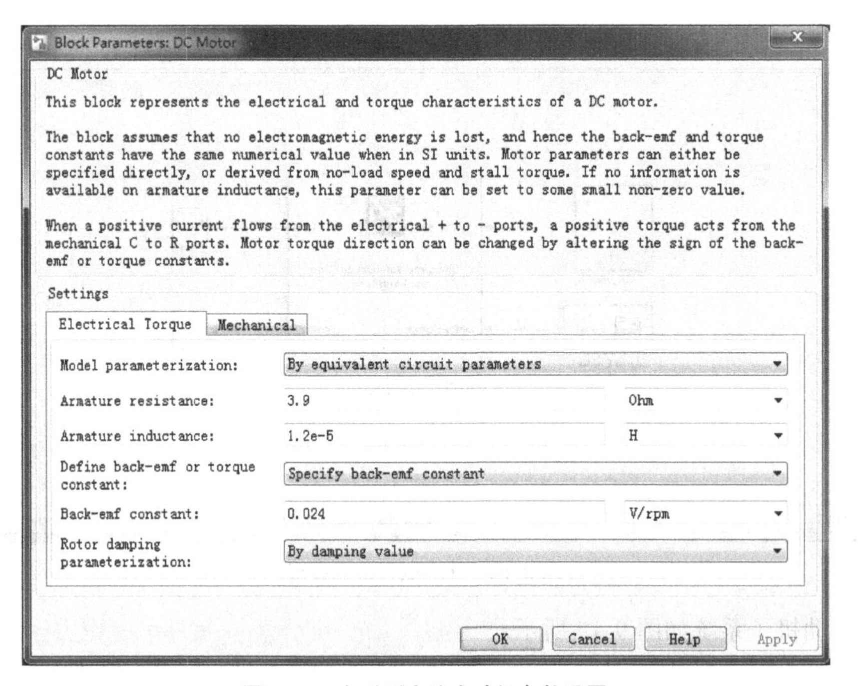

图 9-18 永磁型直流电动机参数设置

运行仿真模型，永磁直流电动机输出转速曲线如图 9-19 所示。

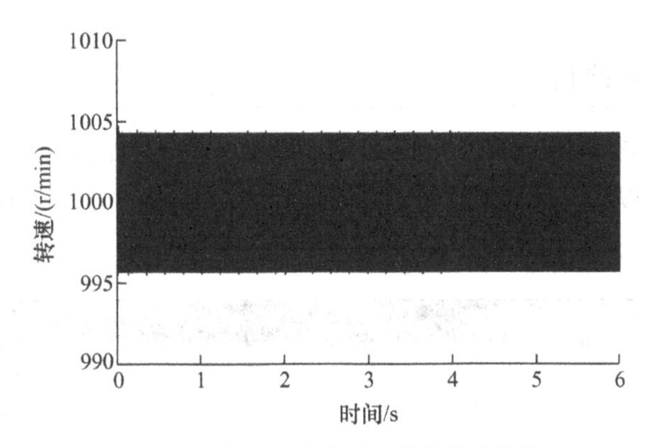

图 9-19　永磁直流电动机输出转速曲线

变量泵输出流量曲线如图 9-20 所示。

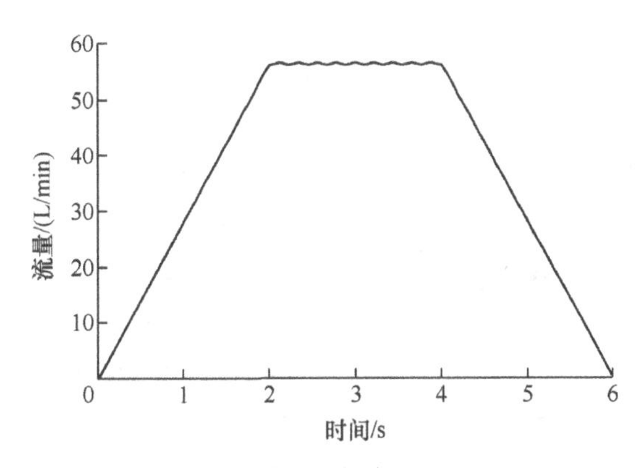

图 9-20　变量泵输出流量曲线

实际中，直流电动机具有非线性的特性，工作性能受到惯性负载、黏性负载、摩擦负载等众多因素的影响，转速为一条值恒定不变的平滑直线是不可能的。比较图 9-11 和图 9-20 可知，建立永磁直流电动机模型，输出转速到变量泵，更符合实际工况。同时，实现与变量泵的最佳匹配，还需要对永磁直流电动机进行详尽的分析和计算。

9.2　Python 与 AMESim 联合仿真

Python 是一种面向对象的解释型计算机程序设计语言，具有简单易学、免费开源、可移植、扩展库丰富等优点，是软件开发、科学计算、自动化运维、云计算、WEB 开发、网络爬虫、数据分析、人工智能等应用的主流编程语言。在计算机仿真分析方面，除 MATLAB 一些专业性很强的工具箱还无法被替代之外，MATLAB 的大部分常用功能都可以在 Python 中找到相应的扩展库。

AMESim 提供了一套完整的 Python 环境，通过调用 AMESim 脚本可实现 Python

与 AMESim 联合仿真。本节以第 3 章 AMESim 变量泵仿真模型为例，对 Python 与 AMESim 的联合仿真过程进行简要介绍。

9.2.1 AMESim 建模

打开并运行如图 3-23 所示的仿真文件，单击“Tools”→“Python command interpreter”，这样可以保证联合仿真时 Python 和 AMESim 工作于同一目录，如图 9-21 所示。

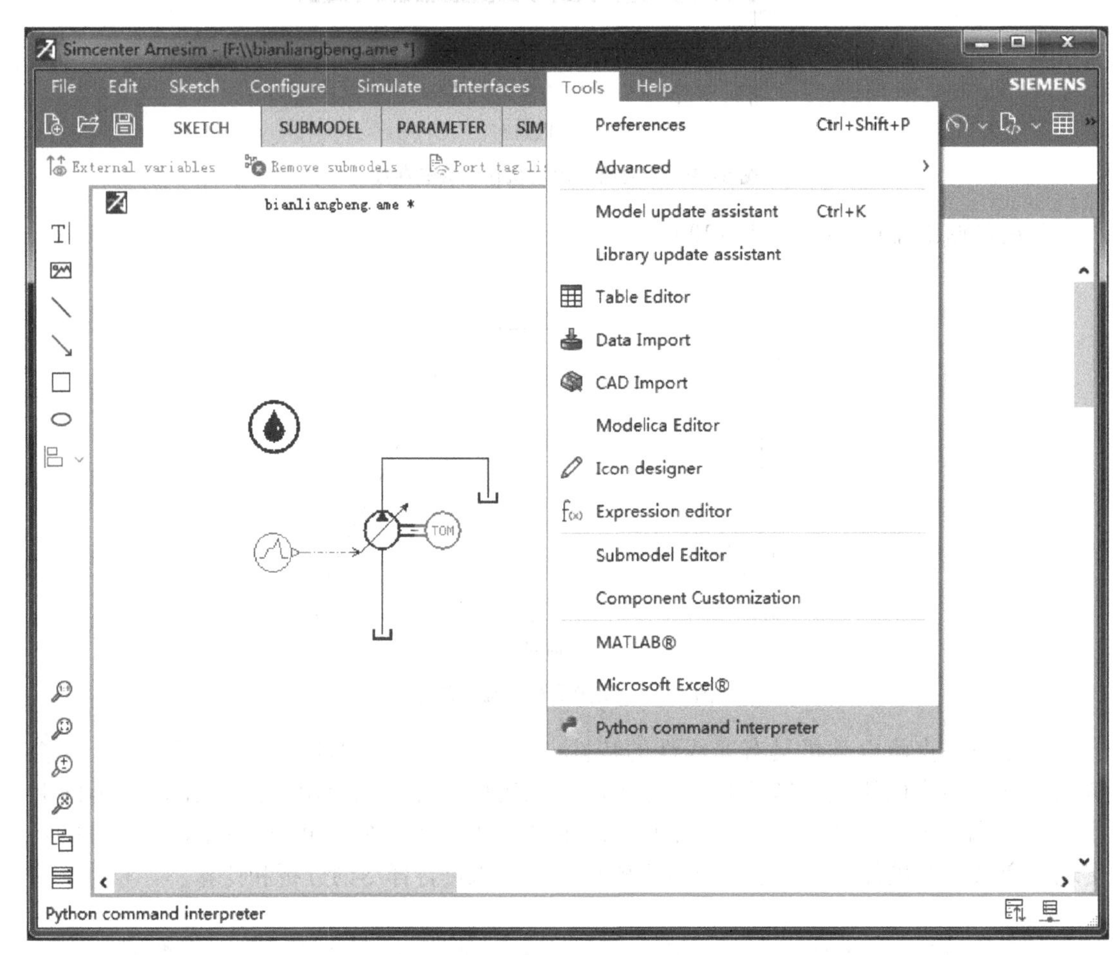

图 9-21 AMESim 建模

9.2.2 Python 启动

Python 启动后即打开交互式解释器，如图 9-22 所示。

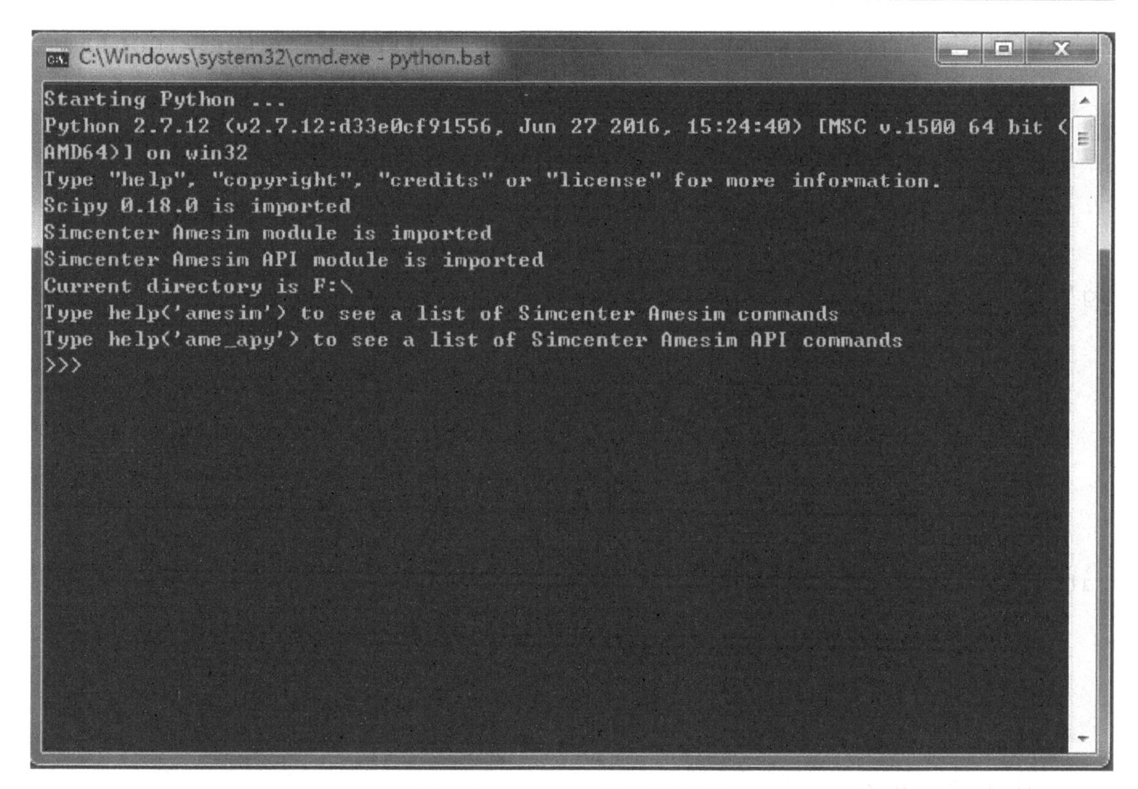

图 9-22　Python 交互式解释器

9.2.3　Python 仿真

在 Python 交互式解释器命令输入提示符“>>>”后输入程序，按 <Enter> 键运行。本例 Python 与 AMESim 联合仿真键入下列命令：

```
ameputp('bianliangbeng','PM000-1 shaft speed',1000)
# 设置电机转速值为 1000
results,varnames,sname,retval,msg=amerun('bianliangbeng',0.0,6.0,0.01)
# 设置仿真开始时间、结束时间、时间间隔
results,varnames=ameloadt('bianliangbeng')
# 加载模型文件，并返回结果和变量名
timeval,timelabel=amegetvar(results,varnames,'time [s]')
# 获取时间变量
flowval3,timelabel=amegetvar(results,varnames,'PU002_1 flow rate at port 3 [L/min]')
# 获取流量变量
import pylab
# 调用 pylab 库
```

```
pylab.plot(timeval[0],flowval3[0],'k-',label=u'speed=1000')
pylab.legend()
# 绘制曲线和图例
ameputp('bianliangbeng','PM000-1 shaft speed',500)
# 设置电机转速值为 500
results,varnames,sname,retval,msg=amerun('bianliangbe
ng',0.0,6.0,0.01)
# 设置仿真开始时间、结束时间、时间间隔
results,varnames=ameloadt('bianliangbeng')
# 加载模型文件，并返回结果和变量名
timeval,timelabel=amegetvar(results,varnames,'time [s]')
# 获取时间变量
flowval3,timelabel=amegetvar(results,varnames,'PU002_1 flow
rate at port 3 [L/min]')
# 获取流量变量
import pylab
# 调用 pylab 库
pylab.plot(timeval[0],flowval3[0],'k--',label=u'speed=500')
pylab.legend()
# 绘制曲线和图例
pylab.xlabel(u” time(s)” )
# 设定横轴标签
pylab.ylabel(u” flow rate(L/min)” )
# 设定纵轴标签
pylab.show()
# 显示仿真曲线图
```

pylab 是 Python 绘图库 matplotlib 的一个子包，非常适用于交互式绘图。运行命令后，Python 与 AMESim 联合仿真结果如图 9-23 所示。

第 3 章 AMESim 变量泵仿真模型电动机转速设定为 1000r/min，Python 调用 AMESim 仿真模型后，通过 AMESim 脚本函数，分别对仿真模型电动机转速设定为 1000r/min 和 500r/min，无须在 AMESim 仿真环境中对电动机模型重新设定转速值，仿真结果分别为图 9-23 中实线和虚线所示。在变量泵排量控制信号一致的前提下，输出流量随转速的折半而折半。

Python 包含众多功能强大的扩展库，借助 AMESim 脚本工具，可以与 AMESim 实现多领域跨学科的联合仿真。

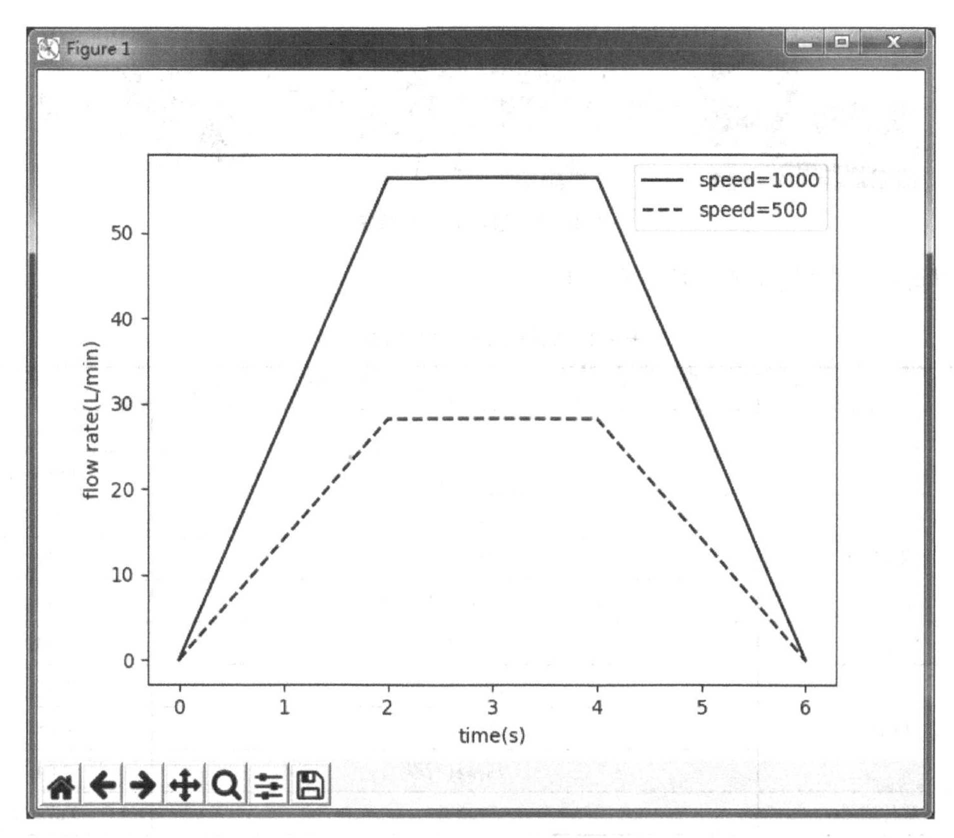

图 9-23　Python 与 AMESim 联合仿真结果

9.3　MATLAB/Simulink 与 dSPACE 半物理仿真

dSPACE（Digital Signal Processing and Control Engineering）是一个软硬件结合的实时仿真系统，通过与 MATLAB/Simulink/RTW 的无缝连接，既能很快地搭建控制系统和被控对象的模型，又能对控制系统的状态进行实时监测，具有实时性强，可靠性高、扩充性好等优点，已被广泛应用于工程机械、农业机械、交通运输、电力电子、能源系统、航空航天等产品的开发中，以进行快速控制原型验证和半物理仿真。

由本书前述章节可知，液压控制系统的仿真既可以通过在 MATLAB 和 AMESim 下分别建立仿真模型实现，也可以通过 MATLAB/Simulink 与 AMESim 联合仿真技术实现。为了更好地阐释 dSPACE 半物理实时仿真技术的特点，本节以一个实际液压阀控缸控制系统为研究对象，建立控制系统仿真模型，实现联合仿真和半物理仿真，并做对比分析。

9.3.1　MATLAB/Simulink 仿真建模

实际阀控缸系统如图 9-24 所示。

图 9-24 液压阀控缸系统

实际阀控缸系统主要参数见表 9-1。

表 9-1 阀控缸系统主要仿真参数

元件	参数	数值
定量泵	排量	15cc/rev
	转速	1150r/min
比例伺服阀	额定电流	20mA
	额定电压	7V
	流量特性（压降 1MPa、最大开口）	16.5L/min
溢流阀	开启压力	1.2MPa
液压缸	液压缸行程	0.35m
	液压缸内径	0.05m
	活塞杆行程	0.04m
位移传感器	增益	0.07m/V
负载	活塞杆折算质量	3.7kg

比例伺服阀控制信号分别给定电压、电流信号，实测比例伺服阀输出流量数据，得到比例伺服阀控制电流 - 控制电压关系如图 9-25 所示。由拟合曲线可知，比例伺服阀控制电压与控制电流之间并不是严格的线性关系，为了简化控制，本实验比例系数 k 近似取值为 3.75。

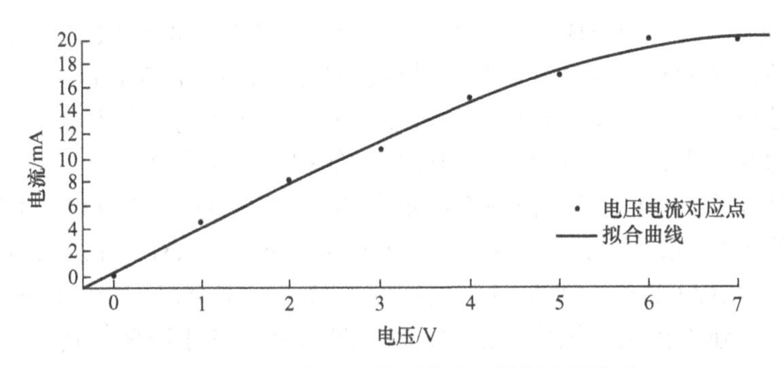

图 9-25 比例伺服阀控制电流 - 控制电压关系

AMESim 软件下建立的具有联合仿真接口的阀控缸系统仿真模型如图 9-26 所示。联合仿真接口的输入信号是液压缸位移，输出信号是比例伺服阀的电流控制信号。仿真模型是阀控缸开环系统，也可在模型中添加控制器，构建闭环控制系统。

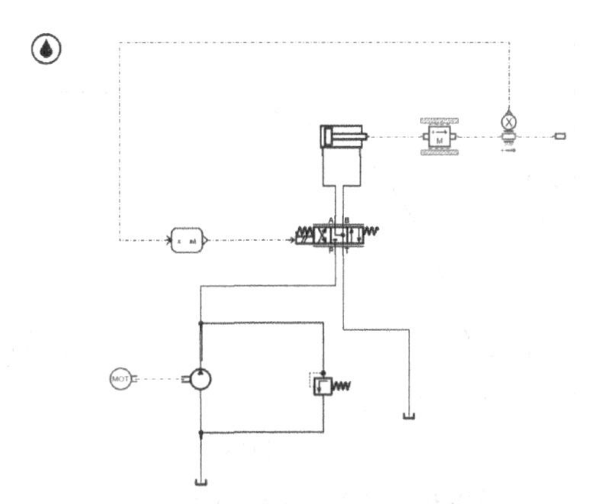

图 9-26　液压阀控缸系统 AMESim 仿真模型

通过 MATLAB/Simulink 与 AMESim 联合仿真技术，建立的液压阀控缸系统仿真模型如图 9-27 所示。

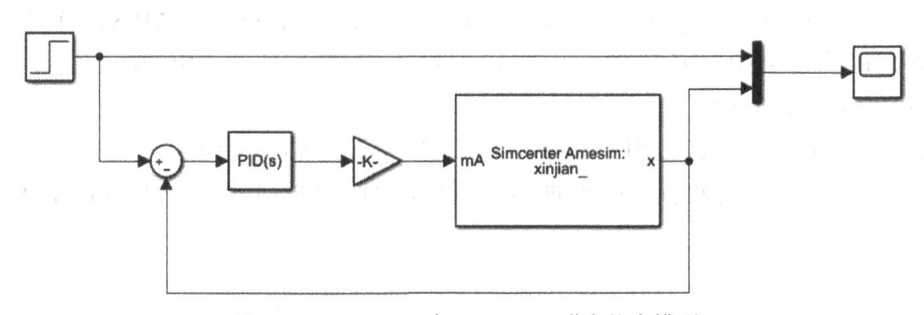

图 9-27　Simulink 与 AMESim 联合仿真模型

当给定信号为 0.3m 的阶跃信号时，PID 控制器参数设置界面如图 9-28 所示。半物理仿真中比例伺服阀控制信号是电压信号，而 AMESim 仿真模型中比例伺服阀的控制信号是电流信号。如果联合仿真模型中 PID 控制器的比例、积分、微分增益与半物理仿真一致，则联合仿真 PID 控制器输出端还需要添加一个 k=3.75 的比例增益环节。

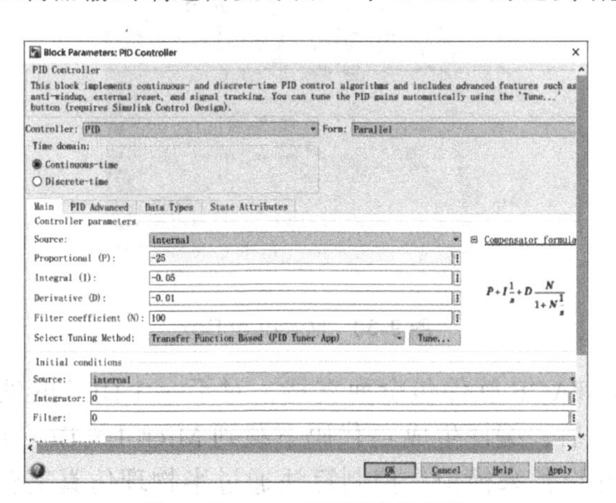

图 9-28　PID 控制器参数设置

仿真运行后得到的液压缸位移曲线如图 9-29 所示。

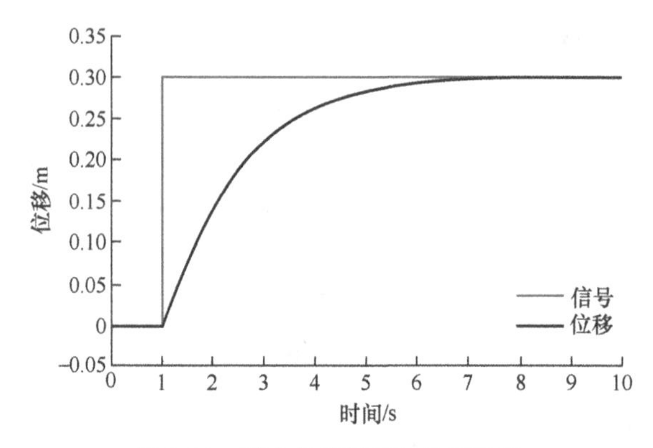

图 9-29　联合仿真液压缸位移曲线

9.3.2　dSPACE 软硬件系统

在本章第 1 节成功安装 C++ 编译器、MATLAB/Simulink 和 AMESim 软件基础上，还需完整正确安装 dSPACE 软件。本节软件版本分别为 Visual Studio 2013、MATLAB 2017b 和 dSPACE R2019A。

MicroLabBox 是 dSPACE 用于快速控制原型（Rapid Control Prototyping，RCP）开发的一种多功能系统，拥有双核实时处理器、用户可编程 FPGA 和多个高性能 I/O 通道，如图 9-30 所示。

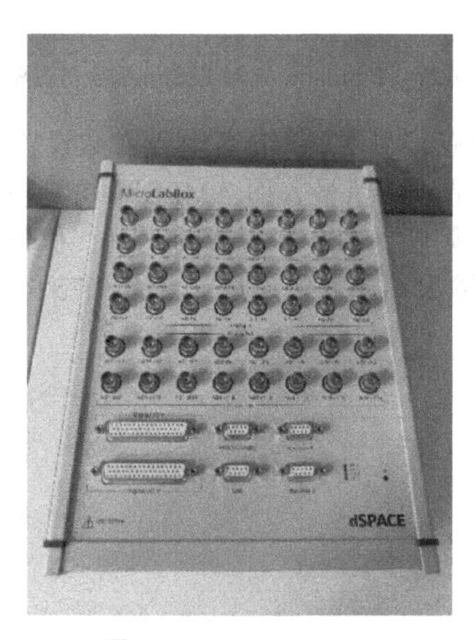

图 9-30　MircoLabBox

MicroLabBox 由 dSPACE 软件包全面支持，对于一个闭环的液压控制系统，其控制算法由 Simulink 搭建好后，编译生成 C 代码下载到 MicroLabBox 上运行，即液压控制系统控制器可由 dSPACE 设备来模拟。控制算法通过半物理仿真实验验证后，最终可通过 dSPACE 的代码自动生成功能生成数字信号处理（Digital Signal Processing，DSP）等实际控制器所使用的算法 C 代码。

9.3.3　MicroLabBox 通信连接

MicroLabBox 通电开机，通过高速网线连接上位机。在上位机中按路径“网络和 Internet 设置 \ 以太网 \ 网络和共享中心 \ 以太网 \ 属性 \Internet 协议版本 4（TCP/IPv4）”依次打开，本节设置 IP 地址为“192.168.140.10”，如图 9-31 所示。

图 9-31　MicroLabBox IP 地址设置

在开始菜单中找到“dSPACE Firmware Manager”并打开，按路径“Register Platforms\DS1202 MicroLabBox\Connection Settings\Scan for available processor”依次打开，单击右侧按钮，利用自动查找 MicroLabBox 功能开始查找设备。MicroLabBox 通信连接成功的状态如图 9-32 所示。

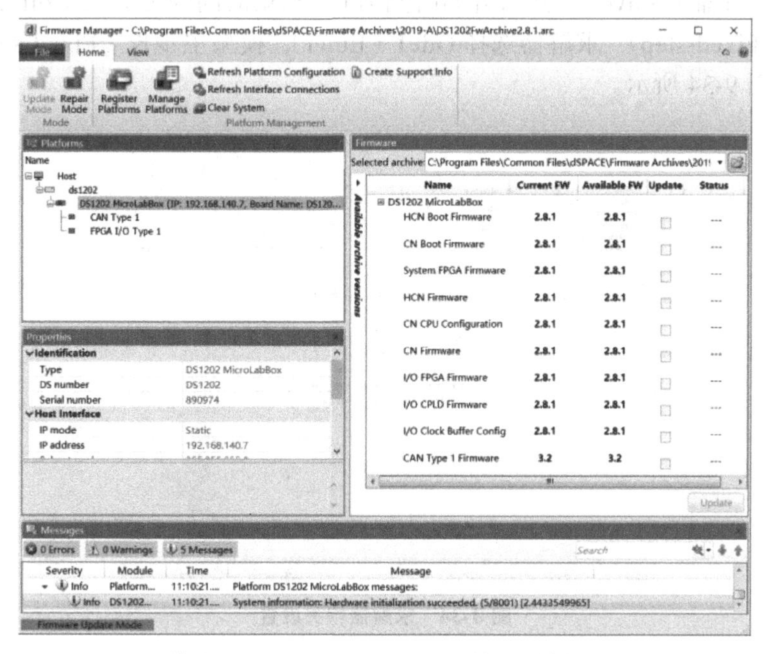

图 9-32　MicroLabBox 通信连接成功的状态

9.3.4 MATLAB/Simulink 仿真环境

打开 MATLAB 软件，在弹出的“Select dSPACE RTI Platform Support”对话框中选择 RTI1202，并同意相关协议。初始化完成后在命令窗口输入“rti1202”，等待调出 RTI 库，单击“Simulink”按钮即可开始建模。Simulink 模型里用到的 ADC 和 DAC 模块在“FPGA I/O Type 1”目录下，如图 9-33 所示。

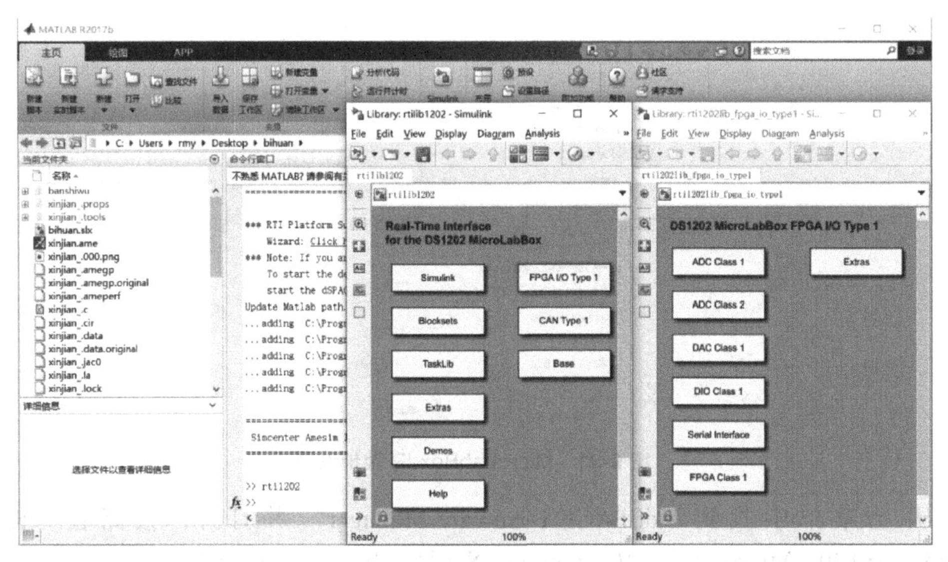

图 9-33 dSPACE RTI 库

Simulink 仿真环境设置步骤如下。

1）对于求解器（Solver），运行开始时间为 0，结束时间为无穷大（Inf），求解类型设置为定步长（Fixed-step），求解器选择 Ode1（Euler），模型主步长（Fixed-step size）设置为 0.001，如图 9-34 所示。

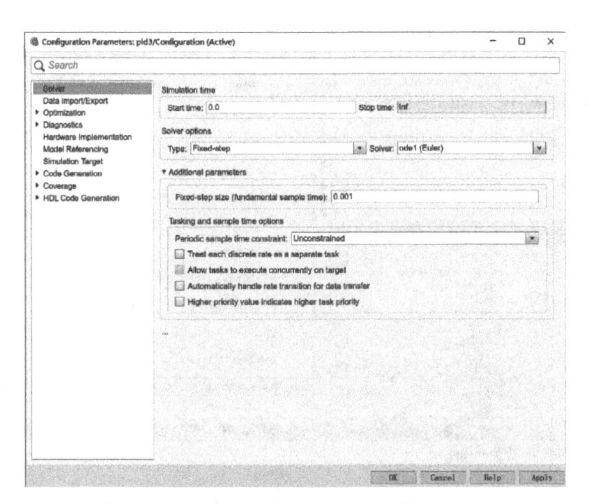

图 9-34 求解器相关设置

2）对于优化（Optimization），单击并展开“Advanced parameters”区域，将“Block

reduction”“Conditional input branch execution”“Signal storage reuse”选项取消勾选，如图 9-35 所示。

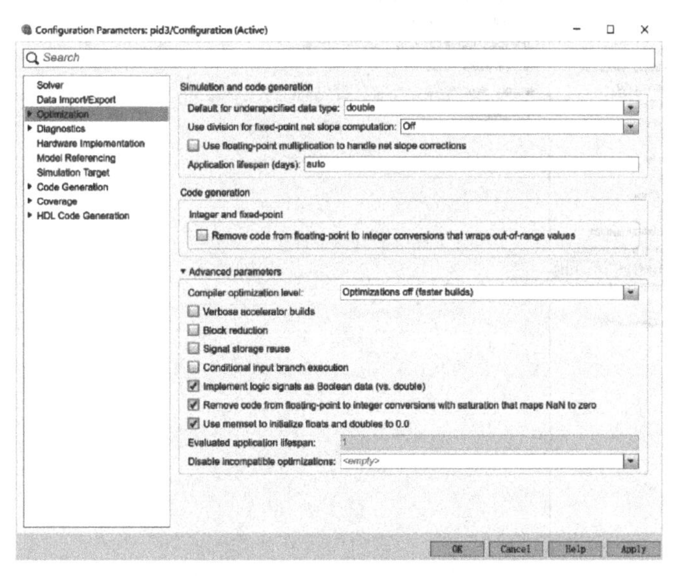

图 9-35　仿真目标设置

3）对于代码生成（Code Generation），将系统目标文件（System target file）与 RTI1202 处理器板卡匹配，如图 9-36 所示。

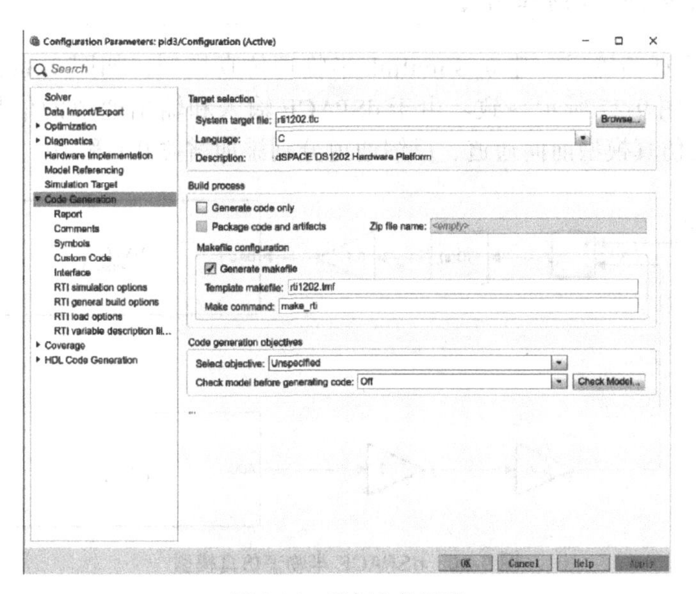

图 9-36　目标文件设置

目标文件设置好后，单击并展开“RTI local option”界面，将“Load application after build”选项取消勾选，如图 9-37 所示。

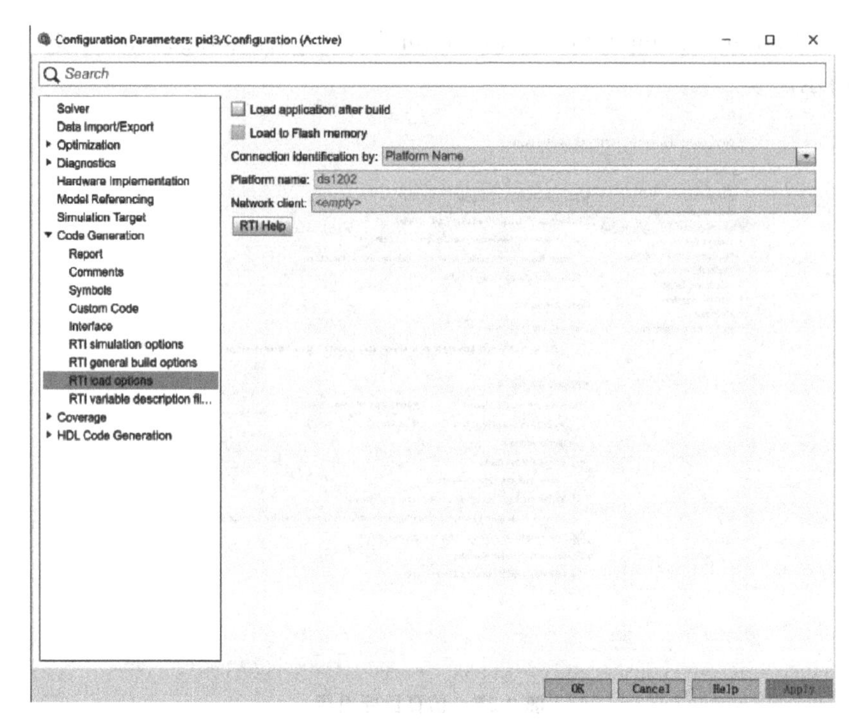

图 9-37　RTI local option 设置

9.3.5　dSPACE 半物理仿真

1）设置好仿真环境后，建立 Simulink 半物理仿真模型，如图 9-38 所示。输入信号和 PID 控制器与图 9-27 所示一致。由于 dSPACE 输入和输出通道的信号幅值范围都为 [−1，1]，因此在仿真模型前向通道、反馈通道分别添加增益 0.1 和 10。

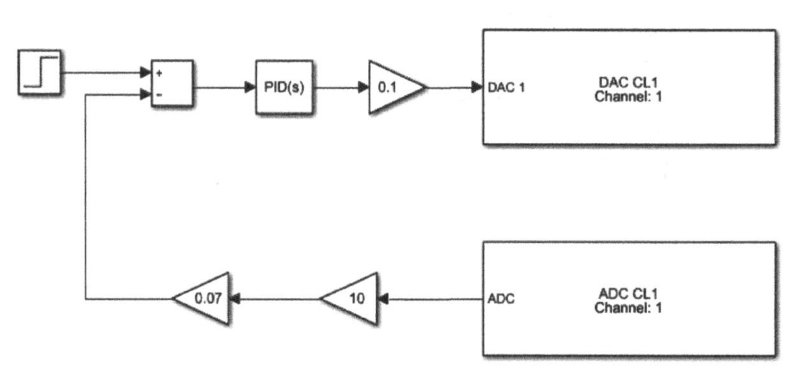

图 9-38　dSPACE 半物理仿真模型

采用快捷键 <CTRA+B> 将半物理仿真模型编译成 C 代码，生成 .sdf 文件。然后打开"dSPACEControlDesk"新建一个项目，按路径"File\New\Project + Experiment\Next\Next\DS1202MicroLabBox\Next\Inport from file\bihuan.sdf\Finish"依次单击。

2）打开相应的 .sdf 文件后，可以在界面左下角拖出想要观察的系统参量，然后单击"StartMeasuring"按钮开始运行半物理仿真，液压缸位移曲线如图 9-39 所示。

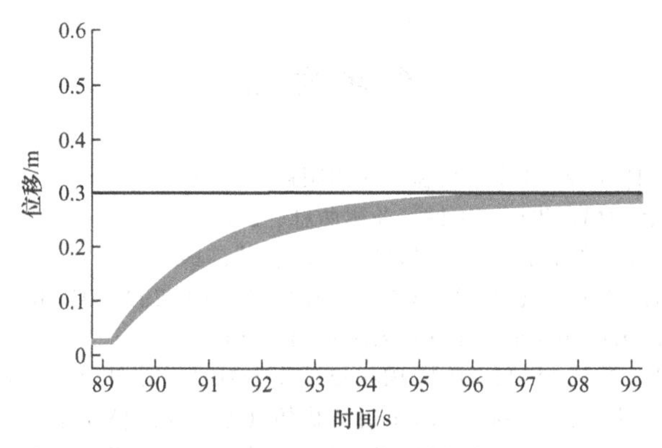

图 9-39　半物理仿真液压缸位移曲线

比较图 9-29 和图 9-39 可知，应用联合仿真和半物理仿真两种技术的情况下，阀控缸系统的液压缸位移曲线基本完全一致，都是在施加控制作用后 8s 左右，达到输入给定值 0.3m 并保持不变，这表明建立的仿真模型是准确无误的，采用的控制算法是可靠有效的。

对于液压控制系统，在计算机上利用仿真软件提供的各种控制模块库，如 MATLAB/Simulink 下的模糊、神经网络工具箱等，构建复杂控制算法，对仿真模型进行运行计算，确定最佳控制方案，选择最优参数，为实际系统的调试提供更可靠的依据。同时采用半物理仿真技术，不仅可以验证所选控制算法的真实应用效果，而且可通过 dSPACE 的代码自动生成功能生成实际控制器所使用的算法 C 代码，为实际控制系统的实现和应用提供一个便捷方法。纯软件仿真和半物理仿真两种技术的联合使用，对二者而言是相得益彰的。

参 考 文 献

[1] 王积伟 . 液压传动 [M]. 3 版 . 北京：机械工业出版社，2018.

[2] 王春行 . 液压控制系统 [M]. 北京：机械工业出版社，2000.

[3] 林建亚，何存兴 . 液压元件 [M]. 北京：机械工业出版社，1988.

[4] MOLER C. MATLAB Users' Guide [EB/OL].（2018–02–05）[2023–01–30]. https://blogs.m athworks.com/cleve/2018/02/05/the-historic-matlab-users-guide/?from=cn.

[5] 孔屹刚 . 风力发电技术及其 MATLAB 与 Bladed 仿真 [M]. 北京：电子工业出版社，2013.

[6] 梁全，谢基晨，聂利卫 . 液压系统 Amesim 计算机仿真进阶教程 [M]. 北京：机械工业出版社，2016.

[7] 付永领，祁晓野 .LMS Imagine. Lab AMESim 系统建模和仿真参考手册 [M]. 北京：北京航空航天大学出版社，2011.

[8] 孔屹刚 . 大型风力机功率控制与最大能量捕获策略研究 [D]. 上海：上海交通大学，2009.

[9] 李鹏 . 采煤机调高液压系统应用负载敏感技术研究 [D]. 太原：太原科技大学，2017.